나무를 대신해
말하기
To Speak for the Trees

나무를 대신해
말하기

모든 나무는 이야기를 품고 있다 To Speak for the Trees

다이애나 베리스퍼드-크로거
Diana Beresford-Kroeger

장상미 옮김

어느 여성 식물학자가 전하는 나무의 마음

갈라파고스

내게 지성이라는 가장 큰 재능을 선사해준,

라커번과 리쉰스 계곡에 살았던,

킬라니 로스성의 내 조상들에게 바칩니다.

차례

2부

일러두기

- 외래어 표기는 국립국어원의 외래어 표기법을 따랐으나, 표준 표기법이 없는 라틴어 학명과 아일랜드 게일어는 관행적으로 쓰이는 표기를 참고해 원지음에 가깝게 표기했다.
- 원서에서 이탤릭으로 강조한 부분은 고딕으로 표시했다.
- 단행본은 『 』로, 신문, 잡지, 학술지 등 연속 간행물은 《 》로, 영화, 라디오 프로그램 등 개별 콘텐츠는 〈 〉로 표시했다.
- 본문의 주는 모두 옮긴이의 것이다.

브레혼*

에이레Éire(아일랜드)의 시골은

오래전 시와 함께 잠들었다네

파도Fadó(그 옛날)

파도Fadó(그 옛날)

대지가 속삭이네

산토끼와 기다란 풀로 가득 찬

보드라운 꿈의 들판이

보랏빛 헤더꽃으로 뒤덮인 산들이

노란 가시금작화의 반짝임에 흥분한 여우들이

천천히 움직이네

뜸부기 나는 하늘과

바닷물을 빨아올리듯

꼬리를 파닥거리는 물고기들 사이에서

* 고대 아일랜드 켈트 문화의 법체계인 브레혼법Brehon Laws을 관장하
던 계층을 가리킨다. 브레혼법은 중앙집권적 주체에 의해서 제정된
것이 아니라 집단적 기억으로, 주로 구전을 통해 형성, 전수되었다.
브레혼은 이 법을 기억하고 전달하는 역할을 맡은 중재자이자 음유
시인이었다. 2행의 '오래전 시와 함께 잠들었다네'라는 시구에서 '시'
는 브레혼을 가리키는 것으로 짐작할 수 있다.

비 맞아 헝클어진

숲이 말을 건네네

달의 굴레가 자유의 법을 수호하리니

아리슈트 아거스 아리슈트arís agus arís(다시 또다시)

우리를 곧장 인도하리라

브레혼으로

나무를 대신해 말하기

서문

내 삶에 관해서는 말을 꺼내기는커녕 떠올리는 것조차 언제나 힘겨웠다. 어린 시절 나는 엄청난 정신적 외상을 입었다. 나 자신을 지키려고 그 고통을 마음속 깊이 묻어두었다. 일상을 버텨낼 수 있도록 의식 뒤편으로 고통을 숨겨둔 채 항상 앞만 바라보며 다음 질문, 다음 해답, 그다음 지식과 지혜를 쫓아 수십 년 동안 과학 연구에 매달렸다.

하지만 그 정신적 외상 없이는 지금의 내가 있을 수 없다. 그때 그 상처는 열세 살 여자아이였던 나를 아일랜드 켈트 문화의 마지막 보루 중 하나인 코크주 리쉰스 계곡의 디딤돌 위로 데려다 놓았다. 리쉰스에 도착했을 때 나는 나 자신을 붙들어줄 무언가가 필요한 상태였다. 허물어져 가던 그 땅도 마찬가지였다. 수천 년에 걸쳐 대대로 갈고닦으며 지켜온 드루이드*의 옛 지식과 브레혼법이 사라질 위기에 처해 있었다. 나무의 치유력과 자연계의 신성한 본성을 일러주는 그 지식은 사라지지 않고 내게로 넘어와, 지금껏 받아

---

* 켈트 문화에서 사제, 판관, 과학자, 의료인 등의 역할을 맡았던 계층이다. 사회에 중요한 영향을 끼치며 존경받는 집단이었지만, 광범위한 지식을 가문 내에서 구전으로만 익히고 전수했기 때문에 드루이드에 관한 문자 기록은 거의 남아 있지 않다.

본 어떤 것보다 더 위대한 선물로 내 안에 남아 있다.

그 선물을 받는 대가는 단 하나, 혼자만 간직하지 않는 것이었다. 그 후 50여 년 동안 과학계에 종사하면서 내 견해와 연구 성과는 자유롭게 밝혀왔지만, 나에 관한 이야기는 나 자신도 온전히 알아볼 수 없을 만큼 조각내어 묻어두기만 했다.

그러나 지금 우리는 특별한 시기를 맞이했다. 한편으로는 기후변화라는 겪어본 적 없는 중대한 전 지구적 위기에 직면했다. 다른 한편으로는 이 과제에 대처할 방안을 그 어느 때보다 잘 준비해둔 상태다. 다만 그 일을 제대로 해내려면 한때 인류가 그랬듯이 자연계를 이해할 필요가 있다. 신성한 숲이 우리에게 무엇을 주고 있는지 두루 살피고, 세상을 구할 방법이 그 안에 담겨 있음을 깨달아야 한다.

우리는 모두 숲의 사람들이다. 나무들처럼 우리는 과거로부터 전해 내려온 기억을 품고 있다. 우리 내면 깊은 곳에 나무의 아이가 있기 때문이다. 숲에 들어서면 위대한 자연이 상상을 뛰어넘는 목소리로 우리를 부른다. 그 소리를 들을 때마다 우리 내면에 있는 나무의 아이, 즉 우리 공통의 역사가 생생히 살아나는 느낌이 든다. 몇 달 혹은 몇 년이나 나무와 마주하지 않는다 해도 자연계와의 연결고리는 우리 마음속에 남아 기억이 되살아나기를 기다린다.

내가 살아온 삶과 그 삶을 촘촘히 휘감은 뿌리, 몸통, 껍질, 줄기에 관해 이야기하면서 나는 바로 그 기억을 휘젓고 싶다. 숲은 단지 목재를 공급하는 곳이 아니라 훨씬 더 귀중한 존재임을 일깨우고

나무를 대신해 말하기

싶다. 숲은 우리 모두를 위한 약품 상자이다. 우리의 허파이다. 기후와 대양을 조절하는 체계다. 지구의 덮개이다. 뒤에 올 세대의 건강과 행복이다. 신성한 집이자 구원이다.

약물 내성을 막는 데에서 지구 온도 상승을 멈추는 데까지, 나무는 인류가 직면한 거의 모든 문제에 대한 해법을 일러준다. 심지어 우리가 그 소리를 듣지 못하거나 들으려 하지 않을 때에도 마찬가지다. 한때 우리는 나무의 소리를 들을 줄 알았다. 그 기술을 반드시 기억해내야 한다.

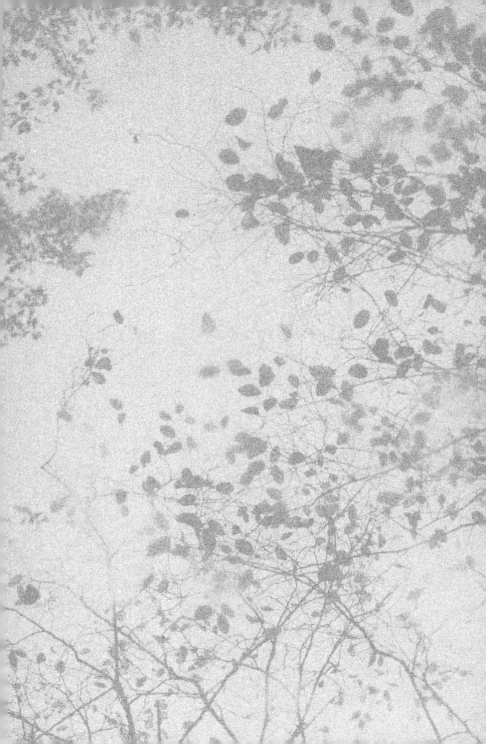

1부

돌의 위로

푸른 하늘에 닿을 것처럼 제일 높이 솟아오른 산등성이에 내 통곡의 돌이 있었다. 내 키를 훌쩍 넘는 그 돌은 거대한 사각기둥 모양이었는데 오래전에 모서리가 떨어져 나가 윗면이 둥글어진 상태였다. 비바람에 마모되어 우둘투둘한 표면에는 군데군데 동그랗게 지의류가 피어 있었다. 농장 부엌에 있던 육중한 나무 탁자의 두 배는 되고도 남을 정도로 큰 돌이었다. 어딘가 변화가 생기더라도 눈에 띄지 않을 정도로 느리게 진행되어 늘 한결같아 보였다.

나는 외로움이 사무칠 때마다 산등성이를 터덜터덜 올라가 그 돌 옆에 머물렀다. 그래서 그 돌을 통곡의 돌이라고 불렀는데 정작 내가 운 적은 한 번도 없었다. 눈물이 나오지 않았다. 어쩌면 무의식적으로 눈물을 몽땅 삼켜 억누르고 있었는지도 모르겠다. 아래에서 누가 나를 부르면 돌의 다른 면으로 슬쩍 숨어들 태세로, 단단한 옆면에 등을 기댄 채 밑동에 앉아 있곤 했다. 아무도 나를 찾지 않아도 그래야 마음을 놓을 수 있었다.

나무를 대신해 말하기

그곳에 앉아 있으면 지구의 느린 고동이 뼛속까지 들어와 마음이 고요히 가라앉았다. 아래에는 뭉게뭉게 연기가 피어나는 농가가, 그 너머에는 옛 노래처럼 저마다 게일어* 이름이 붙은 이모할머니의 밭들이 있었다. 계곡을 둘러싼 양쪽 비탈에는 불이 붙은 듯 형형한 초록빛으로 일렁이는 이웃 농장들이 조각보처럼 펼쳐져 있었다. 목초지에 가득 자라난 큰조아재비 풀숲을 휘저으며 날아가는 바닷새도 보이고, 계곡에서 쏟아져 나와 연어를 그득히 품은 채 서쪽 밴트리만의 너른 품을 향해 흘러가는 오베인강의 모습이 보이기도 했다. 북쪽으로 몸을 틀면 다채로운 색이 감도는 거대한 카하산맥의 윤곽에 감탄이 터져 나왔다. 노란 꽃이 만발한 크녹 부이Cnoc Buí(노란 언덕)는 가시금작화의 색조로 진동하는 듯했다. 청록색 바다를 바라보고 있노라면 고요한 색채의 조화 속에 나타났다 사라지는 청동빛 형체들의 정체가 궁금해지곤 했다. 그 자리에서 나는 지난 3000년 동안 어머니 가족들의 몸과 마음을 지탱해준 풍광을 사실상 전부 다 눈에 담을 수 있었다. 구름 사이로 뛰노는 빛, 소금을 머금은 바람과 빗물이 나를 달래주었다. 나는 통곡의 돌 앞에서 엉엉 운 적은 없지만 고통만큼은 차고 넘치는 아이였다.

---

*   켈트 문화의 언어 중 하나로 아일랜드, 스코틀랜드 북부, 맨섬 등지에서 주로 사용했다. 아일랜드 게일어는 영국의 지배 등 여러 가지 이유로 사라질 위기에 처하기도 했지만, 20세기 초반 아일랜드 공화국 제1공용어로 채택된 후로 점차 복구되고 있다. 이 책에서는 게일어와 아일랜드어가 동일한 의미로 쓰인다.

기억 속 어느 여름날, 나는 아버지 생각에 잠긴 채 그 돌을 향해 올라갔다. 부모님을 모두 잃고 고아가 된 지 얼마 지나지 않은 때였다. 나는 어린 시절 내내 나와는 국적, 종교, 계급이 다른 사람들 속에서 외로이 지냈기 때문에 고립을 견디며 사는 법을 알고 있었다. 하지만 부모님이 돌아가셨다는 소식은 도저히 회복할 수 없을 듯한 충격으로 다가왔다. 몇 달이 지나도 멍하기만 했다. 하루하루 두 분의 죽음이 새롭게 다가왔고, 하늘과 땅이 무너진 듯 갈피를 잡을 수 없었다. 이따금 나를 휘청이게 할 정도로 강력한 상실감에 휩싸여 끝도 없이 아버지를 애도했다. 내 안의 중요한 무언가가 떨어져 나갔는데 죽음이 문을 닫아버린 탓에 다시는 되찾을 수 없을 것 같았다. 나는 그저 조그만 한 점이 될 때까지 작아지고만 싶었다. 숨을 참으면 어쩌면 완전히 사라질 수 있을지도 모른다고 생각했다.

살아남으려고 돌의 밑동에 바짝 들러붙었다. 발아래 보이는 계곡 풍경에 안심이 되는 동시에, 내가 저 아래 분홍빛 젖을 흔들며 천천히 움직이는 소들만큼이나 조그만 점이 된 것 같았다. 그 소들은 안락해 보였다. 나도 그래야지. 그러고 나니 마음이 가라앉았고 차분히 내 삶을 살펴볼 수 있었다.

아버지 쪽 혈통을 따르면 나는 백작, 영주, 후작을 아우르는 영국 귀족인 베리스퍼드 가계에서 가장 미약한 위치에 해당하는 후손이었다. 어머니 쪽 혈통으로는 내 눈앞에 펼쳐진 헤더heather*만큼이

---

*   아일랜드의 낮은 산이나 황야 지대에 널리 자생하는 야생화.

나 틀림없는 아일랜드인으로, 거슬러 올라가면 먼스터 왕가로 이어지는 가계의 마지막 후손이었다. 내가 물려받은 이중의 유산은 사람들의 적개심을 자극했고, 나는 평생 그 무게를 떠안고 살았다. 베리스퍼드가의 여자아이인 나는 장자상속제라는 걸림돌에 부딪혔다. 아버지로부터 혈통과 이름 외에 가치 있는 유산이라고는 아무것도 물려받지 못했다. 나는 영국인에게는 너무나 아일랜드인이고, 아일랜드인에게는 너무나 영국인인 잡종이었다. 남성보다 여성을 더 중요한 존재로 여기는 아일랜드인의 관점으로 보면 내가 여성이라 그나마 다행이었다.

　아버지가 돌아가셨을 때부터 그랬던 것처럼 아버지의 가족들이 나를 계속 외면할 거라 생각하니 숨이 막혔다. 하지만 그 증세도 몇 제곱킬로미터에 불과한 아일랜드의 농촌이자 내가 이후 십 년 동안 여름을 보낼 리쉰스 계곡의 목초지를 내려다보는 사이에 사라졌다. 그때는 아직 바로 내 앞에 다가와 있던 희망에 대해서도, 그 땅과 사람들이 나를 어떻게 이끌고 빚어낼지에 대해서도 전혀 눈치채지 못하고 있었다. 어머니 쪽 집안 어른들이 이미 피어슨스브리지*에서 만나 내 앞날을 의논했다는 사실을 나는 몰랐다. 그분들이 지니고 있던 오래된 지식, 공공연한 비밀, 내 삶을 구원할 그 선물을 내게 주기로 이미 결정한 사실을 알지 못했다. 나를 당신들의 '운명의 아이'로 삼고자 했다는 사실까지도. 통곡의 돌에 기대앉은 내가 아는

*　　아일랜드 코크주 서쪽 밸리리키 근처의 지역.

거라고는 너무 많은 죽음에 짓눌려 완전히 외톨이가 된 나를 아무도 보지 못하리라는 것뿐이었다.

———

내 부모님, 아일린 오도너휴와 존 라일 드 라 포어 베리스퍼드는 제2차 세계대전 중 영국에서, 아마도 틀림없이 런던에서 만나 사랑에 빠졌다. 어릴 적 나는 주변 사람들에게서 낭만적인 과거사를 캐내는 것을 무척 좋아했지만, 부모님께 두 분의 사랑 이야기를 여쭤볼 기회는 없었다. 내가 아는 것은 아주 단편적이었다. 그중 하나는, 야회복 차림에 작은 진주와 사파이어로 치장하고 팔꿈치까지 올라오는 은빛 비단 장갑을 낀 어머니를 보면 눈을 떼기 어렵다는 사실이다. 어렸을 때 어머니를 따라 무도회에 가서 어머니가 무도장 위를 미끄러지듯 움직이는 모습을 지켜본 적이 있다. 그 자리에 있던 모든 사람이 우아하고 아름다운 어머니에게 길을 내주었다. 한 남자가 어쩌다 어머니에게 반하게 되었을지 짐작하고도 남는다.

내 아버지는 모든 면에서 최고를 누렸다. 처칠, 스펜서를 비롯한 영국 상류사회 전반과 교류했던 윌리엄 베리스퍼드 경의 아들로서 이튼칼리지*에 다니고 궁을 드나들었다. 20세기 초 사람들이 지극히 동경할만한 삶을 살았으니 그것만으로도 여성들의 관심을 끌었

———

* 　15세기 잉글랜드 국왕이 설립한 영국의 유서 깊은 사립 중등학교로, 남학생만 입학할 수 있으며 전원 기숙 생활하는 전통이 있다.

을 테지만, 매력적이고 교양 있는 남자이기도 했다. 리쉰스에 있는 어머니의 고향분들조차 영국계 아일랜드 개신교 엘리트들이 아버지 같은 지위를 지닌 사람을 어떻게 바라볼지 알면서도 대화 중에 감탄과 호감을 숨기지 못했다. 아버지는 케임브리지대학교에서 강의하는 언어학자로, 아랍 지역 방언 세 가지를 포함해 열세 가지 언어에 능통했다. 키가 컸고 단안경을 썼는데, 지금은 좀 우스꽝스럽게 들리지만 내가 보기엔 잘 어울렸던 것 같다.

어머니는 피부가 창백해 부드럽고 섬세해 보였지만 활기차고 모험심이 강했으며, 원한다면 주위를 휘어잡을 수 있을 만큼 박식하고 외향적인 성격이었다. 운동신경이 좋아 어린 시절 매일 학교까지 말을 타고 달리던 뛰어난 기수였다. 야생적인 성향에다 동물, 특히 말과에 속하는 동물들과 유난히 친밀한 관계를 맺었는데, 내가 가장 좋아하는 어머니의 어린 시절 일화에 이 두 가지 면모가 모두 담겨 있다. 어머니가 어느 날 학교 건물 지붕에 당나귀를 올려놓았다는 것이다. 이를 두고 대체 어찌 된 영문인지 아무도 알지 못했고, 전해 듣기로는 어머니도 절대 말하지 않았다고 한다.

외조부모님은 영국 귀족과 결혼하는 어머니의 모습을 생전에 보지 못했지만, 만약 보셨다면 친척들이 그랬던 것처럼 어머니가 반항심에 문제를 일으킨다고 생각했을 것이다. 반대로 아버지 가족들은 말없이 심판을 내리는 편을 선호했다.

아주 어린 시절 영국 베드퍼드에서 몇 년간 살기는 했지만, 나는 1944년 여름에 런던 북부의 이즐링턴에서 태어났다. 제일 오래된 기억은 모유를 먹던 일이다. 어머니의 젖꼭지가 내 입천장에 닿는 순간 희열을 느끼고 이내 잠들었던 기억이 난다. 그 순간이 그토록 오래 기억에 남은 것은 내가 느꼈던 순전한 기쁨과 만족감 때문도 있겠지만 그보다 어머니와 진정한 유대감을 느낄 기회가 너무 적었기 때문일 것이다.

내가 두세 살 정도였을 무렵부터 부모님은 나를 짐짝처럼 끌고 정기적으로 아일랜드에 방문했다. 세상을 구경하러 다니고 시골에서 여름을 보내는 것은 그분들이 속한 계급에서 흔치 않은 일이었다. 두 분의 만남은 금기를 넘어 서로 다른 문화가 결합한 것이었고 어머니의 성향도 반항적이긴 했지만, 부모님은 대체로는 주변의 기대에 걸맞게 지냈다. 하지만 번듯한 영국인인 아버지가 지닌 번듯한 영국인다운 바람들을 거스르면서까지 어머니가 고집스레 굽히려 들지 않은 한 가지가 있었으니, 해마다 나를 아일랜드에 있는 집안의 고택에 데려가는 것이었다.

어머니와 나는 자동차로 케리주와 코크주의 경계 지역을 여행했다. 카머나이고개로 올라가는 좁은 길을 앞두고 어머니는 경건한 마음으로 속도를 줄였다. 고갯길이 바위를 관통하는 꼭대기에 다다르면 산맥이 우리 머리에 닿을 듯했다. 어머니가 거기서 멈추면 우리는 차에서 내려 헤더 한 줄기로 붙들어 매어놓은 듯한 바위들을 경외감을 품고 올려다보았다. 바위를 지탱하느라 안간힘을 쓰는 듯, 헤더 줄기는 짙은 보랏빛으로 물들어 있었다. 고개의 양편에서 검은 바위를 타고 쏟아져 내리는 한 쌍의 물줄기가 내는 소리를 배

나무를 대신해 말하기

경으로, 어머니는 형벌법Penal Laws 시대에 그 고개를 타고 대담하게 탈출했던 사제 이야기를 들려주곤 했다. 영국에서 온 정복자들이 1916년까지 500년에 걸쳐 아일랜드인에게 강제했던 그 법에 따르면 '가톨릭교를 믿는 사람'이 학교를 운영하거나 아이들을 가르치는 것은 불법이었다. 그런데 그 사제는 야외에 보초를 세워 망을 보게 하면서까지 학교를 운영하며 아이들을 가르쳤다. 그 지역 사람들은 그곳을 '산울타리' 학교라고 불렀다. 그로 인해 투옥되거나 그보다 더한 일을 당할 처지에 놓인 사제는 영국 기마병과 개들에게 쫓기다가 고갯마루를 넘어 무사히 탈출했다.

우리는 다시 차를 타고 구건바라*로 갔다. 수도자들이 대대로 지켜온 토굴에서 명상한 후, 신성한 섬 위에 고즈넉이 서 있는 성 핀바의 기도원에 조용히 방문했다. 그러고는 북서쪽 케리주로 향해 킬라니의 세 호수 중 가장 큰 로흐 레인Loch Léin(레인호) 가장자리에 위치한 어머니 집안의 고택 로스성으로 갔다. 차에서 내릴 때면 어머니는 우드바인 담배에 불을 붙여 한 모금 들이켠 다음, 허리를 굽혀 파리식 정장 치맛자락을 쓸어내리며 한 줄기 연기를 내뿜었다. 진창을 피해 조심스레 발을 내디디면서, 매입할 계획이라도 있는 듯이 점검하는 눈빛으로 건물을 훑어보았다. 형벌법 시대에 지대를 낮추려고 지붕을 걷어낸 탓에 훤히 드러난 성의 꼭대기와, 꽥꽥대

---

*   핀바 성인의 수도지로 알려진 가톨릭 성지로, 호수로 둘러싸인 작은 섬에 유적이 남아 있다.

는 분홍빛 새끼들을 품은 채 돌벽에 기대어 있는 암퇘지를 지긋이 바라보던 어머니는 이 한마디를 툭 내뱉었다. "여태 아무도 지붕을 안 고쳐놨다니." 그러고는 담배를 비벼 끄고 차로 돌아갔다.

이 순례는 어머니가 아일랜드인으로서의 유산을 아직 다 내려놓지 못했다는 것을 보여주는 증거다. 어머니는 여전히 오래된 장소에 이끌릴 뿐 아니라, 우리의 과거와 나를 연결해줄 책임을 느끼고 있었던 게 틀림없다. 하지만 이때를 제외하면 어머니는 우리 문화와 윗대의 믿음이 낡고 미신으로 가득 차 있다고 일축했다. 어머니는 내가 아버지 쪽 사람들 마음에 들어 좋은 혼처를 찾을 수 있을 만큼 매력적인 여성으로 자라기를 기대했다. 혹은, 입 다물고 조용히 뒤로 물러나 있기를 바랐다. 나는 최선을 다해 그렇게 했다.

내가 일곱 살이었을 때 부모님이 크게 다투고 별거했다. 아버지는 영국에 머물렀지만 어머니는 나를 데리고 아일랜드 코크주 벨그레이브가 5번지에 있는 조지 왕조풍의 높다란 저택으로 거처를 옮겼다. 나는 그 변화에 대해서도, 갑작스러운 아버지의 부재에 관해서도 아무 설명을 듣지 못했고, 우리는 아버지로부터 간단히 지워졌다. 이와 같은 부모와 자식 간 소통의 부재가 부모님께는 특이한 일이 아니었다. 그 시절 그 지역, 특히 그 계층의 부모들은 아이를 부속물로 여겼기에 아이의 감정을 헤아리려 하지 않았다. 하지만 아버지가 내 삶에서 갑자기 사라진 일은 나에게 깊은 상처로 남았다. 아버지는 과묵한 남자였고 한 번도 내게 직접 사랑한다고 말하지 않았지만 말없이도 사랑을 느끼게 해주었다. 아버지는 종종 나

나무를 대신해 말하기

를 그렸다(아버지가 유화로 그린 내 초상화가 지금도 거실에 걸려 있다). 내가 아주 어렸을 때 아버지가 피아노를 연주하던 모습이 기억난다. 아버지는 연주를 멈추고 다정하게 나를 불러 무릎에 앉혀주곤 했다. 아버지의 손가락을 따라가기에는 내 손이 너무 작았지만 아버지는 당신이 연주하는 곡의 리듬을 내가 느끼기를 바랐다. 베드퍼드의 우리 집에서 아버지가 신고 있던 구두 위에 내 발을 딛게 해 함께 춤을 추었던 것도 기억난다.

벨그레이브가에서는 어머니의 형제자매와 함께 살았다. 삼촌 패트릭은 로키 도너휴로 알려진 아일랜드의 유명한 장거리달리기 선수이자 헐링* 선수였다. 평생 독신이었고, 시의 가스 제조소에서 화학자로도 일했다. 이모 비디는 아주 어릴 적에 허리를 다쳐 평생토록 환자로 살았다. 한 해에 세 번꼴로 자주 병원 신세를 졌고, 잘 걷지 못했다. 이모는 나를 다정히 대했다. 따뜻한 말을 건네고 관심을 보여주었다. 자라면서 나는 이모를 몹시 사랑하게 되었고, 최선을 다해 보살폈다. 이모에게 『제인 에어』 전작을 읽고 또 읽어주었던 기억이 난다. 팻 삼촌도 사납거나 차갑지 않게 나를 대해주었고 이따금 함께 수다를 떨기도 할 정도였지만, 한편으로는 자기 일에 몰두하느라 어린애나 집안사람들의 의견과 요구에 그리 호들갑스레 응하지 않았다. 이제 나의 유일한 양육자가 된 어머니는 느끼는

---

*   아일랜드 전통 구기 종목으로 하키와 비슷하게 막대기와 공을 사용한다.

바를 날것 그대로 표현했다. 이를테면 이런 식으로 말이다. "넌 정말 귀찮은 애야. 네가 없었으면 더 잘 살 수 있었을 텐데."

집을 나서면 친구가 별로 없었다. 내 성은 동네 아이들과 다를 뿐 아니라, 위험하게 여겨지기도 했다. 베리스퍼드는 아일랜드에서 가장 세력이 큰 가문으로 꼽혔다.* 동네에서나 학교에서 어떤 아이가 나를 다치게 하거나 모욕하거나 나와 뜻하지 않게 부딪치기라도 하면, 그 소식이 그 아이의 온 가족을 짓밟을만한 힘을 지닌 우리 가문 사람의 귀에 들어갈지도 모를 일이었다. 내가 들을 수 있는 거리에서 떠벌린 자기 부모의 정치적 견해가 베리스퍼드가로 흘러 들어가지 않으리라는 보장이 없었다. 코크 사람들은 대개 나를 혼자 내버려두었다.

벨그레이브가의 우리 집은 대략 1700년대에 영국인 장교들을 위해 지어진 관사 열 채 중 하나였다. 그 열 채의 건물 앞에는 커다란 공용 뜰이 있었는데, 거기에 누군가 오래전에 조성한 작은 수목원이 있었다. 그곳이 나의 놀이터였다. 친구가 하나도 없다 보니 나무들이 나를 반기는 듯 보였다. 그 나무들이 내 친구가 되었다. 나는 커다란 월계수를 보물창고 삼아, 내가 가장 좋아하던 붉고 곱슬곱슬한 가발을 쓰고 창백한 얼굴에 푸른 눈을 깜빡이는 미국산 인형을 거기 숨겨두고는 했다. 사방에 넘쳐나는 월계수 잎의 향에 둘러

---

*   드 라 포어 베리스퍼드 가문은 영국 귀족이지만 영국이 아일랜드를 점령했던 시기에 아일랜드 영지를 부여받아 오랜 기간 아일랜드에서 세력을 떨쳤다.

싸인 채, 장난감 오븐과 작은 인형을 나무 둥치에 전부 늘어놓고 소꿉놀이를 했다(밥 먹는 순서가 엄격히 정해져 있어, 허름한 옷차림을 한 인형이 항상 꼴찌였다). 나중에 만난 통곡의 돌이 그랬던 것처럼, 나무들은 그 엄청난 품으로 나를 위로해주었다. 그 자리에 그 나무들이 있는 것만으로도 내게 자비를 베푸는 듯 느껴져 든든했고, 변화무쌍한 나무들의 모습에 무척이나 궁금증이 일었다. 밤이면 끊임없이 변하는 긴 그림자를 내 방 벽에 드리우던 그 나무들은 꿈에서도 나를 찾아왔다.

나는 우리 집에서 두 건물 건너에 있는, 관사 열 채 중 일곱 번째 집에 사는 남자가 나무에 관한 나의 궁금증을 푸는 데 도움을 줄 수 있을 거라고 확신했다. 철제 테를 두른 안경을 쓴 배럿 박사는 자연요법가naturopath*였고, 아이가 없었다. 그와 마찬가지로 철제 테를 두른 안경을 쓴 그의 아내와 누이가 그 집에 함께 살았는데, 두 사람 다 평범하여 내 어린 마음에 아무런 인상을 남기지 않았다. 나는 자주 배럿 박사의 집 건너편에 있는 월계수에 자리를 잡고 커튼처럼 드리워진 나뭇잎 사이에 몸을 숨긴 채 그가 집으로 돌아오기를 기다리곤 했다. 박사가 도착하면 나는 문 앞에 나타나 품고 있던 질문을 던졌고, 그런 식으로 자연스럽게 수업이 시작되었다.

부모님의 사이가 나빠진 이듬해 가을에 신기한 일이 일어났다.

---

* 자연요법naturopathy이란 공기, 물, 광선, 온천, 열 등 자연 현상과 물질을 활용하는 치료 체계로, 근대 의학 및 약학 체계와는 구분되는 대체의학의 일종이다.

내가 눈여겨보던 엄청나게 크고 엄청나게 가느다란 나무에 작고 둥글고 빨간 열매가 가득 맺힌 것이다. 다른 이름을 알지 못했던 나는 그게 사과라고 생각했다. 10미터는 될 정도로 큰 키에 다채로운 열매를 가득 달고 있는 이런 나무를 한 번도 본 적이 없었기 때문에 분명 드물고 특별한 일이 일어난 것이라고 철석같이 믿었다. 그 특별한 나무가 내게 말을 건네는데 그 말을 알아듣고 싶어서 안달이 났다. 그래서 그 나무 아래 자리를 잡고 있다가 문을 나서는 배럿 박사에게 다가가 열매 한 알을 그의 안경 앞에 들이밀었다. "이 사과 먹을 수 있는 거예요?" 배럿 박사는 그렇다고, 먹을 수 있다고 하고는 내가 손에 쥐고 있던 그 보물이 미국이 원산지인 크라타이구스 도우글라시*Crataegus douglasii*라는 산사나무의 열매라고 했다. 한입 베어 물자 달콤하고 톡 쏘는 맛이 났다. 내 스스로 찾아낸 맛있는 발견이었다.

그때부터 수목원은 나의 친구이자 놀이터일 뿐 아니라 실험과 발견의 장이 되었다. 배럿 박사가 또 다른 산사나무, 나중에 내가 알게 된 바로 크라타이구스 모노귀나*Crataegus monogyna*라는 라틴어 학명을 지닌 서양산사의 경우 잎을 먹을 수 있고 그 잎이 건강에도 좋다고 말해준 것도 기억난다. 그 말을 믿고 가시 돋은 나무를 타고 최대한 높이 올라가 직접 잎을 따 맛보았다. 샐러드 맛이 났다.

또 다른 날에는 월계수 주변을 빙빙 돌다가 작고 까만 씨앗 하나를 밟았다. 씨앗의 겉껍질, 즉 외종피가 내 발아래서 살짝 갈라지더니 굉장한 향이 풍겼다. 씨앗을 주워 손톱으로 종피를 벗겨내니 하

나무를 대신해 말하기

얇고 반짝이는 속살이 드러났다. 향이 폭발했다. 나무 자체에서 나는 것과 같은 향이 응축되어 있었다. 씨앗 안에 그렇게 강렬한 나무 냄새가 담겨 있다는 사실을 믿을 수 없었다. 그 순간 연쇄적으로 일어난 놀라운 감정, 씨앗과 부모나무 사이의 연결고리를 발견하는 놀라움과 그 연결고리 자체에 대한 경외감이 지금도 내 머릿속에 선명하게 남아 있다.

배럿 박사는 내 고집에 못 이겨 마주치는 모든 식물종의 라틴어 학명을 함께 알려주었다. 이런 정보를 알려주는 것만 해도 고마웠는데, 내가 새로운 이름을 기억할 때마다 대추야자 초콜릿이 담긴 갈색 봉투를 꺼내 하나 집으라고 했다. 정말 친절한 사람이었다.

그해 가을부터 나는 학교에 다녔다. 골격이 크고 얼굴이 빨간 학교장 미스 배럿이 나의 선생님이었다. 배럿 박사와 달리 선생님은 자연요법과 관련이 없었지만 내가 그 이름에 좋은 인상을 받았던 터라 친근하고 안전하게 느껴졌다. 여름방학을 어떻게 보냈냐는 선생님의 질문에 나는 짐짓 어른스러운 체하며 교실 창밖에 보이는 모든 나무의 라틴어 학명을 읊어댔다. 그때 선생님이 어떤 반응을 보였는지는 기억나지 않지만 내 어머니에게 편지를 보냈다는 것은 알고 있다.

그 주 토요일 오후에 어머니가 나를 미스 배럿 선생님 댁 문 앞으로 끌고 갔다. 어머니는 차분히 문을 두드렸지만 그 소리만으로도 이 상황에 얼마나 화가 나 있는지 또렷이 느껴졌다. 들어가보니 탁자 위에 세 사람분의 차와 매리에타 비스킷이 차려져 있었다. 나

는 두려움에 떨었고, 어머니는 날이 선 채로 자리에 앉았다. 선생님
은 차를 따르며 편지에 썼던 라틴어 학명 건에 관해 이야기했다. 내
가 똑똑한 것 같다는 말을 들은 어머니는 뻣뻣하게 굳어 금방이라
도 부러질 듯 보였다. 어머니는 끄덕이며 차를 다 마신 다음 무시무
시한 침묵 속에 나를 데리고 집으로 걸어갔다. 집에 도착하자 이목
을 끌었다며 나를 꾸짖었다. 어머니 자신도 교육을 잘 받았으면서,
똑똑한 여자는 좋은 집안에 시집을 못 간다고 했다. 남자가 원하는
건 논쟁으로 자기를 이겨 먹는 여자가 아니라 식솔과 고용인을 솜
씨 좋게 관리할 안주인이라고 했다. 나는 입을 다물고 어머니를 난
처하게 만들 일을 되풀이하지 않겠다고 다짐했다. 기나긴 꾸지람을
들으며 소파 뒤 은신처로 반쯤 몸을 숨겼다. 어머니의 말이 끝나자
나는 고개를 끄덕였다. 우리는 그 일을 다시는 입에 올리지 않았다.

　2년이 지난 후에 거의 전적으로 어머니의 뜻에 따라 영국으로
돌아가 1년 동안 머물게 되었고, 나이츠브리지의 브롬턴성당이 익
숙해질 무렵까지 아버지와 함께 살았다. 그러다 열두 살이 될 무렵
에 어머니가 나를 데리고 아일랜드로 돌아갔다. 나는 학교에서나
집에서나 눈에 띄지 않으려고 최선을 다했고, 아무도 거스르지 않
으면서 지내는 나만의 방법을 터득했다. 그처럼 보이지 않게 숨어
지내는 것이 나의 기본적인 존재 방식이 되었다.

　하지만 그 후 1년이 채 지나지 않아 고아가 되고 나니, 내 발을
겨우 땅 위에 붙들어 매고 있던 무언가가 더 헐거워지고 말았다.

노란 물감 상자

여덟 살 때 어머니가 내게 물감 상자를 주었다. 내가 기억하기로 어머니로부터 받은 유일한 선물이었다. 어머니가 식탁 밑면에 색분 필로 그림을 그리고 있던 나를 본 후였다. 나는 흐트러진 종잇조각 이나 신문지에까지 줄곧 그림을 그려댔다. 아무 말 없이 나와 내 그 림을 살펴보는 어머니를 바라보며 나는 두려움에 떨었다. 다음 날 어머니는 시내에 나가 질 좋은 윈저앤드뉴턴 수채 물감 세트를 사 다 주었다.

나는 그 물감 상자에 푹 빠졌다. 인형들까지 내팽개쳐둘 정도였 다. 얇고 긴 그 상자에는 노란색 덮개가 달려 있었는데 그걸 뒤로 젖 히면 평평하게 펼쳐져 물감을 섞는 팔레트로 쓸 수 있었다. 붓이 하 나 들어 있긴 했지만 어머니가 몇 개 더 보태주었다. 큰 붓 하나는 낙타털로 만든 것이었다. 나는 연갈색 털이 손가락 아래에서 살아 움직이는 듯하던 그 붓을 가장 좋아했다.

열두 살 무렵, 수채 물감을 들고 나가 꽃을 그리던 날이 기억난다. 탁해진 잼 병 속 물을 새로 갈려고 병에 붓을 꽂아 들고 집으로 걸어 들어갔다. 조심스럽게 잼 병을 들고 가느라 처음에는 어머니를 보지 못했다.

어머니는 벽난로 선반에 한 팔을 기대고, 연기가 굴뚝으로 빠져나가도록 담배를 달랑거리며 서 있었다. 공문서처럼 보이는 편지 같은 걸 한 줄 한 줄 유심히 읽고 있었다. 그러다 갑자기 환호하듯 "존" 하고 외쳤다. 나는 우뚝 멈춰 섰다.

"존, 그 나쁜 새끼가 죽었군." 어머니는 마치 경기에서 이기기라도 한 듯 웃으며 소리쳤다. 그 말을 나는 이렇게 고쳐 들었다. **아버지가 돌아가셨어.** 부엌으로 발길을 돌린 나는 낙타털 붓이 아버지의 머리카락이라도 되는 양 어린 나이에 할 수 있는 최대한의 정성을 기울여 조심조심 씻었다. 아버지가 어떻게 돌아가셨는지 전혀 알지 못했고, 다시는 아버지를 볼 수 없었다.

———

그로부터 불과 몇 달 후, 어머니가 교통사고로 돌아가신 날에 나는 자전거에서 떨어졌다. 머리를 세게 부딪혀 뇌진탕이 왔다. 이웃이 나를 발견했을 때 나는 거기가 어딘지도, 나를 집으로 데려다주는 그 이웃이 누구인지도 잘 몰랐다. 어머니는 외출 중이었는데, 그분들이 어머니에게 연락했다며 어머니가 금방 나를 보러 집으로 돌아올 거라고 했다. 기다렸지만 어머니는 오지 않았다. 날이 저물고, 잠이 들 무렵에 복도를 울리는 어머니의 하이힐 소리가 들렸다.

나무를 대신해 말하기

동트기 직전, 커튼을 통해 어스름한 빛이 비칠 무렵에 눈을 떴다. 조니 헤이스라는 이름의 운전사가 와서 나를 깨웠다. 이전에 나를 태워준 적이 있어 알아보기는 했지만 조니는 나를 어디로, 왜 그리 서둘러 데려가는지 말해주려 하지 않았다. 조니의 자동차는 거의 텅 빈 거리를 내가 타본 그 어느 차보다 빠르게, 제한속도를 훌쩍 넘기며 질주했다. 해가 떠올라 왼쪽 차창 밖 구름이 은은한 장밋빛으로 물들었다. 나는 머리를 한 손에 기댄 채 점점 더 붉게 물드는 하늘을 물끄러미 바라보았다. 구름이 거듭 내게 말하는 듯했다. 어머니가 돌아가셨다고.

차가 멜로종합병원에 멈추자마자 나는 조니가 운전 장갑을 벗을 틈도 주지 않고 차에서 뛰어내렸다. 안으로 달려 들어가서는 직감적으로 응급실을 지나쳐 어머니가 있을 것 같은 왼쪽으로 방향을 틀었다. 병실이 늘어서 있는 좁은 복도를 따라 왼쪽으로 계속 달려간 나는 마침내 1인용 침대가 놓인 어두침침한 병실에 다다랐다. 철제 난간을 따라 들어가자 어머니가 보였다. 어머니의 사지와 목이 찢어진 시트 조각으로 침대 프레임에 묶여 있었다. 묶인 끈 밑으로 턱 아래까지 온몸이 희고 깨끗한 시트로 덮여 있었다. 끈은 이미 썼던 것처럼 얼룩져 있었다. 얼룩덜룩한 끈과 새하얀 시트의 대비가 분필처럼 창백한 어머니의 피부와 마찬가지로 공포를 불러일으켰다. 어머니를 내려다보고 있자니, 출혈 끝에 돌아가신 것이 틀림없어 보였다.

머리를 숙여 어머니의 차가운 뺨에 입을 맞췄다. 어머니와 맞닿으려고, 어머니의 일부분이라도 느끼려고, 내게서 영원히 사라져가는 무언가를 붙잡으려고. 머리를 들자 외과장이 수간호사를 포함한 간호사 여러 명과 함께 달려 들어와 나를 향해 소리를 질렀다. "얘가 어떻게 여기 들어와 제 어머니를 본 거야? 기가 막히는군."

끌려 나간 기억은 나지 않는다. 조니 헤이스가 나를 차에 태워 다시 집으로 데려간 것도 기억나지 않는다. 하지만 어머니와 마찬가지로 영원히 내 곁을 떠난 아버지 생각이 간절했다는 사실은 기억난다.

———

어머니가 돌아가신 후, 나는 아일랜드법원의 보호 대상자가 되어 코크주의 판사와 만났다. 판사는 나를 어찌할지 결정하는 게 자기 임무라고 했다. 적어도 가톨릭교회에 따르면, 나처럼 비참하게 고아가 된 사람을 기다리는 운명이란 애초에 매춘부와 미혼모를 '수용'하기 위해 설립되었으나 수십 년 뒤에 악몽 같은 학대와 죽음의 온상이었던 것으로 밝혀진 바 있는 막달레나수용소라는 끔찍한 감옥에 갇히는 것이라고 했다. 그러니 나를 코크 지역 막달레나수용소인 선데이스웰에 보내버리면 간단히 끝날 일이라고 했다. 하지만 내 경우는 그리 간단하지 않았다.

나는 초록색과 청회색으로 된 교복을 입은 채 판사실로 이끌려 갔다. 커다랗고 짙은 목제 책상 너머에 앉은 판사는 베리스퍼드 집안 사람을 수용소로 보냈다가 자기에게 무슨 일이 생길지 모른다는 한탄을 몇 분에 걸쳐 늘어놓았다. 그러다 마침내, 내가 스물한 살이 될 때까지 팻 삼촌이 나를 돌보겠다고 제안했다는 이야기를 꺼내며 벨그레이브가에서 패트릭 오도너휴와 함께 살 마음이 있느냐고 물었다. 내가 그렇다고 답하니 판사가 비로소 안도의 미소를 지어 보였다.

그래도 그 결정으로 수용소에 끌려갈 위험이 아주 사라진 것은 아니었다. 판사와 했던 그 첫 면담에서 주어진 몇 가지 조건을 잘 지키느냐 아니냐에 나의 자유가 달려 있었다. 석 달에 한 번씩 법원에 출석해 탈선하지 않았는지 확인받아야 했다. 학교나 옷을 비롯해 생활하는 데 필요한 돈은 법원이 관리하는 내 상속금으로 처리될 예정이었다. 또한 밤 10시까지는 귀가해야 했다. 이런 조건 중 하나라도 어긴다면, 그리고 내 생각에 혹시 삼촌이 내게 질리기라도 한다면 나는 선데이스웰로 가야 할 것이었다.

그런 두려움과 더불어 나에겐 더 시급한 걱정거리가 있었다. 팻 삼촌은 내가 고아가 되었다고 해서 내게 특별히 더 주의를 기울이지는 않았다. 삼촌이 법원에서 나를 위해 나서준 일은 무척 고마웠지만 그렇다고 그 일이 실제로 나를 돌볼 준비가 되었다는 의미는 아니었다. 삼촌은 나의 법정후견인이 되기 전과 똑같은 일상을 유지했고, 내 처지는 전혀 고려하지 않는 듯했다. 어머니와 있으면서 거의 눈에 띄지 않게 지내는 게 몸에 배어서인지 어른들은 쉽사리 나를 없는 사람 취급하는 것 같았다. 어머니의 장례식 앞뒤로 벨그레이브가의 저택에는 여느 해보다 많은 사람이 오갔고 모임도 많았지만 아무도 내가 괜찮은지 물어볼 생각을 하지 않았다. 언제나 나를 애처롭게 여기고 다정하게 대해주리라 기대할 수 있었던 비디 이모는 병원에 입원해 췌장암 치료를 받고 있었고, 그로부터 몇 년 후에 세상을 떠났다. 나는 주로 거실 한구석에 가만히 웅크리고 앉아 있었다. 내 식사를 챙겨주어야 한다는 생각을 하는 사람조차 없었다.

얼마 동안 굶었는지 모르겠지만, 장례식이 지나간 앞뒤를 따지면 며칠 정도는 되었을 것이다. 어머니 친구인 브라이디 헤이스가 저택에 왔다. 부엌에 들어서며 그 자리에 모인 어른들에게 내가 어디 있는지 물었다. 아무도 답을 안 했지만 주위를 살펴보던 아주머니는 구석에 처박혀 있는 나를 발견하고 곁으로 달려왔다. "아무도 이 애를 거들떠보지 않았단 말이에요?"라고 주위 사람들을 돌아보며 물었다. "얘 밥은 누가 챙기고 있었죠?" 그 질문에 모두가 입을 다물었는데, 내가 느끼기에는 조금 부끄러워하는 것도 같았다. 그 자리에 있는 어른들이 전부 굳어버린 가운데 브라이디 아주머니는 내게 주려고 스크램블드에그를 만들기 시작했다. 사고가 난 그날 이후 처음으로 먹는 음식이었는데 세상에나, 그 스크램블드에그는 내 입에 들어갔던 그 어떤 음식보다, 그날 이후 내가 먹어본 그 어떤 고급 식당의 요리보다 맛있는 최고의 음식이었다. 너무 배고프고 목말랐던 내가 그 음식을 먹는 동안 브라이디 아주머니는 모두를 쏘아보며 나무랐다. 아이를 이렇게 내팽개쳐두다니 부끄러운 줄 알라고 했다. 하지만 내가 식사를 마치고 아주머니가 돌아가자 다들

나무를 대신해 말하기

금세 이전처럼 나를 외면했다.

얼마 후, 부엌에 혼자 있는데 배가 너무 고팠다. 그때 빵을 넣어두는 찬장에 다가가 톰슨제과점의 둥글고 바삭한 빵skull loaf을 찾아냈던 기억이 난다. 부풀어 오를 때 갈라지지 않게 하려고 윗부분에 가위 모양으로 칼집을 내는 빵이었다. 나는 굶주렸고, 내 손은 빵 옆면에 내가 낸 구멍에 들어갈 만큼 작았다. 빵 껍질이 망가지지 않게 손을 집어넣어 한가운데 하얀 부위를 야금야금 꺼내 먹었다. 분명 찬장에서 텅 빈 빵 껍질을 발견했을 텐데도 팻 삼촌은 내게 아무 말도 하지 않았다.

팻 삼촌이 언제 어디서 밥을 먹었는지도 모르고, 아침을 너무 일찍 먹거나 저녁을 너무 늦게 먹어서 그랬는지도 모르지만, 삼촌과 지내기 시작하고 몇 달 동안 그 집에서 단 한 번도 함께 식사한 기억이 없다. 제대로 먹지 못하는 처지와 슬픔이 겹쳐 육체적 고통이 닥쳐왔다. 당연하게도 말이다. 일요일이면(그런 일은 꼭 일요일에 일어났던 것 같다) 나는 영양부족으로 쓰러져 바닥에 머리를 찧은 채 발견되곤 했다. 기력이 너무 떨어져 한 주 걸러 한 번은 패혈성 인두염을 앓았던 것 같다. 뻔히 보이는 데서 점점 쇠약해지는데도 아무도 내 건강을 돌볼 방법을 찾지 않았다. 나는 쇠꼬챙이처럼 말라갔다.

여느 때처럼 학교에 가고, 정기적으로 법정 변호사와 내 변호사를 만나고, 법원 직원과 공무원들을 대면했다. 물론 그 사람들 중에도 내 상태를 주의 깊게 들여다보는 이가 아무도 없었다. 그렇지만 지금까지도 가장 이해하기 힘든 것은 팻 삼촌의 무심한 태도이다.

나중에 내가 알고 사랑하게 된 삼촌의 모습을 생각하면 특히 그렇다. 어머니는 늘 남동생이 뜬구름만 잡지 집안이 어떻게 돌아가는지는 하나도 모른다고 했다. 하지만 자기가 돌보는 아이에게 밥을 먹여야 한다는 사실마저 모르다니? 그 점은 여전히 내게 수수께끼로 남아 있다.

결국 절박해진 내가 해법을 찾아 나섰다. 리넨으로 표지를 감싼 프랑스 요리책을 발견한 나는 직접 요리를 하기로 마음먹었다. 책에 관해서라면 언제나 관심을 보이는 팻 삼촌에게 물으니, 그 책은 내 아버지 것인데 프랑스 보르도에 포도밭을 갖고 있다 보니 소장하게 되었을 거라고 했다(삼촌이 그 말을 덧붙인 건 책이 프랑스어로 쓰인 이유를 설명하기 위해서였다는 것을 나중에 깨달았다). 나는 그때까지 어깨너머로 많이 보았던 요리 과정을 떠올려 간단한 요리를 구상했다. 냄비를 하나 꺼내고 감자 네 알을 찾아 씻었다. 냄비에 감자를 넣고 물을 채워 가스레인지에 올렸다. 제일 중요한 정보, 그러니까 감자를 얼마 동안 끓여야 하는지는 요리책에서 찾을 수 있을 거로 생각했다. 초 단위일까, 분 아니면 시간 단위일까? 답을 찾아 책장을 뒤적였다.

알고 보니 그 요리책에는 감자 삶기에 참고할만한 정보가 전혀 없었다. 나는 요리 시간을 직접 알아내기로 했다. 포크를 들고 몇 분에 한 번씩 감자를 찔러보며 부드러워졌는지 확인했다. 처음에는 감자가 돌처럼 딱딱해서 끓는 물 안에서 굴러다녔다. 거듭 찔러 보아도 마찬가지였다. 뭔가 중요한 과정을 빠뜨린 것 같다는 의심이

들기 시작했다. 그래도 무의식적으로 확신하듯 요리책을 덮어 선반에 올려둔 채 하던 일을 계속했다. 몇 분이 지나자 포크가 껍질을 뚫고 들어갔고, 또 몇 분이 더 지난 후에는 그대로 감자를 관통했다. 해낸 것이다.

가스 불을 끄고, 어디 크게 데거나 하지 않고 냄비의 물을 따라낸 후 뜨거운 감자를 차가운 접시 위에 흘려 담았다. 벌어진 감자 껍질이 내게 미소를 지어 보였다. 나는 승리의 표시로 허공에 포크를 휘둘렀다. 입안 가득 감자를 물고 "드디어" 하고 웅얼대며 네 알을 모두 먹어 치웠다. 요리하는 법을 스스로 터득했으니, 결국에는 고아로 살아남는 방법도 알아낼 수 있을지 모를 일이었다.

계곡으로

아일랜드에 사는 동안 여름방학마다 리쉰스에 갔다. 팻 삼촌은 그 여정을 막을 이유가 전혀 없었다. 나는 학기가 끝난 다음 날 터미널에서 수다스러운 안내원 마이클 머피의 손에 맡겨져 두 시간 동안 버스를 타고 계곡으로 향했다. 목적지인 밸리리키는 오베인강이 밴트리만의 해안과 만나는 지점에 있는 작은 마을이었다. 버스의 계단을 내려가 접이식 문을 지나면 또 다른 패트릭이 기다리고 있었는데, 모두들 팻 리쉰스라고 부르는 어머니의 사촌이었다.

마흔 살 정도 되는 팻 아저씨는 재치 있고 말솜씨도 좋으며, 농부답게 굵은 손목에 넓적하고 뭉툭한 손을 지닌 잘생기고 쾌활한 남자였다. 여느 해처럼 팻 아저씨는 한쪽 무릎 위에 고삐를 늘어뜨린 채 마차 조종석에 앉아 나를 기다렸다. 폴짝 뛰어내리는 나를 붙들어 마차에 태우고 짐가방을 실은 뒤 밸리리키에서 리쉰스의 농장에 이르는 마법 같은 여정을 시작했다. 이동하는 동안 눈앞에서 말의 꼬리가 정답게 앞뒤로 획획 움직였고, 거기서 풍기는 동물 냄새

나무를 대신해 말하기

와 신선한 건초 향이 공기 중에 감도는 인동덩굴의 향과 뒤섞였다. 나는 말을 좋아해서 근처에 말이 있으면 늘 행복했다. 그 아름다운 생명체가 끄는 마차에 올라타 신선한 시골 공기를 가르며 달리다 보면 잠시나마 산안개에 둘러싸인 성으로 귀환하는 요정 여왕이 된 기분이 들었다.

리쉰스에서 약 5킬로미터 떨어진 케일킬에 가톨릭교회가 있었는데, 마을 사람들이 주로 모이는 곳이었다. 그 근처에 공공 간호사 크리던의 사무실이 있었다. 크리던은 짝이 맞지 않는 나무 의자로 가득 찬 그 공간에서 진료를 보았다. 그 외에 리쉰스에서 '읍내'라 부를만한 공간은 없었고, 강 양편을 따라 가족농장과 노동자들의 오두막이 늘어서 있을 뿐이었다. 1000명 정도 되는 지역 주민 모두가 멀기는 해도 나와 이래저래 이어진 친척 관계였다. 팻 아저씨는 수세기 동안 이어온 우리 집안 토지의 일부인 약 18만 제곱미터 규모의 농장에서 이모할머니 넬리와 함께 살았다. 고등교육을 받은 아저씨의 누이 메리 아주머니는 영국에서 일하느라 집에 거의 없었는데, 나는 아주머니가 내게 별 관심이 없다고 생각해 그러려니 했다. 넬리 할머니의 남편인 윌리 할아버지는 내가 어렸을 적에 돌아가셨기 때문에 농장 일은 전부 아들인 팻 아저씨 몫이었다. 그래도 여름에는 내가 손을 보탰고, 정말 큰일을 처리해야 할 때는 이웃에게 도움을 청할 수도 있었다. 넬리 할머니는 돼지, 양, 닭, 소 등 동물을 돌보았다. 유제품은 할머니와 아저씨가 함께 관리했고, 요리와 청소는 할머니가 도맡았다. 계곡에서는 이런 식의 역할 분담이 일반적이었다. 두 분은 농장을 가꾸면서 생활에 필요한 거의 모든 것을 그 안에서 마련했다.

처음 갔을 때부터 계곡에는 내가 좋아할만한 것이 많았다. 리쉰스는 지금까지도 내 마음속에서 특별한 자리를 차지한다. 피부로 느껴질 만큼 너그러운 분위기가 감도는 곳이었다. 운 좋게도 나는 넬리 할머니, 팻 아저씨와 함께 지내며 그런 너그러움을 맛볼 수 있었다. 그곳에서는 언제나 그래왔던 것처럼 브레혼법에 담긴 환대의 정신이 여전히 강하게 작동했는데, 그 법에 따르면 고아인 나는 모두의 자녀였다. 심지어 제일 가난한 사람조차도 하다못해 브램리사과* 한 알, 현관 앞 구스베리 덤불에 맺힌 열매나 그 계절에 처음 익은 딸기 몇 알이라도 내게 건네주는 것이 자기의 특권인 양 했다.

부모님이 돌아가신 후로 계곡에서의 인간관계가 어쩐지 더 깊어졌다. 이전과 다른 눈빛으로 나를 바라보며 따뜻하게 인사를 건네는 사람들을 보면 눈물이 났다. 죽음은 전염되는 병이 아니라는 걸 알고 있는 듯한 눈빛이었다. 그들은 돈 한 푼 없는 나를 마치 중요한 무언가를 이어받은 사람처럼, 갑자기 귀한 인물이라도 된 것처럼 대했다. 넬리 할머니는 항상 친절하면서도 살짝 무심한 편이었다. 하지만 부모님이 돌아가신 그해 여름, 내가 도착한 그 순간부터는 반드시 보살핌을 받아야 하는 상태라도 된다는 듯이, 그냥 있는 것만으로도 마음이 쓰인다는 듯이 나를 대했다. 이전에 누구에

---

*　　요리용으로 사용하는 알이 큰 사과.

게도 그런 감정을 느껴본 적 없었던 나는 할머니에게 푹 빠졌다. 매일 아침 눈을 뜰 때마다 이것이 금방 깨어질 속임수나 착각이 아니라고 믿으려 애를 썼다.

물론 내 몸 상태가 형편없었으니 넬리 할머니의 보살핌이 절실했다. 할머니는 내가 막대기처럼 비쩍 말라 있다는 것을 알아챘다. 뼈와 살갗만 남은 채 반쯤 기아 상태로 문턱을 넘은 나는 할머니가 눈앞에 들이미는 그 어떤 음식도 먹기 힘들었다. 할머니는 곧 머크룸오트밀* 한 포대를 시켰다. 그 오트밀 한 그릇이 내 속을 채워 기력을 되찾을 수 있도록 단단히 받쳐줄 보약인 모양이었다. 이튿날 아침 할머니는 식탁에 오트밀 그릇을 올려놓고 먹을 수 있는 만큼 많이 먹으라고 했다. 거기다 버터밀크도 여러 잔 내주었는데 그건 너무 끔찍했다. 잔을 받아서 보면 매번 작은 버터 덩어리들이 떠다녔는데, 가라앉혀보아도 금세 다시 떠오르려고 했다. 그래도 나는 할머니가 시키는 대로 충실히 따랐다. 내가 훨씬 더 좋아했던 건 할머니가 간식으로 만들어준 건포도 베스터블빵**이었다. 벨그레이브가에서 팻 삼촌과 지낸 처음 몇 달 동안 상했던 내 몸이 회복되기까지 얼마나 걸렸는지는 잘 모르겠다. 하지만 그해 여름 리쉰스에 도착한 직후부터는 일요일에 쓰러지는 일은 없었다.

---

* 아일랜드 코크주 머크룸 지역에서 생산되는 오트밀로, 귀리를 돌로 갈아 가마에 굽는 방식으로 만들어진다.

** 소다를 넣어 주물냄비bastible에 굽는 아일랜드의 식사빵.

게일어를 쓰는 사람들에게 리쉰스라는 지명에 담긴 의미는 각별하다. 다른 세계로 들어가는 문을 열어주기 때문이다. 우선, 그 이름 자체가 고대에서 왔다. 식민 지배를 위해서 측량도를 가지고 온 영국군의 의해 변형되기는 했지만 말이다. 고대 게일어로 리스Lios는 요정의 언덕 또는 요정의 반지, 더 거슬러 올라가면 폐쇄된 고대 주거지를 뜻한다. 뒷부분의 '쉰스Sheens'는 고대 게일어의 쉬sí에서 온 것으로 에스쉬aossí, 즉 요정의 언덕에 사는 이들을 의미한다. 계곡에는 드루이드의 시대에 유래한 석조물이 그득하다. 드루이드란 켈트 문화에서 엘리트 교육을 받고 의사, 외과의, 천문학자, 수학자, 철학자, 시인, 역사가로 활동하던 이들을 가리킨다. 제단, 둥근 석벽, 돌무더기, 성스러운 돌, 오검Ogham 비석, 신성한 우물이 계곡의 비탈 곳곳에 널려 있다. 토탄* 습지에서는 오랜 세월 묻혀 있던 버터 바구니, 금장식, 꿀단지 같은 보물이 튀어나온다. 내 어린 시절 그 계곡은 아마 아일랜드 전역에서 켈트 문화가 가장 집약적으로 잘 보존된 장소였을 것이다.

영국에 점령당해 파괴되기는 했어도 한때 켈트 문화를 탄생시킨 사회는 실로 어마어마했다. 기원후 무렵에는 이미 아일랜드부터 잉글랜드와 스코틀랜드 일부 지역까지 뿌리를 내릴 정도로 퍼져 있

* 습한 땅에 식물이 오랜 기간에 걸쳐 쌓여 분해되면서 형성된 물질로, 완전히 탄화하지는 않은 일종의 석탄이다. 난방 등을 위한 연료로 사용한다.

었다. 동쪽으로 뻗어나가 독일에서 중부 유럽을 거쳐 우크라이나까지 이르렀고, 거기서 남하해 발트해 연안국을 거쳐 현재 튀르키예 지역에 있던 고대 왕국 갈라티아로, 또 프랑스에서 이탈리아를 거쳐 북아프리카로 각각 퍼져나갔다. 비단길도 예외가 아니어서 중국 중북부에는 오늘날까지도 켈트의 정취가 남아 있는 지역이 있다.

켈트족에게는 오검이라는 문자가 있었다. 기원전 1세기 무렵에 세워진 것으로 추정되는 오검 비석에 그 흔적이 지금까지 남아 있다. 켈트 사회는 인민의 삶을 반영해 수십 년 동안 수정을 거듭하며 민주적으로 형성한 법 제도인 브레혼법에 따라 운영되었다. 기원후 438년에 타라Tara의 상급왕High King* 레러Laoghaire가 이 법을 성문화하고, 뒤이어 왕립 위원회를 설립해 꾸준히 법을 재검토하며 켈트 세계의 모든 남성, 여성, 어린이의 진정한 권리를 대변하도록 했다. 이렇게 법을 다듬고 실행하는 임무를 맡은 사람을 브레혼 판사라 하며, 이들은 아일랜드에서 1300년 넘게 법학에 매진해왔다. 나의 외할아버지 대니얼 오도너휴가 이러한 법 적용 임무, 즉 브레흐너스breithiúnas를 수행하던 최후의 브레혼 판사 중 한 명이었다.

오도너휴가는 귀족 가문이었고, 킬라니에 있는 가문의 저택인 로스성은 켈트 세계에서 권위 있는 학자 집단의 기반으로 꼽혔다.

---

*   타라 언덕에 머물며 전근대 아일랜드를 다스렸던 최상위 지배자를 뜻한다. 상급왕(또는 지고왕)은 일정한 영역 내에 병존하는 여러 군주를 아울러 지배력 또는 종주권을 행사하는 주체를 가리키는 말로, 아일랜드어로는 아르드리Ard Rí라 한다.

외할아버지는 아일랜드에서 매우 드물게 아일랜드계 고용인을 둘 정도로 유력한 집안에서 자랐지만 고용인이던 할머니와 사랑에 빠져 말을 타고 함께 도망쳤다. 영어 쓰기를 거부해 혼인 신고서에 거칠게 엑스 자로 서명하긴 했어도, 할아버지는 켈트 엘리트 계급이 쓰는 게일어, 라틴어, 그리스어를 할 수 있었다. 게일어에 아주 능통해서 코크대학교에서 기록으로 남기려고 학자들을 파견할 정도였다. 할아버지는 **블라스**blas를 지닌 사람으로 유명했는데, 풀어 쓰자면 '간을 녹일' 정도의 언변을 가졌다는 뜻이다. 뛰어난 언어능력에 더해 시, 문학, 법, 역사에 관해서도 백과사전 수준의 지식을 갖고 있었다. 영국인들이 점령과 형벌법으로 뿌리 뽑으려 했던 모든 문화적 지식의 보고이자 살아 있는 도서관이었다.

어머니와 형제들은 리쉰스 바로 위쪽, 카하봉우리 사이 고지대에 숨은 라커번이라는 더 작은 계곡에서 자랐다. 라커번은 천연 요새인 데다 영국 군마의 발굽을 상하게 하던 점판암으로 둘러싸여 있어 수세기 동안 형벌법을 집행해온 영국군의 공격으로부터 비교적 안전했다. 라커번의 유격대는 영국군을 습격한 후 손 닿지 않는 산안개 속으로 숨어들 수 있었다. 또한 이곳은 고대의 지식을 안전히 보존하는 공간이기도 했다. 그 덕에 아일랜드의 여타 지역보다 라커번과 리쉰스 지역에서 켈트 문화가 더 잘 보존되고 보호되었다. 물려받은 혈통에 할아버지의 지위가 더해져, 어머니의 가족은 지역 내에서 가장 유력했다.

그러나 영국이 패하고 물러간 뒤, 그 빈자리에는 서구 소비문화와 도시화가 쉬이 밀려들었다. 리쉰스의 나이 든 주민들은 수백 년 동안 계곡에서 이어온 방식대로 살았다. 이따금 트랙터를 쓰기도 했지만, 대체로는 옛 방식 그대로 땅을 일구며 자급자족하는 농부들이었다. 타고난 인생, 고유의 시와 노래, 음악, 언어 그리고 세계 속에서 자신이 처한 위치에 만족했다. 하지만 현대 문물을 접한 그들의 자녀와 손자들은 할 수 있는 한 완전히 그 안으로 들어가기를 갈망했다. 돈과 자동차를, 미국이나 영국에서의 새로운 삶을 원했다. 남아 있는 젊은이들은 최신 농기계와 화학비료를 접하고 소출을 두 배 세 배로 늘려 더 많은 돈을 벌고 싶어 했다. 계곡에 선연한 열망이 사람들을 꾀어 자신이 자라온 전통으로부터 멀어지도록 했다. 아일랜드 어디에서나 젊은 세대는 고대의 지식을 미신으로 치부하며 등을 돌렸다. 하지만 젊은 세대가 원치 않는 그것을 리쉰스의 나이 든 사람들은 변함없이 가득 품고 있었다.

나는 오도너휴 가계에서 할아버지가 안전하게 지켜낸 고대의 유산을 물려받을 자격을 가진 마지막 혈족이었고, 이제 막 리쉰스의 세계에 들어선 참이었다.

———

어머니는 넬리 이모할머니가 한때 아일랜드 남부에서 최고로 아름다운 여성이었다고 했다. 내가 고아가 되었을 때 이모할머니는 60대 초반이었지만 어머니의 주장을 믿기 어렵지 않았다. 이모할머니는 이마가 높고 예뻤으며, 눈은 푸르고 코는 기품 있었다. 피부에는 주름이 없고, 여전히 혈색 좋은 장밋빛이 두 뺨에 감돌았다. 허리까지 내려오는 구불거리는 은발은 항상 틀어 올려 귀갑 빗으로 찔러두었다. 오른쪽 가슴께에 은색 옷핀을 꽂은 블라우스를 입고 그 아래에는 주로 발목까지 내려오는 전통 직물 치마를 받쳐 입었다. 여름에는 리넨, 추울 때는 양모였다. 무슨 일을 하든, 심지어 버터를 휘젓는 것처럼 힘든 육체노동을 하는 중에도 항상 온화했고, 내게 도움을 청할 때도 "다이애나, 감자 덜어내는 것 좀 도와줄 수 있겠니?" 하는 식으로 늘 부드러운 태도를 취했다.

나를 켈트식으로 교육하려는 계획을 처음 들려준 것도 바로 그 부드러운 목소리였다. 계곡에서 다음 세대에게 지식을 전수하는 일은 대개 가족 내에서만 이루어졌다. 아버지 옆에서 함께 일하거나 이모와 함께 밥을 먹는 사이에 윗대가 살아오면서 익힌 모든 것이 더해진 지혜를 넘겨받는 식이었다. 하지만 내 경우는 달랐다. 우선 할아버지가 방대한 지식을 보존했기 때문에 그 혈통인 나도 똑같이 할 자격이 있었다. 둘째로, 브레혼법에 따르면 고아는 모두의 자녀였다. 이다음은 내 추측인데, 집 앞에 도착한 내 상태를 본 넬리 할머니가 리쉰스에서 가장 연로한 80대에서 90대 사이 여성들을 한자리에 불러 모았던 모양이다. 고대법에 따르면 이 아이는 당신들이 책임져야 한다고, 게다가 지금 아이가 말라비틀어질 지경이라고 할머니가 말하니 다들 그 말에 동의하고 대책을 찾기로 한 듯했다. 할머니는 내가 브레혼 후견 과정이라는 것을 이수할 거라고 했다. 여자아이가 자기를 돌보는 데에 필요한 지식을 갖춘 성인 여성으

　　　　　나무를 대신해 말하기

로 자랄 수 있도록 이끌어주는 과정이었다. 선생님이 많이 생길 것이고, 각자 때맞춰 나를 찾아올 거라고 했다. 첫 번째 선생님은 넬리 할머니였다. 할머니는 지체 없이 수업을 시작했다.

리쉰스 사람들은 일어나자마자 아침을 먹고 오후 두 시쯤 저녁을 먹는 식으로 하루 두 끼만 먹었다. 점심을 챙겨 먹는 건 영국식으로, 이곳 풍습은 아니었다. 저녁을 먹은 후 사방에 이슬이 내렸을 때, 넬리 할머니가 내게 오늘은 일이 좀 일찍 끝났다고 말했다. "시간 좀 남아서 말이다" 하고는 함께 산책하러 나가자고 했다. 이것이 내 후견 과정의 첫 번째 수업이었다.

서늘한 부엌을 나서, 푸른 별 모양 꽃이 가득 매달린 기다란 꽃대를 결혼 선물처럼 내밀고 있던 헤베Hebe 덤불 옆으로 걸어가는 할머니의 뒤를 따랐다. 나란히 함께 걷다가 대문에 다다르자 넬리 할머니는 언제나처럼 잠시 멈춰 할머니의 산, 카하산맥을 우러러보았다. 우리는 밖으로 나가 대문을 닫았다. 비탈을 따라 계곡의 큰길을 향해 내려가지 않고 내 통곡의 돌로 이어진 산길을 따라 위로 올라갔다. 통곡의 돌을 지나 능성이의 꼭대기까지 오르자 마침내 계곡 전체를 한눈에 볼 수 있는, 흙으로 지은 오래된 요새의 끄트머리가 나타났다.

요새의 외벽 일부가 계단식 논처럼 언덕을 깎아 만든 둑 위에 서 있었다. 요새는 쟁기질 한 번 당하지 않은 채 그대로 보존되어 있었다. 외벽과 둑이 같은 방향으로 굽이쳐 나아가 우리의 시야 바깥쪽 어딘가에서 다시 이어질 듯 보였다. 우리 앞에는 둑을 따라 형성된

도랑이 있고 그 위에 식물이 빼곡했는데, 넬리 할머니가 나를 그리로 데려갔다. 도랑에 다가서자 초록빛 무더기 사이로 구체적인 형체가 드러났다. 크기와 모양이 제각각인 온갖 잎들, 주위 식물을 휘감으며 마구 뻗어난 기는줄기*들, 바닥에 애써 자리를 잡고 여기저기 얼굴을 내민 연약한 꽃잎들이 보였다. 넬리 할머니는 차분하고 단단한 모습으로 이 북새통에 다가가 이파리를 하나 땄다. 그 잎을 손바닥에 얹고 엄지를 절굿공이 삼아 꾹꾹 짓이겨 부스러진 초록 형체를 내 코에 갖다 댔다. 스피어민트 비슷한 향이 훅 끼쳤다. 할머니가 말했다. "이건 페니로열pennyroyal 박하란다. 이 냄새를 잊으면 안 된다." 그러면서 같은 잎을 하나 더 따서 내게 건네주었다. "어떻게 생겼는지도 기억해두렴." 할머니의 말에 나는 그 잎을 손바닥에 올려놓고 냄새와 길쭉 동글한 모양을 머리에 담았다. 그런 다음 짙은 초록색으로 뒤덮인 잎의 색조, 연보라색과 파란색이 감도는 꽃, 주맥에서 뻗어나가는 섬세한 잎맥의 결을 마음속으로 되새겼다.

잠시 후 할머니가 수업을 이어나갔다. "페니로열은 굉장히 쓸모가 많은 중요한 약이란다. 태우기도 하고 생으로도 쓰지. 겨울에는 감기에 걸렸을 때 쓰고, 여름에는 벌레를 쫓고 물린 곳을 치료할 때도 써. 옛날부터 예식에 사용되던 아주 오래된 약초란다. 약효가 강하고, 혹 생김새를 잊어도 냄새를 맡으면 바로 알아볼 수 있지."

---

*   딸기나 고구마의 줄기처럼 본체에서 별도로 나와 땅 위를 기어서 길게 뻗는 줄기.

할머니는 짓이겨진 이파리를 손바닥에서 털어내며 도랑을 둘러보다 또 다른 식물에 손을 뻗어 뽑아 들었다. 그러고는 그 식물의 약효를 설명했다. 나의 첫 번째 약초 산책은 이렇게 진행되었다. 할머니의 약방인 도랑에서 식물 하나하나의 특징을 익혔다. 할머니는 정신 질환, 소화불량, 심장 질환, 피부병 등 당시의 내가 들어본 적 없는 온갖 질병의 치료법을 알고 있었다. 할머니가 도랑을 따라 나아갈수록 나는 점점 넋이 빠졌다. **도대체 이 모든 걸 어떻게 다 기억하지?** 판사 앞에 앉아 내 운명이 결정되기를 기다려도 보았고 뒤이어 굶어 죽을 위기 속에서 몇 달을 지내기도 해보았으니 생존에 필요한 지식을 익혀둘 필요가 있다는 것쯤은 알고 있었다. 그래서 할 수 있는 한 주의 깊게 귀를 기울였지만 알아야 할 것이 너무나도 많았다. 좌절감에 빠지려던 찰나, 내 얼굴을 본 넬리 할머니가 손에 들고 있던 줄기를 내던지며 말했다.

"아이고, 기들아. 오늘은 이 정도만 하자꾸나." 기들은 넬리 할머니와 팻 아저씨가 내게 붙여준 애칭이었다.

할머니가 나에게 실망해서 수업을 중단한 게 틀림없다고 생각한 나는 당황스러운 표정을 감추지 못했다. 할머니는 그런 내 마음을 알아채고 어깨를 다독이며 말했다. "배울 게 너무 많지? 그래도 괜찮다. 넌 할 수 있을 거야. 반복해서 익히다 보면 기적이 일어나거든. 걱정 마라. 하나씩 차근차근, 차근차근 해나가면 되니까."

내가 배워나가는 과정이 꼭 그랬다. 하나씩 차근차근. 넬리 할머니와 팻 아저씨의 수업은 계곡 전체에 퍼져 있던 선생님들의 수업

사이사이에 진행되었다. 나의 '교수진'은 결국 스무 명을 넘어섰고, 계곡에 모르는 사람이 없는 크리딘 간호사가 그분들의 일정을 조정하는 역할을 맡았다. 크리딘 간호사는 리쉰스에서 자랐다. 20대에 아일랜드를 떠나 뉴욕에서 공부했고, 학위를 딴 다음 봉사하기 위해 고향으로 돌아왔다. 하지만 현대 문물을 맛본 다른 사람들과 달리 크리딘은 옛 방식을 거부하지 않았다. 계곡의 모든 이들에게 약초에 관한 지식을 구했고, 천연 약물을 사용하는 것을 부끄러워하지 않았다. 공식 직함은 '공공 간호사'였지만 계곡과 그 지역 공동체 자체를 약방으로 삼아 의사로서의 역할을 톡톡히 했다. 매일 미사에 참석하러 많은 이들이 찾는 성당 근처에 크리딘의 진료실이 있었다. 리쉰스에는 전화가 없어, 자기가 가진 지식을 내게 일러주고 싶은 사람은 크리딘 간호사를 찾아가 진한 차나 캠프 커피*를 마시며 말을 건넸다. 그들이 전하려는 지식은 크든 작든 전부 하나로 합쳐질 것이라 똑같이 소중했다. 이야기를 들은 크리딘 간호사는 다리가 길고 폐활량이 좋은 남자아이를 전령 삼아 팻 아저씨의 농장으로 보냈고, 그 내용이 다시 내게 전달되었다. 이 멋진 연결고리가 내 눈에는 거의 보이지 않았다. 내게 닿는 것은 그저 아침에 팻 아저씨를 통해 간단히 전해 듣는 말이 다였다. 대강 이런 식으로 말이다. "다이애나, 산속에(또는 **크녹** 부이 위에) 사시는 이러저러한 분이 너

---

* 치커리와 커피 추출물, 설탕이 주성분인 인스턴트 커피 시럽을 물이나 우유에 타서 마시는 음료이다. 시럽은 19세기 말 스코틀랜드의 패터슨사가 개발한 상품으로, 음료 이외에 제과에도 활용된다.

를 보고 싶어 하신다는구나."

　수업은 늘 오후에 열렸다. 나는 초대받은 곳이 어디든 찾아가서 그 집의 농장 출입문으로 걸어 들어갔다. 초대한 이는 부엌 식탁에 앉아 게일어로 고대의 노래를 부르며 나를 집 안으로 불러들였다. 그러고는 마치 중국에서 다도를 하듯 세심하게 준비해둔 차를 한 잔 내준 뒤, 나를 앉혀놓고 주위를 이리저리 돌아다니며 한 줄 또는 몇 줄의 시를 읊었다. 그렇게 해서 나는 게일어를 익혀나갔다.

　요새를 걸으며 넬리 이모할머니에게 약초에 관해 배웠던 것과 마찬가지로 여러 수업에서 온갖 실용적인 기술을 익혔다. 예를 들어 케일킬에 사는 어떤 분은 치즈나 와인 장인들처럼 다양한 방식으로 버터를 만드는 버터 전문가였다. 그분은 나를 불러 여러 가지 버터를 보여주고 각각의 풍미와 활용법을 일러주었다. 달걀에 버터를 입히면 산소가 차단되기 때문에 냉장하지 않아도 오랫동안 신선하게 보관할 수 있다든지 하는 것들 말이다.

　그분이 만든 버터 맛을 기억한다. 오렌지색 버터 하나는 소금이 들어가고 맛이 강해 처음에는 좋아하지 않았다. 그러다 익숙해졌다. 그 오렌지색은 한여름 목초지에 풀어놓은 소들이 그 여름에 처음으로 먹는 제철 풀로 인해 나는 것이라고 했다. 다양성variety 또는 생물다양성biodiversity이란 좋은 것이며, 심지어 소에게마저 이롭다는 사실을 처음 깨달은 순간이었다.

　하지만 주로, 특히 초반에는 정신적인 면에 관해서 많이 배웠다. 선생님들은 내가 위험한 상태에 빠져 있다는 것을, 고아로서 또 여성으로서 위협에 직면하리라는 것을 알고 있었다. 엄청난 슬픔과 상처를 안고 있다는 것도 알고 있었다. 그래서 삶의 고통을 견뎌내는 방법, 자기 몸과 마음, 영혼을 돌보는 방법을 가르쳐주었다. 선생님들은 내가 무엇이든 해낼 수 있지만, 가장 큰 목표에 도달하려면 스스로 할 수 있다고 믿는 것부터 시작해야 한다고 믿었다. 그러니 나 자신을 사랑하고 내가 가진 능력을 믿으라고 했다.

나를 소중히 여기는 방법을 배우기가 특히 어려웠다. 나는 14년 동안 자기 비하에 빠져 있었고, 또 몇 달 동안은 나 자신이 저주받은 존재라는 공포에 시달려온 처지였다. 하지만 선생님들은 이런 추상적인 수업에서도 명확한 방침과 실용적인 방법을 제시해주었다. 차한 잔을 앞에 두고 탁자에 앉아서는 내게 이렇게 말하곤 했다. "다이애나, 이제 앉아서 입을 다물고 좀 쉬렴. 이야기를 나누다 보니 네가 길을 잃을 것 같아서 걱정되더구나." 내가 신체적이 아니라 정신적으로, 자아의식 또는 목적의식을 잃을지도 모른다는 말이었다. "그래서 앞이 캄캄하고 넋이 나갈 것만 같을 때 내가 어떻게 대처하는지 알려주려고 한다."

선생님들은 스스로 경험하고 익힌 바에 따라, 내게 '침묵에 잠기기'라는 켈트식 명상을 가르쳐주었다. 한번은 선생님이 의자를 떠올려보라고 했다. 나는 넬리 할머니의 부엌에 있는 나무 의자 하나를 떠올렸다. 의자를 또렷이 떠올리고 나면 그 의자가 놓인 공간으로 들어가보라고 했다. 걱정과 짜증은 내려두고 그 작업에 집중해야 했는데, 그대로 해보니 마음속 그 의자에 온몸을 편히 맡긴 채 고요히 앉아 머리를 식힐 수 있었다.

또 다른 수업에서는, 마음을 새롭게 가다듬기 위해서 삶에서 가장 행복했던 날을 떠올려보라는 요청을 받기도 했다. 바닷물이 빠져나간 깨끗한 모래사장 위를 맨발로 걸을 때와 같은 그런 행복한 기분을 그대로 느껴보라고 했다. 그 후로 나는 기운을 차리거나 힘을 내야 할 때, 또는 그저 잠시 동안 좋은 기분을 느끼고 싶을 때면 언제든지 그 자리로 돌아갈 수 있었다.

그 행복한 순간에 나는 리쉰스의 농가에 있던 침실 앞, 신선한 짚으로 속을 채운 매트리스 위에 누워 있었다. 창문을 통해 들어와 내 발 위를 비추는 아침 햇살에 발목이 따끈해지는 기분이 근사했다. 상쾌하고 달콤한 짚의 향이 침대 주위로 가득 피어올랐다. 밖에서는 닭이 꼬꼬댁거리는 소리가 들렸고 소들은 집에서 멀찍이 떨어진 곳에, 말들은 좀 더 가까운 곳에 서 있었다. 마구간에 내려가면 아침으로 먹을 신선한 갈색 달걀이 기다리고 있으리라는 걸 알았다. 그 달걀 맛을 기대하는 순간은 하늘이 내려준 듯 특별하고도 특별한 시간이었다. 지금도 그 순간을 떠올리면 그때의 즐거운 마음이 되살아난다.

————

넬리 할머니와 팻 아저씨의 집은 최소한 몇백 년 전으로 거슬러 올라가는 옛 방식으로 자연석을 쌓고 잿빛 판재로 지붕을 올린 전통적인 아일랜드 농장이었다. 본채와 낙농장, 마구간은 하얗게 칠

해져 있었다. 넬리 할머니가 우유, 크림, 버터를 만드는 낙농장은 본채 뒤편에 있었다. 동편에 붙어 있던 마구간에는 안장, 마구, 눈가리개, 굴레, 재갈 등 말에게 쓰는 온갖 장비와 가죽 물품이 폭포수가 흘러내리듯 벽면을 따라 매달려 있었다.

그렇게 줄줄이 걸린 물건들 아래쪽에는 건초와 짚을 폭신하게 채워 넣은 산란 바구니들이 안전하게 숨겨져 있었다. 암탉들은 닭장에서 나와 파닥이며 마구간으로 알을 낳으러 갔다. 저마다 선호하는 바구니가 따로 있어서, 주로 쓰던 바구니에서 들어서 새 바구니로 옮겨놓아도 항상 원래 자리로 되돌아갔다.

내가 제일 좋아하던 암탉이 한 마리 있었다. 그 닭은 나의 여왕이었다. 여왕이 낳은 달걀은 크기가 컸고 갈색 껍데기 위에 더 짙은 갈색 점이 뿌려져 있었다. 아침마다 나는 마구간으로 가서 여왕의 바구니에서 하사품을 건져 올렸다. 그 하사품과 베스터블빵 한 조각이 아침 식사였다.

어느 날 아침에는 마구간에서 거칠게 다듬어진 나무 받침대 위에 앉아 닭들이 갓 낳은 달걀을 살펴보는데, 우유 창고 주변으로 난 포석 길을 따라 또각거리는 소리가 들려왔다. 분명 편자를 제대로 박은 말발굽 소리였다. 나는 새 말을 만날 설렘에 즉시 마구간에서 나와 마당을 가로질렀다. 말들이 내 눈에 보일 때까지 발을 쉴 새 없이 움직였다. 근사한 밤색 암말 한 쌍이 크고 둥근 돌로 눌러서 고정해둔 가죽끈으로 묶여 있었다. 나는 넋 놓고 서서 말들의 옆구리와 다리의 단단한 근육과 반들거리는 털을 눈에 담았다. 말들이 꼬리로 파리를 쫓는 모습을 본 순간 깨달았다. 경주마잖아!

한껏 들떠서 '경주마'라고 크게 외치고 나니, 말들의 건너편에서 느릿하게 피어오르는 고리 모양의 연기가 보였다. 연기의 근원을 슬며시 찾아가 보니 어떤 남자가 우유 짜는 의자에 앉아 말들의 다리를 살피고 있었고, 그의 손에 들린 짧고 구부러진 파이프에서 연기가 피어나고 있었다. 넬리 할머니와 비슷한 나이로 보이는 그 남자는 고급 아일랜드 트위드로 만든 정장을 입고 있었다. 조끼 위로 매끄럽게 호를 그리는 금색 시곗줄과 헝클어진 여름 버터 색 머리카락이 내 시선을 사로잡았다. 호기심 어린 눈빛으로 생전 처음 보는 머리카락을 바라보고 있자니 남자가 나를 돌아보았다. 입에서 파이프를 떼어내고 또 한 번 완벽한 고리 모양의 연기를 불어내는 남자의 밝고 푸른 눈동자를 본 나는 그 자리에 얼어붙었다. 그러자 남자가 말했다. "네가 기들이구나?"

대답을 못 하니 그가 재차 물었다. 그래도 내가 여전히 입을 다물고 있으니 그는 더욱 부드러운 태도를 취하며 이렇게 말했다. "미안하다, 라너브leanbh." 라너브는 어린아이를 좀 더 다정하게 부르는 말이었다. "나에게 전혀 신경 쓸 필요 없단다. 난 이 말들 때문에 할 일이 있어서 온 거야. 말들이 킬라니 경주에서 너무 험하게 시달려서 고쳐줘야 하거든. 그런데 먼저 얘들이 어디가 안 좋은지 알아내야 한단다. 관심 있으면 이리 와서 도와주렴. 같이 이야기를 나눠보자. 뒷발만 조심하도록 해라. 발차기가 재빠른 녀석들이니까."

남자가 한 손으로는 몸에 묻은 먼지를 털고 다른 손으로는 조끼 주머니에 파이프를 찔러 넣으며 일어섰다. 나는 마침내 그 남자가 누군지 눈치챘다. 라커번에 사는 넬리 할머니의 남자 형제이자 어머니가 좋아했던 삼촌, 데니 오도너휴였다. 데니 할아버지는 먼스터에 마지막 남은 **쿠피네르**cúipinéir, 즉 접골사* 중 한 명이었다. 동물을 특히 잘 보아서 수의사 역할도 했는데, 실력은 수의사보다 더 좋았다. 어머니에게 듣기로는 말과 소통이 가능해 휘파람을 불거나 부드럽고 잔잔한 게일어를 속삭여 말들이 원하는 것을 알아낼 수 있다고 했다. 동물의 털을 보고 상태를 파악하고, 어떤 먹이를 주고 어떻게 달리게 하고 어떤 말을 건네야 좋을지를 알았다. 마법을 부리는 듯한 할아버지의 손길이 필요한 사람들이 사방에서 찾아왔고, 아일랜드 남부 전역의 경주로와 마구간에서 할아버지를 기다렸다. 굉장히 잘생겼는데도 결혼은 하지 않았다. 여자들에게 관심이 그리 많았던 것 같지는 않다. 할아버지의 관심은 말에 쏠려 있었다.

"데니 할아버지." 나는 마침내 침묵을 깨고, 혼잣말도 질문도 아닌 애매한 말투로 그의 이름을 불렀다.

"음, 그래, 나란다." 할아버지가 살짝 미소 지으며 대답했다. "이 동네부터 케일킬에 사는 분들까지 모두 너를 가르치고 있다고 들었다. 그런데 말이다, 기들, 나도 아는 게 있으니 좀 보탤까 싶구나."

데니 할아버지는 암말 한 마리의 고삐를 잡고, 한쪽 발로 돌 밑

---

*   외과적 수술 없이 석고 붕대나 부목 등을 이용해 부러지거나 어긋난 뼈를 전문적으로 치료하는 사람.

나무를 대신해 말하기

에 깔려 있던 가죽끈을 빼냈다. 아파서 우는 암말을 부드럽게 끌어 몇 발짝 떼게 했다. 말은 왼쪽 뒷다리를 절며 그쪽으로 무게를 싣지 않으려 했다. "자, 이제 쉬자." 할아버지가 잇새로 소리 내며 말했다. 암말에게 직접 말을 걸긴 했지만, 대부분은 나를 위해 일부러 하는 말이라는 걸 알 수 있었다. "다친 걸 내가 고쳐줄 수 있을 것 같구나. 여기 이 힘줄에서 열이 나고 있어. 좀 주물러주고 보호대를 대면 깨끗이 나을 거다. 그 후엔 너희 두 마리 다 여기 잔디밭에 풀어줄 거야. 그래야지 땅에 있는 칼슘이 갈라진 뼈의 틈을 메워줄 테니까. 그런 다음에 다시 상태를 볼 거다."

움직이는 중에도 할아버지는 전혀 서두르는 일 없이 차분하고 신중한 태도를 보였다. 그 여유가 놀랍고 인상적이었다. 할아버지는 자리에 앉아서 허공을 응시하며 생각에 잠긴 채 온전히 평온한 혼자만의 시간을 가질 줄 알았다. 암말을 몇 걸음 더 이끌며 할아버지는 말과 나 우리 둘 모두에게 계속 말을 건넸다. "이제 쉬자꾸나. 잠시 서 있어 줘야겠다. 어디 또 아픈 데가 없는지 찬찬히 살펴보게 말이다."

말의 온몸을 다시 한번 훑어보고 난 뒤, 할아버지는 소리 내 암말을 다독이면서 말의 왼쪽 옆구리를 마사지하기 시작했다. 엉덩이 부근에서부터 뒷다리의 무릎 관절 윗부분까지 계속해서 손을 옮겨가며 주물렀다. 1, 2분이 지나 할아버지가 말했다. "어디가 문제인지 알 것 같구나. 내가 잘못 안 게 아니라면 관절이 느슨해진 모양이다. 또 정강이뼈와 종아리뼈가 조금 틀어졌는데, 그건 뼈니까 얼마

간 잘 쉬어주면 제자리로 돌아갈 거다."

그러고는 암말에게 이렇게 물었다. "내 말 들리니? 잘 쉬어줘야 하니까 다음 한 주 동안은 달리면 안 된다. 내가 여기서 낮이고 밤이고 두 눈 똑똑히 뜨고 지켜볼 거야. 무릎 관절은 낫기는 할 텐데 금방 또 똑같은 상태로 돌아가지 싶다."

할아버지가 암말 두 마리를 한쪽 풀밭으로 풀어주니 그새 말들의 움직임이 나아진 게 눈에 보였다. 절뚝이던 증세가 거의 사라졌고, 아파서 내던 슬픈 울음소리도 멈추었다. 동물, 특히 말과 깊이 교감하는 데니 할아버지를 사랑했던 어머니처럼 나도 어느새 할아버지에게 비슷한 애정이 피어오르는 걸 느꼈다. 할아버지가 우유 짜는 의자를 하나 더 가지고 왔다. 할아버지와 나란히 앉아 말들을 지켜보는 사이에 내 아픈 구석을 드러낼 용기가 생겼다.

수년 동안 나는 동물들에게 못된 버릇을 들인다고 팻 아저씨와 넬리 할머니에게 꾸지람을 들었다. 동물들에게 좋은 것을 나눠주고 애정을 마음껏 표현해댄 결과, 닭이나 오리 떼, 강아지 플로시와 플로, 고양이 또는 양 몇 마리가 뒤섞여 내 뒤를 따라다니곤 했다. 나는 여왕 암탉뿐 아니라 커다란 랜드레이스종* 암퇘지인 데이지도 무척 좋아했다. 데이지는 내가 부르면 달려왔다. 바닥에 누운 데이지의 배를 긁어주고 있으면 돼지를 애완동물로 만든다며 꾸짖는 팻 아저씨의 사나운 목소리가 귓가에 날아들었다. 송아지에게 먹이를

---

* 덴마크 토종 돼지와 영국의 흰 돼지를 교배해 개량한 돼지의 품종.

주다가 혼난 적도 많았다. 나는 희귀한 분홍색 꽃이 피고 대는 나무 줄기처럼 생긴 아름다운 목향장미Lady Banks rose로 뒤덮인 대문 아치 아래에 서서 울타리 사이로 건초를 내밀었다. 그러고는 송아지들이 내 손을 핥도록 가만히 내버려두었는데, 손목에서 손가락 끝까지 피부가 벗겨질 것 같으면서도 어쩐지 기분이 좋았다.

팻 아저씨와 넬리 할머니의 꾸지람에는 항상 약간의 웃음기가 묻어 있어, 내가 하려는 행동이 그렇게 나쁘지만은 않다는 걸 눈치 챌 만큼 다정한 느낌이 들었다. 그런데 데니 할아버지를 만나기 전 주에 내 손가락 마디에 징그러운 사마귀가 여러 개 돋았다. 나는 그 사마귀가 너무 부끄러웠다. 날이 갈수록 커지는 게 무서웠다. 하지만 더 심각한 문제는, 내가 동물들을 잘못 다뤄서 그렇게 되었다고 스스로 믿었다는 사실이었다. 나는 해서는 안 될 행동을 했고 그 뚜렷한 증거가 모두의 눈에, 특히 내 눈에 드러나 있었다.

나는 어떻게든 그 사마귀를 사람들 눈에 띄지 않게 숨기는 한편 더 이상 퍼지지 않게 하려고 애를 썼다. 그런데 그때는 데니 할아버 지에게 사마귀를 보여주어야겠다는 생각이 들었다. 내 손을 끌어당 겨 살피는 동안 할아버지는 어떤 평가도 내리지 않는 듯했다. 나를 혼내지 않고 그저 간단히 치료할 수 있다고 말했다. 할아버지의 처 방은 밭에서 갓 캐낸 커스핑크Kerr's Pink 감자*를 반으로 갈라 가운 데를 파내는 것으로 시작했다. 그렇게 만든 감자 그릇에 소금을 담

*   아일랜드에서 널리 재배되는 감자 품종으로, 껍질이 분홍빛을 띤다.

아 해가 드는 창틀에 두고 하룻밤 지나서 보면 감자에서 물이 나와 고일 거라고 했다. "그 물을 떠서 사마귀 위에 문지르는 거지. 매일 새 감자로 내가 말한 대로 반복해보렴. 3주가 지나면 완전히 나을 거다." 나는 데니 할아버지가 일러준 대로 매일 손가락을 치료했다. 코크로 돌아갈 무렵이 되자 사마귀가 사라졌다.

사소해 보이는 일화일 수도 있지만 내게는 데니 할아버지의 치료 방식이 얼마나 효과적인지 확실히 알게 해준 사건이었다. 나는 사마귀들이 무서웠다. 사마귀는 어두운 내 삶에서 가장 최근에 일어난 불행이었고 절대 없어지지 않을 것 같았다. 그랬는데, 그 사마귀가 사라진 것이다. 이는 마법인 동시에 내가 리쉰스에서 배운 수업 뒤에 담긴 진실, 그리고 식물이 가진 놀라운 능력을 보여주는 뚜렷한 증거였다. 나는 완전히 반했다. 그때부터 이 어르신들이 또 어떤 것을 알려줄지 기대감에 푹 빠져들었다. 다음 수업에서 만나게 될 고대의 마법이 무엇일지 궁금해서 견딜 수 없었다. 하지만 코크가, 학교가, 겨울이, 벨그레이브가가 나를 불러대니 기다리는 수밖에 없었다.

나무를 대신해 말하기

여자가 교육받는 건 잘못된 일이 아니야

첫 번째 여름 후견 과정을 끝내고 코크로 돌아가려니 다시 한번 무언가 잃어버린 느낌이 들었다. 도시는 내게 그만큼 외로운 장소였다. 북적이는 사람들 틈에서 나는 혼자였다. 넬리 할머니와 팻 아저씨, 데니 할아버지, 다른 선생님들도 못 만나고, 데이지와 나의 여왕 암탉, 플로시와 플로, 그 외 많은 동물들도 없고, 크녹 부이와 카하산도, 바다와 하늘도, 헤더, 가시금작화, 호랑가시나무, 블랙베리도 없고, 넬리 할머니의 음식도 먹지 못한다니. 슬프지 않을 수 없었다. 하지만 겨우 몇 달 동안 수업을 받은 것만으로도 나는 외로움에 더 잘 대처할 수 있게 되었다. 왜 이 모든 일이 내게 일어난 걸까? 하는 의문이 떠오를 때면 이제는 해답을 찾는 게 아니라 해답이 필요치 않다는 사실을 받아들이면 된다는 생각이 들었다.

계곡에서 나는 모든 일에 이유가 있다고 배웠다. 그 가르침을 믿었고 나에게 일어난 일의 이유를 몰라도 그 말을 듣는 것만으로도 위로를 받았다. 나는 내 몫의 고통을 겪을 운명이었고, 내 고통이 다른 사람들이 겪는 것보다 더 커 보일지라도 이제는 내가 그만한 고통을 견뎌낼 수 있는 운명이라는 생각이 들었다. 리쉰스에서 보내오는 따스한 안부, 그곳에서 경험한 다정한 마음이 내 곁에 머물며 나를 감싸주었다. 학교에 가도 그 온기가 여전히 내 주위를 감돌았다. 나 자신을 온전하게 느끼며 있는 그대로의 나로 존재하도록 도와주었다.

생전에 부모님은 나의 교육 문제를 두고 줄곧 다투었다. 아버지는 나를 영국 남부에 있는 명문 기숙학교에 보내고 싶어 했다. 내가 태어난 지 며칠 되지도 않았을 때 그 학교에 나를 등록해놓을 정도였다. 하지만 어머니는 아일랜드식 교육을 고집했고, 특히 내게 아일랜드어를 가르쳐야 한다고 주장했다. 결국에는 어머니가 이겼다. 돌아가시기 전에 어머니는 자선수녀회에서 운영하는 코크주의 성알로이시오라는 사립학교에 나를 등록시켰다. 어머니의 유언에 그 학교에 낼 학비에 대한 조항이 있어, 나는 그해 가을부터 성알로이시오에 다닐 예정이었다.

내가 처한 조건 중에서 돈에 관한 것만큼이나 명확히 정해져 있는 것이 없었다. 나는 학기가 시작하기 일주일 전에 '생필품' 비용을 요청하러 법원에 출석해야 했다. 당국에서는 팻 삼촌이 댄다고 생각해 지급 항목에서 식비를 제외했지만, 의복비와 법원식으로 '잡비'라고 표현한 속옷 구입비가 거의 다 식비로 쓰였다. 열네 살부터 나는 장보기뿐 아니라 집안일과 요리까지 도맡았다. 잉글리시마켓에 있는 오플린 씨네 정육점에 가서 양고기 한 근을 달라고 하면 오플린 아저씨는 한 근 값으로 두 근을 종이에 싸 주었다. 아저씨는 가게 밖으로 나오는 법이 없었고, 그 유명한 로키 도너휴의 조카인 내가 지독히도 궁지에 몰려 있다는 사실을 확인한 적도 없었지만 그 조심스러운 친절이 나를 살려주었다. 이렇게 마련한 두 배의 식료품으로 나는 나 자신과 팻 삼촌, 살아 계실 동안의 비디 이모까지 포함한 가족의 매 끼니를 준비했다. 그러면서 두 사람과 더 가까워질 수 있었다. 팻 삼촌은 내가 왜, 어쩌다 요리를 맡게 되었는지 한 번도 묻지 않았지만 언제부터인가 식탁 위에 식료품을 구입할 돈을 올려두기 시작했다.

그해 가을부터 팻 삼촌과의 관계가 극적으로 좋아졌다. 리쉰스에서 자신감을 얻은 덕에 나는 더 이상 입을 다물고 나의 지능과 같은 중요한 면모를 숨겨야 한다는 압박을 받지 않았다. 놀랍게도 여성 교육에 대한 팻 삼촌의 생각은 어머니와 아주 달랐다. 사실상 거리가 매우 멀었다. 이후 수년 동안 삼촌은 내게 몇 번이나 이렇게 말하곤 했다. "다이애나, 여자가 교육받는 건 잘못된 일이 아니야." 다시 함께 지내기 시작할 무렵부터 삼촌은 내가 배운 내용이라든지, 함께 머리를 짜내거나 논쟁을 벌일만한 소재를 꺼내면 대단히 즐거워했다. 기억하기로 내가 삼촌에게 데니 할아버지의 사마귀 치료법을 말해준 무렵부터 그런 현상이 나타나기 시작했다. 팻 삼촌은 내 말을 듣더니 그건 옛 치료법이라고 했다. 하지만 곧이어 그 치료법이 어떻게 듣는 건지 알아보자고 해서 우리는 함께 머리를 맞댔다. **어떤 감자를 썼지? 품종별로 화학 성분이 다른가? 피부에 그 용액**

을 바르고 나서 말려야 했나? 왜 감자를 햇빛이 들어오는 창틀에 두어야 했을까? 둘 다 질문을 쏟아냈고, 팻 삼촌은 나만큼이나 답을 찾아내기를 즐겼다. 우리는 어떤 품종이든 상관없지만 같은 품종의 감자로 매일 새로 갈아주어야 하고, 햇빛이 감자에 닿아야 피부에 돋은 사마귀를 죽이는 항바이러스 화학 성분인 솔라닌solanine이 생성되므로 반드시 감자를 해가 드는 곳에 두어야 한다는 사실을 알아냈다.

삼촌은 내게 서재에 있는 책을 마음껏 읽도록 했다. 벨그레이브 가 5번지의 서재에는 팻 삼촌이 그러모은 초판본 서적이 수만 권 쌓여 있었다. 온갖 분야를 아우르는 이 책들은 마룻바닥에서 서로 뒤섞인 채 펼쳐질 날을 기다리고 있었다. 기억하기로, 내가 처음 꺼내들어 한 장 한 장 넘겨보았던 책은 미국 화가 앤드루 와이어스의 수채화 작품을 모아놓은 화집이었다. 그 책을 붙들고 앉은 나를 보며 팻 삼촌이 뭘 찾느냐고 물었다. 나는 그저 이렇게 답했다. "여기 재밌는 책이 엄청 많네요." 그 순간 마음이 통한 우리는 책 이야기에 빠져들었다. 둘 다 책의 디자인, 손으로 들었을 때의 무게, 서체를 사랑했다. 삼촌은 표지가 초록색 띠 모양인 펭귄북스 출판사의 문고판 시리즈를 아주 좋아했다.

일주일에 이틀은 코크예술학교 야간 수업에 가서 내 통금 시간 직전까지 그림을 그렸다. 하지만 그 외 5일은 학교에 다녀오거나, 주말이라면 테니스와 카모기(여자 헐링)를 하고 집에 돌아와 저녁을 차려 먹은 다음 팻 삼촌과 안락의자를 하나씩 차지하고 앉아서 자

나무를 대신해 말하기

기 전까지 책을 읽었다. 삼촌은 늘 벽난로 왼편을 선호했고, 나는 오른편에 있는 조지 왕조풍의 기다란 창 근처를 좋아했다. 가끔 나는 빨간색 카펫 위에서 기분 좋은 고양이처럼 기지개를 켰다. 삼촌은 어쩌다 감동적인 시를 읽거나 재미난 정보를 발견하면 소리 내 읽어주었다. 그러다가 목이 쉴 것 같으면 나에게 차례를 넘겼다. 그러면 나는 뭐가 되었든 읽고 있던 책에서 눈에 띄는 구절을 찾아서 큰소리로 낭독했다. 우리는 거의 매일 저녁 이런 식으로 마음에 드는 구절을 주고받았다. 지식을 향한 강렬한 갈증을 느꼈던 나는 때로 그 많은 책에 둘러싸여 있는 것만으로도 마치 삼투현상처럼 지식이 내 피부를 통해 스며드는 느낌이 들었다.

이전에 다니던 학교에서 그랬던 것처럼 성알로이시오에서도 또래 아이들이 나를 피했다. 수녀님들은 내가 똑똑하다는 걸 알고 그점을 인정해주는 듯했지만, 겉으로 애정을 표현하는 일은 없었다. 다만 보이지 않게 나를 지켜주었다. 내가 한 번도 놀림이나 괴롭힘을 당하지 않았던 것은 수녀님들이 관심을 기울이고, 어쩌면 보호해주기까지 한 덕분이었으리라. 하지만 이끌어주거나 일이 어떻게 돌아가는지 설명해주는 사람이 없어 나는 이따금 궁지에 몰렸다. 성알로이시오학교에서의 마지막 학년이 끝날 무렵, 나는 어디선가 졸업 증명 시험이라고 불리는 마지막 시험이 그해에 배운 것을 정직하게 평가받는 명예로운 시험이라는 이야기를 들었다. 항상 모범적으로 행동하려 했던 나는 시험공부를 전혀 하지 않았다. 시험 당일 아침에 학교에 가니 모두 계단에 책을 펴고 앉아서 마지막 순간까지 머릿속에 뭐라도 집어넣으려고 애쓰고 있었다. 아연실색한 나는 그 아이들이 부정행위를 하고 있다고 생각했지만, 누군가 시험을 미리 준비하는 것은 정당하다고 했다. 나는 바보로 찍혀버릴 것 같아 겁에 질린 채 교실에 들어갔는데, 염려와 달리 1등으로 시험을 통과했다.

외로운 내 상황이 늘 나쁘지만은 않았다. 어떻게 행동하든 외면당하고 친구를 못 사귈 것을 알았기 때문에 결과를 두려워하지 않고 좀 더 나 자신에 충실할 수 있었다. 학문의 세계는 내가 부정적인 감정으로부터 도피할 수 있는 은신처였다. 세상을 더 많이 알아갈수록 책에 파묻힌 삶이 내게 꽤 잘 맞는다는 사실을 깨달았다. 자연과학을 처음 접했을 때 그 열망이 더 강해졌다. 친구가 있든 없든 학교에 가야 할 이유가 거기 있었다. 내가 너무나 소망하는 지식의 열쇠가 수녀님들의 손안에 있었다.

———

초록색 주름치마와 청회색 블라우스, 삼색 타이 차림으로 동급생들과 화학 실험실에 앉아 머세이디스 수녀님이 오시기를 기다렸다. 밝은색 교표가 새겨진 재킷은 의자에 걸쳐두었다. 가스 냄새가 퍼져 나오는 것이, 누군가 참지 못하고 분젠버너의 조절 나사를 만진 게 틀림없었다. 학생들이 앉은 실험실 책상 위에는 미국에서 출판된 새 화학 교과서가 한 권씩 놓여 있었다. 조심스럽게 놓아두었는지 책등이 반듯하니 팻 삼촌이 보았다면 탐냈을 만큼 멋들어진 모습을 하고 있었다. 감탄하며 손가락으로 책 표지를 훑어내리는 사이에 수녀님이 서류 가방을 들고 실험실로 들어섰다.

수녀님은 실험실 앞쪽으로 걸어가 가져온 물건을 교탁에 올려 두었다. 가스 냄새를 맡고는 불쾌한 표정을 지었지만 일단 수업부터 시작하기로 하고 우리에게 책을 펼쳐서 첫 장을 눈으로 읽어보라고 했다. 구시렁대고 킬킬거리는 소리가 들려오는 가운데 머세이디스 수녀님은 자리에 앉아 베일을 매만지고 서류를 뒤적였다. 나는 표지를 넘기는 순간 내 것이 된 책에서 나는 바스락대는 소리를 음미하며 조심스레 교과서를 펼쳤다. 교실 안의 다른 모든 것에서 관심을 끊고 눈앞에 나타난 단어들에만 집중했다.

제일 첫 쪽에 있는 판권지에서 출판사 이름을 확인하고, 수소의 특성을 설명하는 장으로 넘어갔다. 빳빳한 책장 위로 총천연색 삽화가 튀어나왔다. 수소는 원자가*가 1인 전자가 하나 있고 원자번호도 1이며 원자량**은 1.0079라고 했다. 원자기호는 H였다. 이 첫 번째 원소의 모든 것이 너무나도 잘 와닿았다. 소설을 읽다가 이전에 느낀 적 있는 감정을 완벽하게 묘사해놓은 구절을 마주할 때 받는 그런 감흥이었다. 아 맞아, 그렇지. 바로 그거야!

나는 몹시 흥분해서 최대한 빠른 속도로 읽어나갔다. 그 장은 열 쪽 정도였다. 다 읽고 나서 손을 들고 헛기침 소리를 내어 수녀님께

---

*   수소 원자를 기준으로 하나의 원자가 동일한 원자 또는 다른 원자와 이루는 화학결합의 수.

**   탄소 원자를 기준으로 삼아 원자의 상대적 질량을 수치화한 값.

알렸다. 그러자 수녀님이 말했다.

"다음 장까지 계속 읽으세요."

산소. 원자번호는 8, 원자량은 수소보다 훨씬 무거운 15.9994. 원자기호는 O. 환상적이었다. 교과서는 그 어떤 만화책보다 흥미로웠다. 분젠버너에서 새어 나온 가스가 실험실을 가득 채우고, 불꽃이 튀어 머세이디스 수녀님의 베일과 묵주를 태우고, 불이 건너편 학교 건물의 지붕까지 번져나갔더라도 나는 책에서 눈을 떼지 못했을 것이다. 산소에 관한 장을 다 읽은 후 또 손을 들고 아까보다는 낮은 소리로 헛기침했다.

수녀님은 서류에서 시선을 떼고 고개를 들었다. 나를 보고는 얼굴을 찌푸렸다. "그만!" 수녀님이 외쳤다. "이것 보세요, 학생. 지금 장난치는 건가요!"

나는 그 말이 나를 향한 게 맞는지 확인하려고 이쪽저쪽으로 돌아보았다. 모두 너무 놀라서 낄낄대거나 속삭이는 소리도 내지 않았다. 실험실은 쥐 죽은 듯 고요했다. 머세이디스 수녀님은 천천히, 무서운 모습으로 일어섰다. 서류철을 아주 차분히 덮었다. 그러고는 눈을 감고 묵주를 돌리다가 커다란 십자가에서 멈췄다. 그것이 올바른 대응을 유도해주는 버튼이라도 되는 양, 한 손가락으로 그리스도의 몸을 눌렀다. 다시 눈을 뜬 수녀님은 비아냥거리는 목소리로 말했다. "계속하세요. 읽은 내용을 읊어보세요. 시간은 아주 많으니까요."

수녀님에게 향하던 시선이 일제히 내게 쏠리는 것을 느낀 순간

나무를 대신해 말하기

모든 즐거움이 날아가버렸다. 시키는 대로 했을 뿐인데 어쩐지 스스로 발등을 찍은 기분이었다. "죄송합니다, 머세이디스 수녀님" 하고 입을 떼는데 수녀님이 손을 들어 제지했다. 그리고 여전히 매서운 목소리로 말했다. "일어서세요, 베리스퍼드 학생. 책에서 뭘 배웠는지 알려주세요."

달리 어찌할 바를 모른 채, 나는 첫 쪽의 판권지부터 시작했다. 기억을 더듬어 출판사 이름을 말했다. 뒤이어 발행일까지 읊은 다음 수소에 관해 이야기했다. 수녀님의 마음을 돌릴 수 있기를 바라며 기도하듯이 간절한 목소리를 내려고 애썼다. 쪽 번호까지 포함해 차례차례 내용을 외웠다. 실험실은 고요했다. 수녀님의 표정에서는 아무것도 읽어낼 수 없었다. 나는 내가 방정식을 정확히 기억하고, 그 밖에도 본 것을 거의 그대로 기억할 수 있다는 사실을 나중에야 알았다. 그리고 모두가 나와 같은 기억력을 갖고 있지는 않다는 것도 알게 되었다. 하지만 그 당시에는 그저 읽은 것을 읊어보라는 요구를 들었을 뿐이었다. 산소에 관한 장으로 넘어가면서부터는 긴장이 조금씩 풀려, 적어도 두 원소의 원자량이 다르다는 사실에 다시금 즐거움을 느낄 수 있을 정도가 되었다. 15쪽 왼쪽 단락을 외워 내려갈 무렵에 수녀님이 다시 손을 들어 제지했다. 한 손에 묵주를 모아 쥐고 실험실을 나가면서 수녀님은 분명 심호흡하며 마음을 가라앉혔을 것이다. 잠시 후 자갈이 깔린 교정을 가로질러 건너편 학교 건물로 들어가는 수녀님이 보였다.

나는 어쩌고 있었을까? 완전히 겁에 질렸다. 실험실에 있는 학생들은 아무 말이 없었고 움직이지도 않았다. 긴장이 감돌기는 했지만 나와 같은 두려움을 느끼는지 아니면 재미난 구경을 기대하고 있는지 알 수 없었다. 나는 내가 모두를 곤란하게 만들고 말았다고 확신했다. 판사가 베리스퍼드가의 보복을 염려하건 안 하건 간에 쫓겨나 선데이스웰에 처박히고 말 것이라고 생각했다. 그 수소와 산소 때문에 말이다.

창밖을 살피던 한 아이가 큰 소리로 머세이디스 수녀님이 '보나'와 함께 마당을 가로질러 돌아오고 있다고 일러줄 때까지도 나는 이 생각에 빠져 있었다. 보나벤투라 수녀님은 성알로이시오학교의 교장이었다. 난 이제 끝이었다.

수녀님들은 황급히 실험실로 들어와 교탁 쪽으로 이동했다. 서두르는 바람에 묵주가 교탁에 부딪혔다. 나는 일어서라는 말을 듣자 무릎이 꺾일 것 같았지만 시키는 대로 했다. "다시 해보세요." 머세이디스 수녀님이 말했다. "아까 그 장들, 외워보세요."

나는 다시 책의 처음부터 읊기 시작했다. 기절하거나 정신을 놓지 않게 붙들어줄 유일한 끈이라도 된다는 듯이 덮어둔 책 위에 손을 얹고 있었다. 13쪽 정도까지 외웠을 즈음 보나 수녀님이 멈추라고 했다. 나는 멈추긴 했지만 다시 해보라고 할지 몰라 그대로 서 있었다.

보나 수녀님이 머세이디스 수녀님을 향해 몸을 틀더니 알 수 없는 표정을 지었다. 그러고는 내게 다가와 말했다. "앉으세요." 자리에 앉자 수녀님은 다른 말 없이 실험실을 떠났다. 머세이디스 수녀

나무를 대신해 말하기

님은 모두에게 다시 책을 읽으라고 하고는 교탁 뒤로 돌아가 서류를 들여다보았다. 그 일에 관해 아이들도 선생님들도 내게 아무 말도 하지 않았다.

일주일 후 머세이디스 수녀님 수업 시간에 나는 교장실로 불려 갔다. 가보니 교장 선생님과 함께 어떤 남자분이 나를 기다리고 있었다. 코크대학교의 홀랜드 교수라고 했다. 보나 수녀님이 말했다. "베리스퍼드 학생, 앞으로는 여기 계신 홀랜드 교수님이 수학을 가르쳐주실 겁니다."

지금 돌이켜보면 웃음이 나오지만, 그 순간에는 부끄러웠다. 이후 3년 넘게 이어진 홀랜드 교수의 수업을 통해 나는 또래들보다 앞서 대학 수준의 수학을 파고들게 되었다. 별도의 강의실에서 일대일 수업을 진행하면서 홀랜드 교수는 엄청난 속도로 나를 밀어붙였는데, 그 방식이 내게는 더없이 잘 맞았다. 교수의 지도 아래 수학 공부에 몰두하고 그 내용을 저녁마다 팻 삼촌에게 이야기했다. 그럴 때마다 성알로이시오 담장 안에서 보낸 그 어느 때보다 나의 진정한 자아를 마주하는 느낌이 들었다.

하지만 엄한 표정의 교장 선생님과 한 번도 마주한 적 없는 남자 앞에 섰던 그 순간에는 어머니가 내 머릿속에 주입한 사고방식, 그러니까 이런 식으로 불려 나와 있다는 것은 내가 뭔가 끔찍한 잘못을 저지른 증거라는 생각이 끼어드는 걸 막을 수 없었다.

후견 과정의 의미

리쉰스 계곡에서 후견 수업을 받던 첫 번째 여름 내내, 나는 내게 향하는 관심이 조금 미심쩍었다. 우선 선생님들이 무슨 마음으로 나를 가르치려는 건지 의심스러웠고, 금세 내게 싫증을 낼 거로 생각했다. 그다음에는 사람들이 나에게 이렇게나 관심을 두고 호감을 느끼기까지 하는 걸 보면 내가 뭔가 잘못한 게 틀림없다는 의심이 들기 시작했다. 언제쯤 이 잘못이 발각되어 날 위해 준비된 이 다정한 수업이 끝장나고 다시 불행 속으로 처박히게 될지 생각하며 계속 기다렸다. 그 여름이 끝나고 여전히 다정한 마음에 둘러싸인 채로 리쉰스를 떠날 때가 되어서야 나는 내가 품었던 의심에 어떤 근거가 있었는지 진지하게 돌아보기 시작했다.

겨우내 코크에서 지내며 그 상황에 관해 엄청나게 고민했다. 저녁을 차리거나 자전거를 타고 학교에 가는 동안, 또는 침대에 누워 잠들기 전에, 할 수 있는 한 계곡에서 교류했던 모든 순간을 떠올리고 세밀히 되짚으며 문제가 될만한 점을 찾아보았다. 하지만 냉정

나무를 대신해 말하기

한 도시의 불빛에 비춰본 결과 내가 찾아낸 것은 나를 향한 공감과 보살핌의 증거가 담긴 작고 사소해 보이는 순간들이었다. 선생님들과 그들이 보여주는 사랑을 믿을 이유가 계속 늘었다. 초여름이 돌아와 버스와 마차가 나를 계곡에 데려다 놓자 그저 하룻밤 떨어졌다 만난 것처럼 다시 수업이 시작되었고, 변함없이 이어지는 그 상황 속에 나의 의심은 완전히 사라졌다.

이전에도 그랬듯이, 선생님들은 내게 알려주는 지식에 상대적 가치를 부여하지 않았다. 넬리 할머니의 식물에 관한 방대한 지식과 활용법이 버터를 입혀 달걀을 보존하는 방법보다 중요하게 취급되지 않았고, 그 모든 것이 다 내가 배워야 할 것들이었다. 아주 사소한 정보, 이야기, 노래, 시에 대해서도 동등하게 존중하는 것이 켈트 문화의 핵심 요소이다. 그리고 밸리리키에서 라커번 너머까지 모든 농장에서 한결같이 일러준 것이 있었으니, **샤너히**seanchaí의 잠자리를 마련해두어야 한다는 것이었다.

샤너히는 엄청난 기억력과 특출한 말솜씨를 지닌 이야기꾼이자 방랑자였다. 그 지위는 이야기꾼의 가계를 통해 수백 년에 걸쳐 이어져 내려온 것이었다. 수확을 끝내고 난 후 다시 씨를 뿌리기 전까지 추운 몇 달 동안 **샤너히**는 여기저기를 돌아다니며 사람들에게 이야기를 들려주었다.

넬리 할머니의 부엌은 농장 본채에서 가장 넓은 공간이었다. 광을 낸 콘크리트처럼 단단하고 매끈하게 다져진 흙바닥에 커다란 나무 탁자 하나와 의자 여러 개가 놓여 있었다. 부엌의 서쪽 벽에는 팬과 주물냄비를 놓는 선반, 삼발이솥을 거는 고리가 달린 커다란 아치형 화덕이 설치되어 있었다. 그리고 현관문 옆, 화덕의 맞은편에 **랴버 쉬헌**leaba shuíocháin이라고 하는 고정식 침대가 있었다.

랴버는 방석을 깔아 두세 명이 앉거나 한 명이 자기에 적당했다. **샤너히**는 어느 집에 들어가든 그 침대에서 잘 권리가 있었다. 방문 소식을 알리는 전령이 다녀가고 이튿날 아침이 되면 화덕 앞에 신발을 말려 두고 외투를 접어 머리에 벤 채 **랴버**에서 자고 있는 **샤너히**를 발견하는 식이었다. 그러면 **샤너히**는 그날 저녁 부엌에 모여든 동네 사람들에게 **갸르스킬**gearrscéal이라는 짧고 강렬한 이야기나 아름다운 시, 요정과 **반쉬**beansí,* 변신하는 생물, 아일랜드 전설 속 영웅으로 가득 찬 고대의 모험 이야기 또는 마술적인 인류애로 우리 모두를 하나로 묶는 역사적 계보를 들려주었다.

행위이자 작품으로서 이야기는 켈트족의 전부였다. 사람들은 무無에서 세상 모든 것을 만들어내는 **샤너히**의 이야기를 들으러 몇 킬로미터를 가로질러 부엌 화덕 앞으로 모여들었다. 개학을 앞두고 코크로 돌아가기 전날 저녁이 생각난다. 넬리 할머니와 팻 아저씨의 집에 (일 년에 두 번꼴로 오는) **샤너히**가 찾아왔다. 해 저물 무렵에 패트릭과 메리 오플린이라는 노부부가 집 앞에 도착했다. 부부는 맨발이었다. 농장으로 오는 길에 있는 개울을 건너느라 신발과

---

    *   아일랜드 민화에 나오는 요정으로, 대개 여성의 모습을 하고 있다. 영어로는 밴시banshee, 아일랜드어로는 반쉬로 표기한다.

　　　　나무를 대신해 말하기

손수 짠 울 양말을 벗었던 것이다. 신발 두 짝을 묶어서 연결해놓은 끈이 어깨에 걸쳐져 있었고, 양말은 불룩한 주머니 속에 들어 있었다. 지팡이를 하나씩 든 두 사람의 온 얼굴에 미소가 가득했다. 이야기꾼을 만나는 자리에 무사히 도착했다는 성취감이 어린 미소였다. 정수리에서부터 꼬불거리는 머리카락을 늘어뜨리고 낡아 찢어진 여행복을 걸친 샤너히는 메리를 위해 메리가 어릴 때 살았던 블래스켓제도에 관한 이야기를 들려주었다. 화덕의 불빛과 온기 속에서 샤너히가 들려주는 이야기는 새로운 하루의 시작을 알리는 수탉의 울음소리가 들리는 새벽까지 이어졌다.

───

　배우는 내 입장에서도 수업은 모두 동등한 가치를 지녔다. 특유의 수업 방식 때문이기도 했지만, 근본적으로는 내 삶이 고통스러워서 그랬다. 앞으로도 삶은 새롭고 기발한 방식으로 계속 고통을 안겨줄 텐데 어느 수업이 내게 제일 절실할지 알 도리가 없다는 생각이 들었다. 그래서 스펀지처럼 모든 것을 빨아들였고, 모든 게 다 고마웠다.

　나이가 들어서야 그중에서 몇몇 수업이 특히 중요했음을 알게 되었다. 나 자신에 관해, 기술과 세계에 접근하는 방식에 대해 귀중한 진실을 일깨워준 수업들 덕에 나는 큰 결실을 이뤄낼 수 있었다. 자연을 더욱 온전히 바라보는 방법, 인류가 자연에 미치는 영향을 파악하고 환경과 균형을 맞추며 사는 방법을 알려준 수업도 있었다. 때로는 발목에 내려앉은 햇볕을 느끼며 폭신한 침대에 누워 있는 것처럼 아름다운 순간을, 삶을 더 살아볼 만한 것으로 여기게 해주는 감미로운 기억으로 간직하는 연습을 했다. 이런 여러 가지 요소가 한데 섞여 있는 수업도 더러 있었다.

———

나는 고대 켈트족이 남긴 유산에 대해 제대로 알지 못하는 상태에서 실물을 먼저 접했다. 이미 말했듯이 리쉰스에는 켈트족의 제단, 요새, 돌무더기 같은 유물이 사방에 널려 있었다. 리쉰스 사람들에게 듣기로 이 계곡은 산과 바다가 모두 보이기 때문에 전술적으로 유리했다고 한다. 온갖 약탈자와 침략자를 내다볼 수 있어, 수세기 동안 불시에 공격당할 염려 없이 웅장한 제단을 갖추어 자연과 교감할 수 있었다.

후견 과정이 시작되기 전에도 나는 계곡에 가면 이런 장소를 찾아가는 짧은 순례에 이끌려 다녔다. 나를 데려간 이들은 마치 사람에게 하듯이 제단에 나를 소개하곤 했다. 편하게 가서 보는 정도가 아니라 격식을 차려 치르는 공식적인 절차였다. 안내자는 먼저 나를 가까이 부른 다음 제단에 소개했는데, 우선 제단 전체를 향해 소개하고 그다음으로 특정한 몇몇 부분을 지목하며 내가 새로 맺은 인연에 관해 잘 알 수 있도록 설명해주었다. 여기는 베는 곳, 여기는 피 흘리는 곳, 여기는 달빛이 닿는 곳이라고 짚어준 뒤 마지막으로 제단에 얽힌 사연을 들려주는 식이었다. 내 통곡의 돌이 오검

나무를 대신해 말하기

비석이라는 고대 유적 중 하나로서 과거에 신문이나 게시판 같은 소통의 수단으로 쓰였다는 사실도 이런 순례를 통해 알게 되었다. 그 석회암에 새겨진 것은 고대 켈트 글자인 오검문자였다. 정체를 알기 전에도 내게는 소중한 돌이었지만, 제대로 소개받고 나니 더욱더 소중해졌다.

이런 유적을 마주할 때면 뼛속 깊은 곳에서부터 특별한 감각이 일었다. 배우자나 형제, 부모가 방에 들어올 때 눈으로 보기 전에 먼저 느껴지는 감각과 비슷했다. 의식적으로 존재를 인지하기 전에 감도는 낯익은 느낌 말이다. 그 감각은 때로는 안도감으로, 때로는 아주 미세한 불안과 뜻 모를 으스스함, 허공에서 윙윙거리는 보이지 않는 힘으로 다가오기도 했다. 리쉰스에서 북쪽으로 약 16킬로미터 떨어진 구건바라의 신성한 섬에 있는 기도의 벽, 한때 성 핀바의 기도원에 살던 수도자들의 손에서 탄생한 그 벽 앞에 서면 내 팔에 소름이 돋는다. 그곳에 있으면 줄곧 누군가 아니면 무언가가 바로 내 뒤에 서 있는 듯한 느낌이 든다. 고대의 신성함과 기도, 개인적 희생에서 비롯한 기운이기에 꼭 악의적인 의도로 다가오지는 않는다.

농장 본채의 부엌 창 너머로 아직 소개받은 적 없는 제단이 보였다. 어느 날 오전, 한차례 집안일을 끝내고 저녁 준비를 시작하기 전까지 잠시 비는 시간에 아름다운 은빛 머리카락을 빗고 있던 넬리 할머니가 갑자기, 마치 우리가 한창 대화 중이었던 것처럼 내게 말을 걸기 시작했다. "기독교가 우리 삶을 뒤덮기 전에 아일랜드 여자

들에게는 **발터녜**Bealtaine라는 특별한 날이 있었단다. 여기서는 지금
도 지키고 있지."

발터녜는 5월의 첫날에 치르는 여성들의 기념일이었다. 할머니
는 창 너머 보이는 제단을 가리키며, 그 봄날이 오면 계곡의 여성들
이 날이 밝기 전에 일어나 제단 앞에 모였다고 했다. 거기서 토끼풀
에 맺힌 이슬을 모아, 할머니 말로는 아름다움의 비결이라고 하는
의식을 치렀다. 그러다 태양이 떠오르면 제단을 바라보았다.

내가 앉은 부엌의 창가 자리에서 제단 가운데에 아래로 길게 새
겨진 홈이 보였다. "5월의 첫 해가 떠오르면 저 돌에 새겨진 홈에 정
확히 햇빛이 드리우거든. 캄캄한 밤하늘을 뚫고 한 줄기 빛이 제단
에 닿는 거야. 햇빛이 닿으면 제단은 불길에 휩싸인 것처럼 보인단
다. 인생의 외로운 길을 지나는 동안 우리를 도와준 모든 불을 상징
하지."

발터녜는 고대 켈트 세계의 자궁이었다. **발**Béal은 입구를, **터녜**tine
는 불을 뜻한다. 그날 사람들은 태양의 불을 통해 살아나는 모든 것
을 기념했다. 여성적 원리female principle, 그리고 모든 여성womanhood을
기념하는 특별한 날이었다. 리쉰스에서 매일 아침을 먹으며 창밖으
로 내다보던 그 제단이 그 후로 내 눈에 더욱 선명하게 다가왔다.

코크의 팻 삼촌과 넬리 할머니가 편지를 주고받았는지는 모르
겠다. 어쩌면 성알로이시오학교의 보나 수녀님께도 편지가 갔을 수
있다. 어찌 됐건, 나는 그해 5월 1일 아침을 학교가 아닌 리쉰스에서
맞이하게 되었다. 그림자가 일렁이는 캄캄한 농가는 고요하면서도

기대감에 폭발할 듯했다. 나는 넬리 할머니가 내 팔에 손을 얹기 전에 이미 깨어 있었다. "기들, 일어나렴. 그날이 왔다." 할머니에게 이끌려 맨발로 풀밭에 들어서니 발아래로 땅의 숨결이 느껴졌다. 걸음을 옮기는 동안 발가락 사이에 닿던 이슬의 차가운 감촉을 기억한다.

애기노랑토끼풀, 트리폴리움 두비움Trifolium dubium은 꽃을 피우는 토끼풀로 아일랜드 전역의 목초지에 퍼져 있다. 로마가 건립되기 이전부터 농부들이 휴한休閑작물*로 활용하던 식물로, 조그맣고 노란 꽃을 벌들이 아주 좋아한다. "제단 입구에 불이 내려앉으면 곧바로 애기노랑토끼풀이 겨울잠에서 깨어나서 봄의 첫 번째 초록 줄기를 내밀기 시작한단다."

우리는 제단 앞 풀밭에 무릎을 꿇고 해가 뜨기를 기다렸다. 계곡의 모든 여성이 주변에 모여 있었다. 조용히 기다리는 동안 호흡을 조절하는 명상을 했다. 넬리 할머니는 내가 느낄 수 있도록 어깨에 부드럽게 손을 얹고, 깊고 느린 호흡의 리듬을 알려주었다.

아침 첫 햇살이 제단의 홈에 살짝 닿기만 했는데도 이내 돌 전체가 빛을 받아 살아났다. 기운을 받아 진동하는 것처럼 보였다. 빛이 강렬해지는 사이에 나는 눈을 감고 뺨에 온기가 닿기를 기다렸다.

얼마 후 넬리 할머니가 내 어깨를 짚었다. 눈을 뜨고 주위를 둘

* 휴한이란 지력地力이 쇠하지 않도록 일정 기간 작물 재배를 중지하는 것을 뜻한다. 휴한하는 땅에는 기존 작물 대신 흙을 기름지게 해주는 식물을 심는데, 이것이 휴한작물이다.

러보니 모두 허리를 굽혀 애기노랑토끼풀의 새잎에서 아침 이슬을 걷고 있었다. 넬리 할머니가 말했다. "지금이다, 다이애나. 아름다움에 눈길이 쏠리는 게 세상 이치니까, 서두르자꾸나."

할머니가 풀잎에 손을 적셔 이슬을 바르는 동작을 보여주었다. 곱고 높은 이마 꼭대기에 손가락을 대고 문지르다가 눈꺼풀로 내려가 양쪽 눈꼬리까지 부드럽게 쓸어내렸다. 그런 다음 두 뺨을 둥글게 문질렀다. 그러고는 턱으로 옮겨가 위쪽으로 쓸어준 뒤, 마지막으로 목으로 내려가 쇄골에서 아래 턱선까지 열다섯 차례 길게 쓸어올렸다. 나는 할머니의 동작을 따라했다. 그런 다음 우리는 젖은 얼굴로 웃으며 농가로 돌아갔다. 이슬이 마르도록 그대로 내버려두었더니 하루 종일 피부가 섬세하게 당겨지듯 팽팽하여 기분이 좋았다. 할머니가 주장하기로, 리쉰스 여성들의 낯빛이 아름다운 것은 이 의식 덕분이라고 했다.

나중에 나는 트리폴리움 두비움에 미용 효과가 있는 화학물질이 들어 있다는 사실을 확인했다. 애기노랑토끼풀의 윗부분에서는 감귤류에서 가장 흔하게 나타나는 헤스페리딘hesperidin과 헤스페레틴hesperetin이라는 한 쌍의 플라보노이드flavonoid계 성분이 분비된다. 이런 유익한 성분이 녹아들어 간 아침 이슬을 얼굴에 바르면 혈액순환이 촉진되는 동시에 피부 표면이 부드럽게 조여든다. 말하자면 천연 노화 방지제인 셈이다. 말초 혈액순환 개선을 포함해 그 밖에도 여러 가지 효능이 있다. 눈에 공급되는 산소량을 늘려 특히 당뇨병을 앓는 사람의 시력을 향상한다. 해 뜨기 전에 명상법으로 수행

나무를 대신해 말하기

하는 집단적인 호흡 조절 의식은 스트레스 호르몬인 코르티솔cortisol 수치를 낮추는 것으로 드러났다.

그렇지만 그 당시에는 **발터녜**에 대해 온전히 이해하지 못한 채로도 커다란 행복을 누릴 수 있었다. 넬리 할머니와 함께한 시간, 다른 여성들과 고요히 나눈 교감, 느긋한 기다림, 얼굴에 닿는 이슬의 상쾌한 느낌, 언덕 위로 떠올라 제단에 불을 지피는 햇빛의 장엄한 광경, 이 모든 것으로 충분했다. 그날은 즐거움의 원천이자 여성들과 우애를 나누었던 경험으로 내 마음 깊이 각인되었다.

현장학습

아일랜드에는 웃으면 먼 길도 짧아진다는 말이 있다. 적어도 팻 리쉰스는 그 속담의 진실을 알고 있었다.

팻 아저씨는 젊은 날 사랑했던 여성이 다른 사람과 결혼하자 쭉 독신으로 살 만큼 일편단심인 남자였다. 미사 중에 그 여성을 가리키며 내게 귓속말로 이름을 알려준 적이 있는데, 사랑스러운 분이었다. 아저씨는 부지런한 일꾼이어서 농지에서 밤낮으로 고된 노동을 하면서도 먹고사는 데 꼭 필요한 만큼만 거두고자 했다. 무엇보다, 정말 재밌는 사람이었다.

아저씨는 시시각각 새로운 유머를 선보였다. 장난삼아 넬리 할머니와 내가 하는 모든 말과 행동에 따가운 촌평을 날리며 예리하고 번개 같은 말솜씨를 선보였다. 아저씨는 게일어와 영어를 모두 가지고 놀았다. 이면에 또 다른 뜻이 담긴 말을 즐겨하는 아일랜드인 특유의 중의적 화법의 달인이었다. 하지만 가장 즐겨했던 건, 우리를 웃겨주려고 어리숙한 척하며 **므던**amadán 즉 바보 흉내를 내는

나무를 대신해 말하기

것이었다. 부엌 탁자에 앉아서 포크를 들고, "아, 근데 말이지, 이게 어디에 쓰는 거였더라? 내가 이걸로 뭘 해야 하는 걸까?" 같은 말을 하면 웃음을 참을 수가 없었다. 정말이지 간단하고 바보 같은 농담 한마디로 우리를 웃다가 의자에서 굴러떨어지게 할 만큼 표현력이 좋았다.

어느 해 여름에는 아저씨와 함께 작물을 옮겨 심는 일을 했는데, 우리는 밭의 이쪽 끝에서 저쪽 끝까지 이동하는 내내 웃어댔다. 아저씨는 하루 종일 아무리 많은 일을 했더라도 피곤한 모습을 드러 내는 법이 없었고, 눈가에서 반짝이며 입꼬리에서 피어나는 유쾌한 웃음소리로 함께 일하는 시간을 즐겁게 만들어주었다. 힘든 일도 늘 즐기는 태도로 임할 줄 알았고, 그래서 아저씨와 함께 걸으면 먼 길도 항상 짧아졌다. 아저씨만 내 곁에 있으면 닿을 수 있을지 알 수 없는 목적지를 향해 기꺼이 발을 내디딜 수 있었다.

농가 현관문 밖에는 집과 마구간 전체를 가로지르는 기다란 돌 계단이 있었다. 그 계단은 들판을 지켜볼 수 있는 전망대 역할을 했 다. 거기 올라서면 오른편으로 사과나무, 배나무, 빙체리나무Bing cherry trees가 있는 과수원이 보였고, 앞쪽으로는 마도요*의 구슬픈 울 음소리가 울려 퍼지는 가운데 계곡 중심부를 향해 완만하게 뻗어 내려가는 목초지와 곡물 밭이 보였다. 밭은 가시금작화 산울타리나 도랑, 낮은 돌담 등을 따라 각각 1만 제곱미터 안팎의 면적으로 나

---

*   ·도욧과의 겨울 철새로, 도요새 가운데 가장 크다.

뉘어 있었고, 이름도 따로 정해져 있었다. 가알딘Gairdín 즉 '정원' 밭에는 제일 질 좋고 푸르른 풀을 가득 키워서 젖 짜기 전에 가축들을 풀어놓고 꼴을 먹였다. 그 너머에는 건초용 풀밭이 있었는데, 키가 3미터 정도밖에 안 자라지만 나이 들수록 굵어지는 개암나무, 코릴루스Corylus가 빽빽한 산울타리를 형성하며 주위를 둘러싸고 있었다. 풀밭 오른쪽에는 계곡에 쉬러 온 거대한 동물의 등처럼 보인다고 하여 드라움Droim*이라 부르던 밭이 있었다. 드라움에는 곡물을 심고 산울타리로 블랙베리와 라즈베리를 가득 둘렀다.

후견 과정 초기의 어느 여름이 끝나갈 무렵, 오후 늦게 계단에 서서 주변을 둘러보는데 드라움 끄트머리에서 난처해하며 머리를 긁고 있는 팻 아저씨가 보였다. 나는 서둘러 내려가 건조한 8월의 공기 속에 서서 드라움을 가득 뒤덮은 채로 햇살을 받아 흔들리는 황금빛 곡물 이삭의 물결을 살피는 아저씨와 맞닥뜨렸다. 팻 아저씨는 미소 지으며 살며시 내 팔을 붙잡아주었지만, 평소답지 않게 골치가 아프다는 듯이 이맛살을 찌푸리고 있었다. 무슨 문제가 생겼냐고 물으니 아저씨는 이렇게 답했다. "해결할 방법이 없지는 않은데 말이다, 기들."

팻 아저씨는 밭의 가장자리로 걸어가 보리 이삭을 몇 개 땄다. 커다란 손으로 그 이삭을 훑어 껍질을 벗기면서 내게로 돌아왔다. 엄지손톱으로 씨앗을 쪼개어 흘러나오는 흰 가루를 손바닥으로 받

---

*   아일랜드 게일어로 '등'을 뜻한다.

왔다. 수확하기 알맞은 상태였다. 내가 알기로 이것은 좋은 일이어서 기대에 가득 찬 얼굴로 웃으며 아저씨를 바라보았다.

"아니, 당장은 안 되겠구나, 기들." 팻 아저씨는 천천히 머리를 저으며 말했다. "케일킬에 있는 트랙터가 고장 났다지 뭐냐. 이 밭을 거둬야 할 때까지는 못 고칠 거다."

팻 아저씨는 트랙터가 없었다. 수확기처럼 필요할 때는 계곡에서 트랙터를 가진 이웃에게 연락해 빌려왔다. 이번엔 그 집의 트랙터가 고장 났으니 손으로 베어야 했는데, 보리 이삭이 너무 익어서 못 쓰게 되기 전에 최대한 서둘러야 했다. 드라움은 2만 제곱미터 정도로 농장에 있는 밭 중에서 가장 큰 규모에 속했다. 평소에는 이런 비상사태가 발생하면 이웃들에게 도움을 요청했겠지만, 이때는 계곡 전체가 수확기를 맞이한 터라 농부나 일꾼들이나 다들 자기 일을 하기 바빴다.

"제가 도울게요." 내가 말했다.

팻 아저씨의 얼굴에 전보다 훨씬 더 밝은 미소가 떠올랐고, 여느 때처럼 유쾌한 눈빛도 되살아났다. 아저씨는 웃으며 "아이고, 기들아, 정말 그래야겠구나"라고 말하고는 내 어깨를 두드리고 다시 한번 밭을 둘러보았다. 그리고 말했다. "페이 워이든Faoi mhaidin, 내일 아침에 시작하자."

다음날 다시 드라움에 찾아갔을 때는 발밑에 이슬이 반짝였다. 팻 아저씨가 큰 낫과 숫돌을 가져왔다. 내가 가진 건 두 손 그리고 의지와 젊음으로 가득한 등이었다. 밭의 끄트머리에서 팻 아저씨가 몇 차례 낫질을 하고 나서 보릿대로 줄을 꼬는 방법을 알려주었다. 보리가 공기 중에서 잘 말라 보존할 수 있는 상태가 되도록 다발로 묶어, 이삭이 땅에 닿지 않게끔 피라미드 모양의 더미로 쌓아 올리는 과정을 보여주었다. 내가 이해한다는 뜻으로 고개를 끄덕인 후에, 우리는 심호흡하고 작업에 돌입했다.

나는 부드럽게 낫을 움직이며 나아가는 팻 아저씨의 뒤를 따라가면서 보릿단을 엮어 쌓았다. 팻 아저씨는 흔들림 없이 빠르게 일했다. 너무 뒤처지면 아저씨가 실망할까 봐 나는 보조를 맞추려고 애썼다. 해가 높이 떠 뜨겁게 내리쬐는 한낮이 되자 등이 몹시 아팠지만 솜씨는 꽤 나아졌다. 통증이 심해 드러눕거나 최소한 등을 펴기라도 해야 할 것 같았다. 그래도 꾹 참고 팻 아저씨가 숫돌로 낫을 갈기 위해 멈출 때까지 허리를 구부린 채 뒤를 쫓았다. 우리는 오후에 딱 한 번 작업을 중단하고 차와 버터 바른 빵 한 조각을 허겁지겁 먹었다. 여섯 시가 되어 케일킬에 있는 성당의 종탑에서 저녁 삼종기도 종소리가 들려왔을 때 우리 앞에 남은 보리는 한 뭉텅이 정도에 불과했다. 땅거미가 지기 전에는 작업이 끝날 것 같았다. 마지막 보릿단을 쌓은 뒤, 우리는 사방에 내려앉은 그림자를 뚫고 집으로 돌아갔다. 넬리 할머니가 부엌에 늦은 저녁을 차려놓고 우리를 기다리고 있었다. 우리는 기진맥진했으면서도 의기양양한 태도로 의자에 털썩 주저앉았다.

내가 '현장학습'이라고 이름 붙인 그날은 따지자면 내가 받고 있던 켈트 교육 과정의 일환은 아니었지만, 내 인생에 가장 소중한 교훈을 안겨준 시간이었다. 그날 아침 밭을 바라볼 때만 해도 우리가 수확을 끝낼 수 있으리란 생각이 들지 않았다. 밭은 너무나도 드넓었고, 손을 보태러 나선 나는 너무나도 미약했다. 하지만 나는 팻 아저씨를 사랑했고 농장과 **드라움**을 사랑했기에, 거기서 자란 보리 이삭이 못 쓰게 되는 것을 두고 볼 수 없었다. 나는 심호흡을 하며 첫걸음을 내디뎠고, 결국 그 두 가지 동작으로 내가 상상한 것보다 더 큰 일을 할 수 있다는 사실을 알게 되었다. 나는 모든 아이가 이 날의 현장학습과 같이 자기 자신과 타인 그리고 세상을 사랑하는 마음으로 절대 끝까지 도달할 수 없을 것 같은 길로 자기를 내던지는 경험을 해보아야 한다고 생각한다. 마침내 목적지에 도달하는 순간 깨닫게 될 것이다. 자기가 가진 모든 것을 쏟아부을 마음으로 일단 첫걸음을 내딛는다면 불가능하다고 생각했던 그 어떤 일이라도 해낼 수 있다고 말이다. 그러면 나와 마찬가지로, 자신이 무엇이든 할 수 있음을 알게 될 것이다.

나무는 다 어디로?

리쉰스의 풍경 속에 나무가 하나도 없다는 사실을 언제 알아차렸는지 기억나지 않는다. 어느 날, 별 뜻 없이 넬리 할머니에게 아일랜드참나무에 관해 물었다. 그 나무를 아일랜드에서 한 번도 못 본 것 같다고 하면서. 할머니의 대답은 이상했다. 글랜가리프에 아일랜드참나무가 늘어선 거리가 있는데, 빅토리아 여왕이 자기의 사냥 별장에 심은 것이라고 했다. 나는 그게 무슨 의미인지 생각하다가 아버지의 집안도 아일랜드, 영국, 프랑스 그리고 애리조나의 몇몇 지역과 뉴멕시코에 숲을 소유하고 있다는 사실을 떠올렸다. 부유하고 유명한 사람들은 여전히 숲을 갖고 있지만 평범한 사람들은 그렇지 않다는 말인가? 나는 한 번도 할머니에게 아일랜드의 숲이 어디로 사라져버린 거냐고 묻지 않았다. 돌이켜보면 그 답은 땅과 사람들 그리고 잔혹한 역사의 면면을 통해 내 앞에 선명히 드러나 있었다.

나는 벨그레이브가의 수목원에서 배럿 박사와 함께 처음 제대로 마주한 순간부터 나무에 푹 빠졌다. 나무는 내가 살면서 알게 된 그 어떤 것보다 경이롭고 믿음직한 존재였기에 더 많은 나무를 만나고 그 나무에 관해 속속들이 알고 싶었다. 그 후로 아일랜드 어느 곳엘 가든지 나무를 찾아보려 했지만, 부모님이 생전에 지인을 만나러 영국인 사유지로 나를 데리고 갈 때나 겨우 볼 수 있을 정도였다. 그래도 아일랜드의 풍경 속에 나무가 별로 없다는 사실이 이상하거나 불길하게 느껴지지는 않았다. 오히려 어린 시절의 나는 그런 현실을 나무가 특별하다는 증거로 당연하게 받아들였다. 아일랜드에 나무가 늘 없었던 건 아니라는 사실을 그때는 알지 못했다.

처음으로 오검문자를 제대로 들여다본 것은 내 통곡의 돌을 정식으로 소개받고 그 쓰임과 목적에 관해 배웠던 그때였다. 고대에 드루이드들은 오그마Ogma라는 켈트족 젊은이가 만든 문자로 이런 거대한 사각기둥 모양의 돌 각 면에 글을 새겼다. 선을 평행하게 긋거나 교차시켜 조합한 이 가느다란 글자가 내 통곡의 돌을 뒤덮고 있었다. 세월과 비바람에 알아보기 어려워진 부분도 있었지만, 대다수는 쉬이 읽혔다. 이따금 언덕과 바다를 죽 둘러보며 내 안으로 스며든 자연에 마음이 가라앉고 흘리지 못한 눈물의 울렁임이 찾아들고 나면, 나는 몸을 돌려 이렇게나 나를 위로해주는 고대의 유물 그 자체를 탐구했다. 처음에는 혼자 힘으로 글자를 전혀 알아볼 수 없었는데, (후견 과정에 들어가기 전에) 용기 내어 넬리 할머니에게 그 표식에 관해 물었더니 할머니는 내게 고대 켈트어에 관한 이야기를 들려주었다.

오검 자모는 열아홉 개로, 대부분 나무 이름을 딴 것이다. 할머니는 부엌 탁자 위에 손가락으로 이를 써내려가며 처음에는 게일어로, 그다음에는 영어로 하나하나 이름을 알려주었다. **알름**Ailm, 소나무. **베허**Beith, 자작나무. **콜**Coll, 개암나무. **다알**Dair, 참나무(여기서 할머니는 잠시 멈추고 드루이드가 가장 좋아했던 나무에 존경심을 표했다). **에바**Eabha, 사시나무. **페른**Fearn, 오리나무. **우흐**Huath, 산사나무. **우르**Iúr, 주목. **브로브**Brobh, 골풀. **리스**Luis, 마가목. **뮌**Muin, 블랙베리. **니온**Nion, 물푸레나무. **아튼**Aiteann, 가시금작화. **울**Úll, 사과나무. **리스**Ruis, 딱총나무. **사일라흐**Saileach, 버드나무. **쿠일런**Cuileann, 호랑가시나무. **프리허**Fraoch, 헤더. 마지막으로 **스트라프**Straif, 가시자두나무. (이 책의 2부에 각 글자와 그에 해당하는 나무 및 식물, 그 의미와 용도를 모두 열거해두었다.)*

넬리 할머니의 말소리와 나무 탁자 위를 오가는 손가락의 움직임, 그 규칙적인 리듬이 마치 주문 같았다. 나는 허공에서 숲을 소환하는 듯한 그 순간의 마법에 흠뻑 빠진 나머지, 오그마가 아일랜드에서는 자라지 않는 나무들의 이름을 어떻게 알고 있었던 건지 궁금해하지 않았다. 드루이드의 **올루나**ollúna, 즉 전문가가 글자에 쓰인

---

    *   이 책의 2부에서 다뤄지는 오검문자의 자모 수는 총 스무 개로, 여기서 언급되는 것보다 하나가 많다(이 부분에서는 고르트Gort, 아이비가 빠져 있다). 또한 2부에 나오는 오검 자모의 게일어 이름 중 몇 가지는 이 부분에서 소개되는 것과는 다른데, 이러한 차이는 오검문자에 대한 역사적 사실이 아직 충분히 복원되지 않은 탓으로 보인다.

소나무와 참나무를 어디서 본 것인지 또는 고대 켈트 문화에 등장하는 사시나무와 오리나무가 어디로 사라진 것인지 묻는 대신에 할머니에게 그저 고마워할 따름이었다. 나무가 그렇게나 고귀하니 언어의 소재로 쓰일만하다고 여겼다. 지극히 당연해 보였다.

나무에 얽힌 수수께끼의 답은 간단했다. 아일랜드의 숲이 파괴되었다는 것이다. 철기시대 이후 벌목이 본격적으로 시작된 시기는 형벌법 시대였다. 어머니가 카머나이고개를 넘어 탈출한 사제 이야기를 들려주며 잠시 언급했던 500년에 걸친 영국 점령기 말이다. 켈트족은 삼림지대 사람들로서, 한때 영토의 대부분을 뒤덮었던 낙엽성 우림에서 켈트 문화를 탄생시켰다. 그러나 아일랜드를 정복한 영국인들이 이 고대의 숲을 베어버렸다. 그들은 거기서 베어낸 나무로 해군에서 쓸 목재와 산업용 연료가 될 석탄을 마련했다. 아일랜드인이 숨어들어 재집결하고 작전을 짜고 반격에 나서던 라커번 같은 지역을 초토화하려는 목적도 있었다. 그렇게 켈트족이 자기 문화 및 언어와 맺고 있던 가장 확실한 연결고리를 끊어버렸다.

형벌법 시대에 아일랜드인은 나무를 소유할 수 없었을 뿐 아니라 씨앗을 뿌릴 수도 없었고, 오직 식량으로 쓸 감자를 키우는 것만 허용되었다. 대부분의 연령대가 80대에서 90대이던 리쉰스의 선생님들 중에 오랜 세월에 걸쳐 나무가 자라나는 과정을 본 사람은 아무도 없었다. 계곡에 있는 호랑가시나무와 개암나무는 덤불처럼 낮고 넓게 자랐다. 나중에 알고 보니 어린 내가 물려받은 식물에 관한 지식은 내가 태어나기 오래전에 거의 파괴되었다가 서서히 되살아난 것이었다. 나무와 그 용도에 관한 켈트족의 지혜 중에서 살아남은 극히 일부의 잔재에 불과했다. 어찌 안 그랬겠는가? 보고 배울 나무가 하나도 없는데 말이다.

아니, 하나도 없지는 않았다. 리쉰스 계곡을 통틀어 딱 한 그루는 남아 있었으니까. 게다가 운 좋게도 아일랜드의 거대한 숲에서 홀로 살아남은 이 나무가 서 있는 곳은 바로 넬리 할머니의 농장이었다.

그 나무는 구주물푸레나무, 프락시누스 엑셀시오르*Fraxinus excelsior*로, 수백 년 넘게 그 자리에 홀로 서 있었던 것이 틀림없었다. 어마어마한 나무였다. 거대한 수관canopy*이 외양간을 뒤덮고 하늘을 향해 멀리 뻗어나가, 뒷동산 너머 한참 떨어진 밴트리만에서도 잎들이 바람에 흔들리는 모습을 볼 수 있었다. 그 물푸레나무를 어떻게 지켜냈는지는 모른다. 그런 질문을 떠올리기에는 어린 나이였다. 나는 그 나무가 거기 서 있는 걸 당연하게 여겼다. 집이 있고, 소들이 있고, 땅이 있는 것처럼 나무도 그 자리에 서 있을 뿐이었다. 저 나무가 왜 저기 서 있어요? 그것도 딱 한 그루만? 이렇게 물어볼 생각을 했더라면 좋았으련만.

나는 늘 그 물푸레나무가 넬리 할머니 것이라고 생각했다. 소유물이 아니라 보살피는 대상으로 말이다. 낙농장을 향해 걸어갈 때면 할머니는 그 나무의 거대한 그림자를 밟으면서 명상에 잠기곤

---

*   가지와 잎이 많이 달려 있는, 나무의 줄기 끝부분.

했다. 창 너머로나 계단 위에서 또는 조금 떨어진 마당에서 할머니와 나무를 바라보고 있노라면 둘 사이에 일종의 텔레파시가 있어서로 대화를 나누는 듯 보였다. 그러다 할머니는 마침내 눈을 뜨고 머리를 흔들며 무아지경에서 벗어났다. 상쾌한 기운으로 가득 차서는, 입고 있는 직접 짠 치마를 훑어 눈에 안 띄는 밀가루 얼룩을 털어내면서 나를 찾았다. 할머니는 항상 나를 찾았다.

나중에 나는 할머니와 물푸레나무 사이의 교감을 더 잘 이해하게 되었다. 드루이드의 관념에서 나무는 지각이 있는 존재이다. 이런 의식은 켈트족에게만 국한된 것이 아니라 과거 광활한 원시림에 뿌리내렸던 수많은 고대 문명 사회에서 공유되던 것이었다. 켈트족은 밤에 혹은 폭우가 내린 후에 나무의 존재를 더 가까이 느낄 수 있으며, 나무와 더 깊이 호흡하고 더 잘 받아들이는 사람이 따로 있다고 믿었다. 이러한 감각인지 능력을 가리켜 **모히허흐트**mothaitheacht라고 한다. 어떤 기운이나 소리가 몸을 통과해나갈 때 가슴 위쪽에서 느껴지는 감각을 가리키는 말이다. **모히허흐트**는 과학적으로는 비교적 새로운 개념인 초저주파음infrasound 즉 '소리 없는' 소리의 고대식 표현일 수 있다. 인간의 가청 범위보다 낮은 이 소리는 파장이 길게 휘어지며 대단히 멀리 퍼져나간다. 코끼리처럼 덩치 큰 동물들 그리고 화산에서 나오는 소리다. 커다란 나무에서도 이러한 파장의 확산이 측정된 바 있다. 아이들은 이런 소리를 듣기도 하는데, 나는 넬리 할머니가 그 소리를 감지하고 심지어는 그 의미도 어느 정도는 해석할 수 있었다고 믿는다.

할머니의 물푸레나무는 빌레bile 즉 신성한 나무로, 드루이드 의사들이 갖가지 약재로 활용하던 수종이었다. 그런 지식을 어느 정도 간직하고 있었던 넬리 할머니는 명상을 끝내고 나를 찾는 동안 혹시라도 바닥에 떨어진 가지가 있으면 조심스레 치마에 주워 담았다. 그러니 물푸레나무 아래, 살아 숨 쉬는 그 나무 주위의 열린 공간은 항상 깨끗하고 단정했다.

———

내가 열다섯 살이 되던 여름에는 날씨가 급변하는 것 같았다. 그해 6월과 7월 내내 가물더니 7월 말경 내 생일이 지나자 이내 비가 쏟아졌다. 아일랜드어로 바쉬티báistí라는 말이 있는데, 폭우로 밭에 물이 넘쳐 곡물이 잠기고 습지가 너무 질척해져 연료로 쓸 토탄을 걷기 어려워지는 농업 재해를 가리킨다. 그해에 바로 그 일이 일어났다. 며칠 동안 퍼붓던 비가 그치자 팻 아저씨는 습지에 가서 하던 일을 끝내고 싶어 했다. 습한 겨울 몇 달간 농장을 따뜻하게 데우려면 미리 토탄을 잘라 말려두어야 했다.

나는 지난 현장학습을 통해 팻 아저씨를 도우면 기쁨과 만족감을 느낀다는 것을 확실히 인지했다. 그날 아침 일찍, 사이잘sisal*로 만든 포대와 토탄을 자를 때 쓰는 특수한 삽인 슬론sleán을 실은 수레에 걸터앉은 아저씨를 발견하고 나는 득달같이 옆자리에 올라탔다.

———

*   용설란과에 속하는 여러해살이풀.

말이 움찔했다. 우리는 호랑가시나무가 양옆으로 늘어선 길을 따라 내려갔다. 널돌로 만든 오래된 우물을 지나 들판을 가로지르며 달려간 우리는 마침내 길고 좁다란 습지를 둘러싸고 있는 젖은 골풀 덤불 앞에 멈춰 섰다.

삽으로 습지를 파 내려가며 토탄을 커다란 벽돌처럼 네모지게 잘라내다 보면 습지에는 수직으로 단면이 생긴다. 팻 아저씨의 습지는 이 단면이 약 2.5미터가 넘을 정도로 깊었고, 파인 바닥에는 무지갯빛 기름띠가 감도는 탁한 흑갈색 물이 고여 있었다. 바닥으로 내려가 급기야 무릎까지 물에 잠긴 팻 아저씨는 이 습지가 특히 위험하다며 내게 주의를 주었다. "여기 빠져 죽은 동물이 한두 마리가 아니란다, 기들. 그러니 정신 바짝 차려야 한다."

내가 맡은 역할은 단면 위에 서서 팻 아저씨가 **슬론** 날로 들어 올린 토탄 덩어리를 넘겨받아 흔들어서 물기를 좀 털어낸 다음, 잘 마르도록 네 개의 단으로 차곡차곡 쌓아 올리는 것이었다. 바람을 견딜 만큼 단이 튼튼히 쌓였는지 손으로 일일이 확인해야 했다. 그러면 나중에 팻 아저씨가 다시 습지에 와서 여름 햇빛의 열기가 골고루 스며들도록 토탄 조각들을 다른 방향으로 뒤집어줄 것이었다. 그날 팻 아저씨가 파낸 것은 습지 깊숙이 묻힌 밀도 높은 토탄으로, 차디찬 겨울 동안 더 천천히 타는 특성이 있었다. 이런 토탄은 태웠을 때 석탄에 더 가까운 성질을 보였다.

작업을 시작하고 얼마 되지 않아 팻 아저씨의 **슬론**이 뭔가 딱딱한 물체에 부딪치며 멈춰 섰다. 아저씨는 우선 **슬론**으로 정체불명의 방해물 가장자리를 더듬어본 뒤 파냈다. 그러고는 그 거무튀튀한 덩어리를 들어 단면 위에 서 있던 내 발치로 던졌다. 흠뻑 젖은 그 덩어리에서 갈색 액체가 흘러나오고 이상한 냄새가 났다. **슬론**으로 그 물체를 던져 올린 다음 고개를 들어 혼란스러워하는 내 표정을 본 아저씨가 웃음을 터트렸다.

"아이고, 기들아. 그게 뭔지 한번 맞춰보겠니."

나는 무릎을 꿇고 그 덩어리를 살펴보았다. 해골이었으면 했는데 그건 아닌 듯했다. "해골은 아니네요. 모양이 달라요."

팻 아저씨가 말했다. "그건 고대 아일랜드참나무의 심재*란다. 못해도 타라에 궁정이 지어졌던 약 2000년 전에 자라던 나무에서 난 게 틀림없을 게다. 이런 목재를 '습지 참나무'라고 하는데 조각가들이 좋아하지. 기들, 네가 보고 있는 게 거대한 아일랜드 숲에서 겨우 남은 잔해란다."

그때는 이미 영국의 점령과 벌목에 관해 배운 뒤였지만, 내 발밑에서 그 증거를 확인한 건 처음이었다. 아일랜드가 한때 숲으로 뒤덮여 있었다는 것뿐 아니라(그 자체를 확인하는 것만 해도 대단히 놀라웠지만), 숲이 사라진 것이 인간 때문이라는 것까지 보여주는 증거였다. 자연이 계절의 변화에 의해서만 바뀌지는 않으며, 리쉰스의 풍경도 내가 당연히 여기던 것처럼 늘 그대로였던 것이 아닌 모양이었다. 내게 그 무엇보다 매혹적인 나무와 식물들이 그냥 사라져

---

*   나무줄기의 한가운데 단단한 부분.

버릴 수도 있었다. 게다가 끔찍하게도 바로 그걸 바라며 일하던 사람들이 있었다.

나는 너무도 속상해서 심재에서 내 다리로 튄 기다란 갈색 얼룩을 훔치며 그대로 주저앉았다. 습지를 둘러보고 농가가 있는 산비탈을 올려다보며 그 자리에 서 있던 나무들을 다시 불러내려고 안간힘을 썼는데, 다시 작업을 하러 습지 바닥으로 내려간 팻 아저씨는 그런 내 얼굴을 보지 못했다. 목이 턱 막히는 느낌을 떨쳐내려니 눈물이 솟구쳤다. 그러다 어렵게 입을 열었다. "생각해봐요, 팻 아저씨. 숲이 있을 때 여기가 어떻게 보였을지 말이에요."

단면 아래에서 언제나처럼 재빨리 아저씨의 대답이 들려왔다. "그게 말이다, 기들아. 이 밑에서는 그 모습을 상상하기가 조금 더 어렵구나."

돌봄의 의무

브레혼 후견 과정을 시작할 때, 나의 선생님들은 그 수업이 언제까지 이어질지 알지 못했다. 그저 몸과 마음, 영혼을 보살핀다는 켈트 3계명을 이어나갈 뿐이었다. 그분들 모두가 "기들, 우리 라너브가 잘 해냈습니다"라며 만족감을 표했을 때에야, 여성으로서 자기 보호에 필요한 내면의 텔레파시를 다루는 능력까지 포함해 내가 배워야 할 고대의 지식을 모두 습득했다는 판단이 내려질 수 있었다. 세 번째 여름이 끝날 무렵에는 팻 리쉰스의 농담에 겨우 따라 웃을 수 있을 만큼은 슬픔이 가라앉았다. 나는 최소한 '혼자 걸어다닐' 수 있게 되었다.

놀랍게도 이제 충분히 나 자신을 돌볼 수 있겠다는 느낌이 들었다. 열여섯 살이 될 무렵, 나는 홀로 서는 능력을 갖추어나갔다. 코크에서 2년 동안 학교에 다니면서 집안 살림도 도맡았다. 리쉰스의 어른들은 따스한 애정으로 내 삶을 안정시키고 용기를 심어주었다. 거기에 더해 나의 법정 변호사와 법무관 그리고 판사는 내가 스물

나무를 대신해 말하기

한 살이 될 때까지 팻 삼촌과 함께 살아도 된다고 결정했다. 통행금지는 여전했지만, 이따금 튀어나와 나를 흔들어놓을 때를 제외하고는 선데이스웰의 막달레나수용소에서 인생이 끝장날 거라는 엄청난 공포를 마음 한구석으로 밀어놓을 수 있었다. 팻 삼촌은 내가 믿을 만한 아이라는 걸 알게 되었다. 누구를 만나러 가든, 나는 항상 쪽지에 그 친구의 이름과 주소를 적어 식탁에 올려두었다. 우리 사이에 형성된 서로를 존중하는 마음이 점점 커져서 애정으로 깊어지는 듯했다. 성알로이시오학교의 수녀님들은 나를 각별히 돌봐주고 배려하는 마음으로 보호해주기도 했다. 코크예술학교 선생님들은 나를 진지한 학생으로 대했다. 그뿐만 아니라 내가 입을 옷을 디자인하고 만드는 방법도 알려주었다. 간단히 말해, 나는 다시 땅에 발을 딛고 단단히 뿌리를 내렸다.

당시엔 예상치 못했고 아주 나중에야 온전히 인지하게 된 사실은, 내가 이제 나 자신을 넘어 다른 존재까지도 돌볼 수 있겠다고 은연중에 느끼고 있었다는 점이다. 내가 있는 그대로, 그 어떤 노력을 하지 않아도 가치 있는 존재라는 걸 알고 난 뒤로는 한 걸음 더 나아가 다른 사람들 역시 그러한 존재로 바라보게 되었다. 거기서 살짝 더 나아가보니 자연계의 모든 것에 본연의 가치가 있고, 자연에 대해서도 나 자신과 소중한 사람들에게 응당 그래야 한다고 생각하는 것처럼 돌봄의 의무를 져야 한다는 사실이 명확해졌다. 자기 자신을 사랑하는 만큼 다른 사람과 자연도 사랑해야 한다는 이 믿음이 켈트 철학의 핵심이었다. 수업을 받을 때마다 이 철학이 나를 파고

들었다. 가시금작화와 헤더, 바닷바람에 물든 눈으로 수년 동안 세상을 바라본 나로서는, 이제 세상을 이보다 더 뿌듯하고 즐겁게 바라보는 방법을 상상할 수 없었다.

물론, 사람을 사랑하듯 나무를 사랑하는 데에 카머나이고개를 넘어야 할 정도의 신념이 필요하지는 않았다. 어차피 나무는 내 가장 오랜 친구에 속했으니까. 나는 많은 이들이 어느 정도는 이러하리라고 생각한다. 나무처럼 거대하고 마법 같은 존재를 사랑하는 건 어려운 일이 아니다. 북미 서부에 있는 오래된 미국삼나무 숲에 어린이를 데려갔을 때 그 어린이가 보이는 반응이 사랑이 아니라고 할 수 있을까. 정말 어려운 일은 내가 토탄 습지에서 처음 알아차린 사실, 즉 인간이 자연계에 극단적인 영향을 주는 행동을 할 수 있다는 것, 그렇기에 우리를 둘러싼 모든 것을 돌볼 책임이 우리 개개인에게 있다는 사실을 이해하는 것이다.

켈트족은 이 책임을 자기 문화에 심어두었다. 처음 약초 산책에 나섰을 때 넬리 할머니에게 배운 바로는, 자연의 결실을 거둬들일 때 지켜야 할 가장 기본적인 규칙이 "항상 7대손까지 먹을 만큼 충분히 남겨두는 것"이라 했다. 나는 켈트족과 여타 고대 민족들이 이 경고를 깨우친 건 그리스에 닥친 재앙 때문이라고 믿는다(이것은 내가 나중에 코크대학교 의학도서관의 책 더미를 파헤치면서 얻은 결론이다). 예수가 살던 당시에 셀러리, 파슬리, 당근과 같은 산형과Umbelliferae에 속하는 식물이 하나 있었다. 지중해의 아주 한정된 지역에서만 자랐던 큰회향giant fennel이라는 이 특이한 식물은 주로 액상으로 달여

나무를 대신해 말하기

마시는 피임약으로 썼다. 과하게 채취한 탓에 이 식물이 멸종하
자 인구가 폭발적으로 늘어나 농업 생산에 엄청난 압박이 가해졌고
식량뿐 아니라 다른 여러 자원도 부족해졌다. 그런 일을 겪은 당대
인들은 비슷한 사태가 다시는 벌어지지 않도록 입에서 입으로 경고
를 전해야 했다. '7대손까지'라는 지침에는 바로 이런 경고가 담겨
있다. 다음 세대가 계속 나타날 것이고, 자연계에서 얻는 결실은 그
들에게도 필요하다는 사실을 상기시킨다. 이는 현대 사회의 특징이
자 추진력인 탐욕과 불필요한 재화 축적에 대한 경고인 것이다.

———

그 세 번째 여름이 끝나던 때, 넬리 할머니가 케일킬의 성당 근
처에 있는 크리던 간호사의 진료실로 나를 데려갔다. 도착해보니
계곡에서 후견 과정을 거치는 동안 공부를 도와준 모든 분이 그 자
리를 가득 메우고 있었다. 나의 졸업식이었다. 나는 진료실 한가운
데로 이끌려갔다. 주위를 둘러싼 그 다정한 어른들의 얼굴을 보고
있자니 사랑에 둘둘 감겨 생전 처음 느끼는 온기에 폭 파묻히는 기
분이 들었다. 무슨 일이든 해낼 수 있을 것만 같았다. 내게는 그런
믿음이 필요했다.

후견 과정을 마무리하며 나의 미래를 봐주려고 메리 크로닌이
그 자리에 와 있었다. 메리는 가족 대대로 예지력을 물려받은 그 지
역의 예언자였다. 나는 늘 메리에게 내 미래를 보이기가 두려웠다.
내가 이미 겪은 일들을 생각하면 메리가 보는 나의 앞날이 사나울

것 같아 겁이 났다. 그 몇 달 전에는 비디 이모가 잠자던 중에 세상을 떠났다. 나는 더 이상 누가 죽는다는 말을 듣고 싶지 않았다. 그래도, 나의 선생님들에 둘러싸여 있는 이곳에서는 예언을 들을 용기가 났다.

메리는 많은 이야기를 해주었다. 마치 사자처럼 나를 지켜줄 남자와 결혼할 거라고 했는데, 나는 그 사람이 바로 내 남편 크리스천이라고 자신 있게 말할 수 있다. 내가 살 집은 크리스천과 내가 거의 반세기 동안 살고 있는 캐나다 온타리오의 우리 집처럼 "호수와 늘 푸른나무가 있는 땅"에 있을 거라 했다. 앞으로 "성공의 사다리를 올라갈" 텐데 그 사실을 정상에 올랐을 때 알게 될 거라 했고, 중년기에 글을 쓸 거라고 했는데 실제로 그리되었다. 굉장히 멋지고 설명하기 어려운 경험을 많이 할 것이고, 그중 일부는 캐나다 선주민 First Nations과 관련이 있다면서 내가 "검독수리Golden Eagle*의 보호를 받는 여성"이라고 했다. 메리가 그려준 나의 미래는 대부분 실현되었는데, 아주 간소한 삶을 살아온 나로서는 "성공을 거둘" 거라던 대목에서는 여전히 거북한 기분이 든다.

여기까지는 메리가 오로지 자신이 지닌 예지력으로 내다보고 얻은 예언이었다. 그런데 끝날 때가 다 되어간다는 느낌이 들 즈음 메리가 진료실 전체를 향해 팔을 뻗었다. 메리가 해야 할 마지막 예언은 모두로부터, 계곡 전체와 켈트의 전통으로부터 나오는 것임을

---

*   캐나다 선주민 문화권에서 종교적 상징으로 신성시되는 새.

나무를 대신해 말하기

표현하는 행동이라는 걸 알 수 있었다.

"다이애나, 너는 신성한 믿음을 물려받았다." 메리가 감정에 북받쳐 떨리는 목소리로 말했다. "우리는 나이 들었고 영원히 살 수 없단다. 우리가 떠나고 나면 네가 고대 아일랜드의 마지막 목소리가 될 게다. 네 뒤에는 더 이상 아무도 없을 것이야."

메리는 내가 져야 할 책임의 무게는 염려할 필요가 없다고 장담했다. 나는 먼스터 왕가의 후손이고 브레혼 판사 대니얼 오도너휴가 내 할아버지였다. 우리 가족이 지켜온 켈트의 지식을 간직하고 보호할 능력이 이미 내 안에 있고, 마찬가지로 그 지식이 나를 보호해줄 거라 했다. 하지만 내가 해야 할 일이 하나 있었다.

"이 정보를 신세계로 가져가야 한다, 다이애나." 메리가 말했다. "아일랜드의 젊은이들은 자기가 바라는 것을 쫓느라 듣지도 보지도 못하는구나. 온 세상 사람이 고대의 지식을 갈구하고, 자기와 세상을 구할 유일한 방법이 거기 있다는 걸 깨닫는 날이 올 거야. 그들이 받아들일 수 있을 때까지 기다려야 한다. 그게 언제인지는 네가 알 게다."

고대 지식의 과학

나는 감질나면서도 막연한 예언에 그쳤던 메리 크로닌의 말을 마음속 깊이 묻어두었다. 후견 과정이 마무리되던 그 마지막 여름의 끝 무렵에 겨우 열여섯 살밖에 안 되었던 나는 인생의 진정한 목적을 쫓아 아일랜드를 떠날 자유는커녕 코크의 판사와 변호사들로부터도 자유를 얻지 못한 상태였다.

그래도 이제 나는 리쉰스의 오래된 지식에 둘러싸여 보호받는 존재였다. 고아가 되었을 때의 나와는 다른 사람이 되었다. 하지만 삶의 다른 부분까지 전부 나아지는 와중에도 여전히 너무나 외로웠다. 그해 여름이 끝날 무렵 계곡에서 느낀 온기와 소속감으로부터 떨어져나와 거의 언제나 혼자인 삶으로 돌아가는 것은 끔찍한 일이었다. 그래도 이제는 왜 이 모든 일이 내게 일어나야만 했을까? 하는 질문에 대한 답을 얻었다. 메리 크로닌과 리쉰스의 여성들이 내게 그럴만한 이유가 있었다고 알려주었다. 그토록 중요한 임무를 맡았으니 어떤 어려움이 뒤따라도 이겨내야 한다는 사실을 깨달았

나무를 대신해 말하기

다. 그래서 반 친구들에게서 느끼는 외로움과 소외감을 당연한 일 또는 내가 받은 그 엄청난 선물에 딸린 짐이라고 생각하기로 했다. 그렇게 받아들이고 나니 진정한 나 자신을 드러낼 수 있어 마음이 정말로 편해졌다. 다른 사람이 내게 느끼는 감정은 내가 어찌할 수 없는 것인데 왜 사람들이 불편해할까 봐 두려워하며 나의 지능이나 그 밖에 다른 면모를 숨겨야 할까? 내게는 수학이 시였고, 책이 음식, 과학이 공기였다. 그 사실을 누가 안다 해도 이제는 문제 될 게 없었다.

나는 교장 선생님이 모시고 온 교수로부터 내가 원하는 대로 아주 빠른 속도로 수학을 배워나갔고, 성알로이시오에 다니던 중에 대학 수준의 과정으로 넘어갔다. 그 수업은 일종의 공공연한 비밀이었다. 반 친구들이나 선생님 중 누구도 내게 그 일을 언급하지 않았고, 내가 모든 과목에서 최고 점수를 기록한다는 사실도 없는 일인 양 취급되었다. 팻 삼촌은 내 성적표가 수도, 난방, 전기 요금 고지서와 함께 결국 그대로 휴지통에 들어갈 때까지 열어보지 않은 채 탁자에 내버려두었다.

적어도 내게 직접적으로 언급한 이는 없었지만, 학업 면에서 나의 명성이 점점 높아져 결국 팻 삼촌의 서재 바깥에서도 사회적 교류를 하게 되었다. 비록 그 시작은 거래 비슷한 식이었지만 말이다. 어려운 과목에 도움을 받으려는 아이들이 내가 조용히 틀어박혀 책 읽기 좋아하던 학교 비품 보관실로 찾아오기 시작했다. 나는 영어와 게일어 작문을 도와주고 수학이나 과학의 개념을 설명해주었다.

두툼한 코트와 모자, 스카프 뒤에 숨은 개인 교사였다. "다이애나한테 가봐. 비품 보관실에 있어. 걔가 도와줄 거야."

팻 삼촌은 내 점수에는 관심이 없었지만 실제로 내가 배우는 내용에 관해서는 무척이나 흥미를 보였다. 나는 삼촌의 서재에 있는 보물 더미에서 우리가 발굴한 사상과 이미지에, 바깥세상에서 찾아낸 새로운 지식을 더했다. 내 마음을 사로잡은 무언가가 삼촌에게도 비슷한 작용을 하는 것을 보는 게 무척이나 즐거웠고, 우리 관계의 기반이 되어준 이러한 교류를 통해 유대감이 더 깊어지는 것도 기뻤다. 나는 옷 만드는 일과 지역 무용 대회 등의 홍보물을 구상하고 제작하는 일로 돈도 벌기 시작했다. 그렇게 생긴 부수입을 더 질 좋은 식품을 구입하는 데 썼지만 팻 삼촌은 별로 눈치채지 못하는 듯했다. 적어도 새로운 사상을 접할 때와 같은 관심은 얻지 못했다.

그렇게 학교에 다니고 벨그레이브가의 살림을 도맡아 하며 지냈다. 자주 팻 삼촌과 저녁을 먹고 책을 읽으며 시간을 보냈고, 그 밖에 남는 시간은 거의 그림 그리는 데에 썼다. 후견 과정이 끝나고 나서 아일랜드를 떠나기 전까지, 나는 대여섯 번 더 리쉰스에서 여름을 보내며 계속 그림을 그렸다. 팻 리쉰스를 돕지 않아도 될 때면 항상 스케치북과 붓, 물통으로 쓰던 잼 병, 헝겊을 챙겨서 오베인강으로 내려가거나 자전거로 밸리리키까지 달려가 풀밭에 앉아 종일 그림을 그렸다. 넬리 할머니의 집 안이 온통 내 그림으로 가득했다. 열다섯 살인가 열여섯 살에 몇 점을 대회에 출품해 런던 슬레이드 미술학교 장학생으로 선발되었지만, 예술가가 되면 굶을 것 같아서 가지 않았다. 하지만 코크예술학교의 수업은 계속 들었다. 매일 성알로이시오학교의 마지막 종소리가 울리면 코크예술학교로 가서 타이겐 선생님의 지도를 받으며 통금 시간에 맞춰 집으로 달려가기 직전까지 작업을 했다.

그림을 그리면서 나는 세상을, 특히 자연을 바라보는 법을 배웠다. 나를 둘러싼 아름다움에 푹 잠기는 법, 가장 세밀한 부분을 잡아내는 법을 배웠다. 여러 가지 잎을 종이에 그려넣으며 각각의 구조가 어떻게 다른지 많이 배울 수 있었다. 나무 전체와 풀, 그 밖에 나의 눈길이 닿는 모든 것, 이를테면 넬리 할머니의 식탁 위 그릇에 담긴 사과 줄기처럼 단순한 물체에 대해서도 마찬가지였다. 또한 예술 작업은 나의 창조성을 자극했고, 팻 삼촌은 그것을 격려했다. 팻 삼촌은 먹는 데에 관심이 없었기에 어린아이에게 밥을 먹어야 한다는 사실은 몰랐을망정, 내가 나름의 판단을 내리고 내 사고를 제한하려 드는 타인의 간섭에 저항하는 지적이고 독립적인 인간으로 자라도록 도와주었다. 알베르트 아인슈타인이 과학자가 가질 수 있는 가장 위대한 재능은 상상력이라고 말한 적이 있는데 정말 옳은 말이다. 타인의 요구와 기대는 떨쳐버릴 수 있지만, 창의력의 한계를 벗어나기는 어려운 법이다. 먼저 그 존재를 상상하지 않고서는 새로운 지적 영역에 뛰어들 수 없다. 나는 예술을 통해서, 또 팻 삼촌의 집에서 지내면서 꿈을 꾸고 한계를 뛰어넘는 방법을 익혔다.

성알로이시오를 졸업할 무렵에는 내게도 친한 친구가 두어 명 생기긴 했지만, 친구들의 삶에 남자아이들이 끼어들면서 생겨난 무도회나 파티에는 여전히 초대받지 못하는 처지였다. 내 이름과 집안의 경제적 사정 때문에 나는 계속 고립되었다. 성알로이시오의 많은 아이들과 달리 팻 삼촌과 내게는 이를테면 크로스헤이븐 해변의 별장 같은 게 없었다. 나의 지적 능력 역시 나를 호기심의 대상으로 만드는 동시에 더 동떨어진 존재가 되게 했다.

그래도 고등학교를 마치고 어른으로서 삶의 현실과 마주했을 때는 나의 지능이 내게 선사해준 가능성에 대한 감각과 그로 인해 펼쳐진 진짜 가능성을 보고 더 많은 사람이 내게 다가오기 시작했다. 특히 그 무렵 나를 초대해준 모임에 있던 여섯 명의 여성들이 생각난다. 그들은 나와 친한 친구 사이는 아니었지만, 화요일 저녁마다 나를 불러 다과를 대접했다. 그중에 대학에 가는 이는 아무도 없었다. 아직 스무 살도 안 된 그들은 대학이 아니라 노동의 세계로 들어설 예정이었다.

나는 코크대학교에 진학하게 되었고, 그 때문에 그들은 나를 대단하게 여겼다. 하지만 그들이 나를 좋아했던 것은 내가 그런 학업적 전망에 우쭐하지 않아서이기도 했다. 나는 공부를 계속한다고 해서 내가 그들보다 더 나은 사람이 될 거라고 생각하지 않았고, 그들은 으스대지 않는 내 태도를 반겼다. 내게 처음으로 또래 집단에 속해 있다는 느낌과 사회적 교류를 경험하게 해준 모임이었는데, 그들이 나를 그저 참아주는 게 아니라 정말로 내가 모임에 함께하기를 바랐다는 사실에서 결과야 어찌 되었든 간에 나의 진정한 자아를 내보이겠다는 선택이 옳았다는 걸 확인할 수 있었다. 그 후 몇 년 사이에 그들은 모두 결혼해서 아이를 낳았다. 나는 가능한 한 계속 그 모임에 참석했지만 따로 나만의 계획이 있었는데, 그들이 나에게서 가장 높이 산 것이 바로 그 부분이었다. 나의 목표는 대학 생화학과의 학과장이 되는 것이었다.

나는 아주 일찌감치, 아마도 열세 살 무렵에 나만의 확고한 원칙을 정했다. 한시도 허비하지 말 것. 시간은 우리가 가진 그 무엇보다 소중하다. 태어나서 죽기까지 길지 않은 삶 속에서 이루고자 하는 모든 일을 해내야 한다. 우리에게 허락된 시간은 한정되어 있으며, 그 끝이 얼마나 갑자기 닥칠 수 있는지를 나는 부모님의 죽음을 통해 가장 고통스러운 방식으로 목도했다. 그래서 대학에서 무슨 공부를 할지 정할 때가 되자 지식을 향한 나의 갈증을 가능한 한 완벽히 채우기로 결심했다.

나는 의학생화학과 식물학을 복수 전공으로 택해 두 분야의 학사 학위 과정을 동시에 밟았다. 1학년이 되어서도 여전히 유산을 한 푼도 받지 못한 채 법원을 통해 기본적인 생활비를 충당해야 하는 처지였다. 그래서 식물학 연구실을 정돈하고 학교의 식물학 관련 소장품을 관리하는 '시범조수demonstratorship'라는 조교 자리를 얻었다. 지금은 사진으로 대체하지만 당시에는 여전히 식물 세밀화 그리기가 교육 과정의 일부였기 때문에 또래 식물학과 학생들에게 그림을 지도하는 일을 맡아서, 배우고 가르치는 일을 동시에 했다. 수업이 시작되면 나는 머리로 들어가는 주입구를 전부 활짝 열어놓기라도 한 듯이 쏟아져 들어오는 지식에 흠뻑 빠져드는 즐거움을 만

끽했다.

놀라운 경험들이 나를 기다리고 있었다. 내가 두 번째로 들어간 식물학과 연구실은 흔히 아이리시모스Irish Moss로 불리는 콘드루스 크리스푸스*Chondrus crispus*라는 해초를 연구하는 곳이었다. 연구실에서 그 해초와 맞닥뜨리니 생각지 못한 낯선 장소에서 소중한 옛 친구와 마주치는 듯한 기분이 들었다. 리원스에서 넬리 이모할머니가 내게 알려준 식물이었다. 조간대mid-tidal zone에서 자라는 그 해초는 멀리서 보면 이중 삼중으로 꽃을 피우는 모란처럼 생겼고 적갈색이나 선홍색을 띠며 놀랄 만큼 밝게 빛난다. 그리고 바위에 몸체를 고정하는 흡착부로부터 줄기를 뻗는다. 넬리 이모할머니에게 듣기로, 100년도 더 전에 대기근이 닥쳐 영양부족으로 결핵에 걸리는 사람이 많았을 때 콘드루스 크리스푸스로 그 병을 치료했다고 한다. 흡착부를 잡아 꺾어서 바위에서 떼어낸 다음 집에 가져가 통째로 끓이면 강력한 치유력을 지닌 젤 같은 점액이 나오는데 그게 결핵 치료에 효과적이고 장에도 좋다고 했다.

해부해 보니 정말로 그 식물 구조 속에 점액질의 당이 있었다. 나는 연구실을 나서자마자 의학도서관으로 달려가 서가를 뒤졌다. 책과 식물학 분야 학회지 선집에 둘러싸인 채, 나는 콘드루스 크리스푸스에서 추출한 점액에 강력한 항생 성분이 있을 뿐 아니라 체내에서 방사성 스트론튬strontium을 제거하는 기능도 있다는 사실을 발견했다.

이렇게 넬리 할머니의 가르침을 확인한 순간 내가 느낀 기분을 말로 다 할 수 없다. 나는 리쉰스의 선생님들을 사랑했지만, 그곳에서 배운 것들이 그저 낡은 미신에 불과하다는 생각을 완전히 떨치지 못하고 있었다. 내가 직접 확인해야 했다. 그분들이 내게 중요하다고 강조했던 식물들에 대단한 효능이랄 게 하나도 없고 고대의 지식이란 수증기로 이루어진 아름다운 구름보다 나을 게 하나도 없다고 밝혀질 가능성이 언제라도 있었다. 넬리 할머니가 그 식물 안에 있다고 했던 점액을 내 손으로 직접 추출한 후에 의학도서관에 있는 책에서 콘드루스 크리스푸스에 정말로 할머니가 말한 약효를 낼 수 있는 성분이 들어 있다는 사실을 발견한 일은 후견 과정에서 내가 들은 수업들이 실재에 바탕을 둔 것임을 처음으로 이론의 여지 없이 보여주는 증거였다. 자연의 진실을 직접 마주한 데서 오는 안도감과 성취감, 행복이 느껴졌다. 그 밖에 또 다른 감정들도 밀려왔다.

리쉰스에서 내가 물려받은 지식은 브레혼법 자체를 제외하면 구두 형태로 전해졌을 뿐 다른 형태로는 존재하지 않았다. 하지만 의학도서관에서 나는 완전히 다른 방식으로, 즉 책에 기록된 형태로 옛 지식과 정확히 똑같은 지식이 존재한다는 사실을 알아냈다. 그 순간 내가 고대 세계와 과학계라는 이 두 세계 사이의 다리 역할을 할 수 있다는 것을 깨달았다. 그 자각이 엄청난 의욕을 불러일으켰다. 리쉰스에서 내가 배운 모든 것의 타당성을 시험해 당장 그 진위를 판별하고 싶어졌다.

부푼 마음과는 달리, 그 모든 것을 콘드루스 크리스푸스의 경우처럼 금세 확인할 수는 없었다. 내가 받은 켈트 교육은 한순간에 나타난 지식이 아니라 수천 년에 걸쳐 꾸준한 관찰과 실험을 통해 드러난 진실이었다. 배운 내용의 일부를 검증하더라도 전체적인 그림은 수년이 지나서야 파악할 수 있는 경우가 더러 있어, 조사를 시작하고 결과를 확인하기까지 상당한 시간이 흐르기도 했다. 대학 공부를 시작한 첫해에는 그 사실을 다 파악하지 못했지만, 그렇다고 열의가 꺾이지는 않았다. 어찌 되었든 아주 작은 지식의 파편에도 전체 그림에 맞먹는 가치가 담겨 있다는 사실을 리쉰스에서 배웠으니까. 나는 즉시 온 마음을 다해 그 판별 과정에 뛰어들었다.

나는 언제나 식물 그 자체를 살피는 데서부터 시작했다. 우선 예술가의 눈으로 들여다보며 그 식물의 진실을 드러내는 핵심적이고 독특한 특징을 파악해 세밀화를 그렸다. 그런 다음 가장 작은 부위에 이르기까지 해부하여 현미경으로 하나하나 살펴보았다. 기본적으로는 나의 오감을 통해 가능한 한 모든 정보를 흡수하고, 그로부터 그 식물이 어떤 구조를 이루는지와 특정한 방식으로 건드렸을 때는 어떻게 반응하는지를 설명해주는 기초적인 지식을 끌어냈다. 그렇게 직접 쌓은 지식으로 무장한 다음 서가로 가서 다른 이들이 연구한 내용에서 내 두 손과 눈, 머리로 수집한 정보에 덧붙일 지식을 탐구했다.

이러한 판별 과정의 이정표 혹은 길잡이별이 되어주는 것 또한 고대의 지식이었다. 계곡의 선생님들이 피가 잘 돌지 않을 때 도움이 되는 식물이라고 했다면, 나는 그것을 심장 질환과 관련이 있다는 뜻으로 이해했다. 그러면 그 식물에 특히 심장에 이롭다고 알려진 화학물질이 있는지 살펴보아야 한다는 걸 알 수 있었다. 선생님들의 이야기는 이런 식으로 시작되곤 했다. 꽃잎이 다섯 갈래로 난 작고 노란 꽃을 두 손가락으로 어루만지며, "자, 다이애나, 여기 보이는 망종화St. John's Wort는 신경과민이나 정신적인 문제에 아주 강력한 약효가 있단다"라고 하는 것이다. 나중에 알고 보니 뇌에서 도파민dopamine*과 세로토닌serotonin**의 효과를 높이는 하이퍼포린hyperforin 같은 식물 화학물질이 망종화에 들어 있었다. 이 식물은 처방에 많이 쓰이는 항우울제만큼, 때로는 그보다 더 효과적이다.

나는 두 가지 학사 과정을 이수함으로써 리쉰스의 지식을 시험하기에 알맞도록 이상적으로 조합된 학문 분야로 무장했다. 고대의 지식과 대학 공부를 결합해 일찌감치 의학계와 식물학계 사이의 연결고리를 발견할 수 있었다. 곧 도서관에는 내 전용 자리가 생겼다. 'D. 베리스퍼드 예약석'이라는 작은 명패라도 붙어 있는 듯 모두들 대학 광장이 내다보이는 창가에 있는 그 자리를 날 위해 비워두었다. 연구 도중에 고개를 들면 창 너머로 수다를 떨며 광장을 거니는 학생 무리를 볼 수 있었다. 그 모습을 볼 때마다 타인을 향한 알 수 없는 사랑이, 그들이 행복하기를 바라는 마음이 내 안에서 뿜어져

---

*   뇌에서 작용하는 신경전달물질로, 감각적 자극을 늘려 쾌락과 의욕을 높이는 것으로 알려져 있다.

**   주로 위장관에서 작용하는 신경전달물질로, 흥분과 자극을 가라앉혀 차분하고 개운한 상태로 이끄는 것으로 알려져 있다.

고대 지식의 과학   115

나와 내 뺨에 또렷이 자리 잡는 듯했다. 지금까지도 나의 삶과 일을 북돋우는 가장 큰 요소는 인류를 향한 차별 없는 그 사랑이다.

리쉰스 사람들은 이런 식으로 표현하지 않았지만, 나는 고전 식물학과 인간의 생화학 사이에, 자연계와 우리의 건강 사이에 연결고리가 있다는 것을 알았다. 콘드루스 크리스푸스의 약학적 성질에서 그런 연결고리를 인지한 뒤로 도서관에 있는 내 자리에 앉아서 다른 식물들의 생화학을 살펴보기 시작했다. 또한 생약학 pharmacognosy, 즉 식물과 여타 천연자원으로부터 얻는 약물에 관한 연구와, 이보다는 확실히 더 친숙한 약학pharmacy, 즉 약의 제조와 조제에 관한 과학에도 관심을 기울였다.

내가 관찰하고 해부한 식물의 생화학을 들여다보면 알칼로이드 alkaloid,* 지방, 당, 지질** 같은 성분을 찾아볼 수 있었다. 인간 생화학에 대한 이해가 깊어짐에 따라 식물에 숨은 이런 비밀이 인체에 미칠 수 있는 영향을 파악하기 시작했다. 인체에는 스물두 가지 필수아미노산이 필요하다. 단백질을 생성하는 성분이므로 섭취해야 하고, 그러지 못하면 문제가 생긴다. 마찬가지로 필수지방산이라 불리는 세 가지 필수적인 지질이 있는데, 신경계에 작용하는 이런

* 식물체 안에 존재하는 질소를 함유한 유기화합물을 가리킨다. 대체로 염기성이다.
** 동식물 안에 존재하는 유기화합물로, 세포를 구성하는 중요한 물질이다. 물에 잘 녹지 않으며 지방, 콜레스테롤 등이 이에 속한다.

물질이 없어도 문제가 발생한다. 그리고 여러 가지 중합체* 형태를 띨 수 있는 당 성분 전체와 소듐sodium, 셀레늄selenium, 포타슘potassium 같은 미량원소는 인체가 적절히 기능하는 데 중요한 역할을 한다. 식물계는 우리 몸에 필요한 이 모든 성분을 제공하며, 이러한 관계를 처음 알았을 때부터 55년 가까이 지난 지금까지도 나는 여전히 그 매력에 빠져 있다.

나는 학부생 시절 서투르게 고안한 조사 방법을 나의 과학 연구 경력 전반에 걸쳐 활용했다. 그 조사 방법의 기반과 동력이 되는 지식의 원천인 고대 켈트족의 가르침과 고전식물학, 의학생화학은 아주 근본적인 방식으로 내 사고를 형성했다. 식물을 탐구할 때 내 머릿속은 동시에 두 가지 방향으로 움직인다. 식물에 대해 이해한 내용을 인체에 적용하는 한편, 인체에 대해 이해한 내용을 식물에 적용한다. 그 두 가지가 만나는 한 지점 또는 여러 지점을 알아내지 못한 적은 한 번도 없다. 모든 식물이 인간이라는 존재와 우리의 건강에 긴밀히 연결되어 있다. 리쉰스 사람들은 이 사실을 알고 있었고, 그 밖에도 대단히 다양한 지식을 갖고 있었다. 처음 식물을 조사한 때로부터 지금에 이르기까지 나는 후견 과정 기간에 배운 거의 모든 것을 과학적으로 증명할 수 있었다. 유일하게 이해할 수 없었던 것은 인간의 마음과 마음 사이에 존재한다던 보이지 않는 연결고리, 즉 텔레파시였다. 그에 관해서는 아직도 연구하는 중이다.

*   동일한 화학구조가 반복되는 형태의 고분자 화합물.

학사 학위는 3년 과정으로, 9월부터 6월 중순까지의 한 학기가 끝나고 나면 6주간 쉬었다. 그 방학 동안에 나는 학교를 떠나 리쉰스에서 지냈지만, 8월에 학교로 돌아가서 치를 시험에 대비하기 위해 책을 챙겨 가야 했다. 그 전까지 농가에는 전기가 없었는데 내가 책 읽을 때 옆에 놓아둘 불빛이 필요하다는 걸 알고 팻 아저씨와 넬리 할머니가 파라핀 램프를 사다 주었다. 나는 그 특별한 불빛 아래서 물리학을 공부하곤 했다.

후견 과정이 끝나고 몇 년 후에 나는 아일랜드를 떠났는데, 그 사이에도 매해 여름이면 나의 켈트족 선생님들을 만나러 다녔다. 나를 보살펴주고 내게 관심을 기울여준 그분들을 향한 사랑이 깊어져 차를 마시거나 집안일을 이것저것 도와드리거나 그냥 수다를 떨러 들르곤 했다. 나를 가르칠 때도 이미 나이가 많이 드셨던 터라 그즈음에는 돌아가시는 분들이 생기기 시작했다. 한 분 한 분 떠날 때마다 마음이 너무 아팠는데, 이제와 생각해보면 내가 후견 과정을 치렀다는 사실 자체가 경이롭게 느껴진다. 그 과정이 절실했던 그때는 내가 그분들의 가르침을 겨우 이해할 수 있을 만큼, 딱 그만큼만 자랐을 때였다. 계곡의, 아일랜드의, 세계의 더 큰 역동에 고대의 지식이 평가절하당하고, 그것을 배울 만큼 관심을 가진 사람이 나 외에는 아무도 남지 않은 때였다. 아직 그것을 알려줄 누군가가 살아 있던 마지막 몇 년, 그 최후의 순간이었다. 이 글을 읽는 당신은 운명을 믿지 않을지 모르지만, 내가 왜 리쉰스의 고대 지식을 지키고 공유하는 것이 내가 실행해야 할 의무라고 여기는지는 분명히 이해할 수 있을 것이다.

———

학부 과정 마지막 해가 시작되자마자 식물학 교수인 올리버 로버츠 박사가 심장마비를 겪었다. 다행히 살아나긴 했지만, 의사로부터 기운을 되찾을 때까지 몸조심해야 한다는 말을 들었다. 연락이 와서 찾아갔더니 병상에 누운 로버츠 교수가 내게 말했다. "다이애나, 학부 강의를 네가 마무리해줬으면 좋겠구나." 그 강의는 겨우 2회 차까지 진행된 상태였다.

식물학과 3학년인 나더러 수강 중인 식물학과 3학년 과정을 강의하라는 말이었다. 나는 곧바로 알았다고 했다. 로버츠 교수는 자기가 써준 강의안을 가지고 수업하라고 했을 뿐이지만, 식물학을 가르치려면 식물계 전체를 이해해야 한다는 생각이 들었다. 로버츠가 준 기회를 통해 나는 그 어느 때보다 폭넓게 식물을 바라보도록 자신을 채근함으로써 놀라운 선물을 얻었다. 나는 전 세계를 하나의 단위로 바라보고 지구의 정원이 온전히 하나이며 살아 있는 생물은 모두 서로 연결되어 있다는 점을 이해할 만큼 성장했고, 이에 더해 기후변화가 가져올 파멸적인 결과를 읽어내기에 이르렀다.

나는 강사라는 이 새로운 역할을 팻 삼촌과 함께하던 연구를 더 큰 층위에서 수행하는 것으로 받아들였다. 광합성을 시작한 수생 단세포 클로렐라chlorella에서부터 조류藻類, 다세포 조류, 곰팡이, 이끼,

양치식물,* 늘푸른나무를 거쳐 마침내 속씨식물(우리 인간만큼이나 생물학적으로 복잡한, 꽃 피우는 풀과 나무)에 이르는 식물의 진화 과정을 따라가며, 이 주요한 단계들과 기본적인 범주 사이에서 떠오른 의문이 나를 사로잡았다. 생물체는 양치식물에서 늘푸른나무로 단번에 도약할 수 없다. 그 사이에 드러나지 않은 무언가가 있어야 했다. 나는 나를 포함한 학생들이 시간을 거슬러 올라가 양치식물과 늘푸른나무 사이의 연결고리가 되는 생물을 추측해낼 필요가 있다고 판단해 강의에 그 내용을 추가했다. 지금도 기후변화에 대해 고민할 때면 나는 제일 먼저 나무고사리인 딕소니아 안타르크티카 _Dicksonia antarctica_와 기이한 중간종 웰위치아과_Welwitschia_ family, 남태평양의 작은 섬에서 발견되는 소철과_Cycadaceae_ 같은 생물종을 유심히 들여다보아야 한다는 생각이 든다.

양치식물에서 늘푸른나무로 넘어가던 당시에는 지구 대기 중 이산화탄소 농도가 인간이 생존하기에 지나치게 높았다. 다행스럽게도 그때까지는 인간이 없었다. 만약 있었다면 질식하고 말았을 것이다. 이후 3억 년 동안 양치식물이, 그다음에는 소철이, 그다음에는 오래전 멸종한 고대 늘푸른나무종이, 그다음에는 겉씨식물이, 마지막에는 꽃을 피우는 나무들이 대기에 산소를 공급했다. 초록색 분자기계|molecular machine는 계속 진화하면서 이전보다 더욱 강력한 성능으로 줄기, 몸통, 잎, 꽃을 통해 탄소를 숨 쉴 수 있는 공기로

---

* 관다발 조직을 가진 식물 중 꽃 피우지 않고 홀씨로 번식하는 식물.

바꾸어나갔다. 나무는 인간과 지구상의 거의 모든 동물이 살아가는 데 필요한 조건을 그저 유지하기만 하는 게 아니라 숲 공동체를 통해 그러한 조건을 만들어냈다. 인류가 출현할 수 있도록 길을 닦은 것이다. 우리는 나무에 갚기 어려울 만큼 큰 빚을 졌다.

그러한 과정이 내게는 너무도 중요하게 느껴져서, 로버츠의 강의를 재구성하면서 그 내용을 강의안에 추가했다. 그로써 나는 인간의 행동이 환경에, 지구와 우리 자신의 건강에 끼치는 잠재적 영향력을 이해하는 첫걸음을 내디뎠다. 어린이도 이해할 만큼 간명한 진실이 거기 있었다. 나무는 우리가 숨 쉬는 공기, 즉 생명의 가장 기본적인 조건을 책임지고 있었다. 지구상의 나무가 숨 막힐 정도로, 정말이지 말 그대로 숨이 막히도록 빠르게 베어져 나가고 있었다. 나무를 망가뜨리면서 우리는 우리 자신의 생명 유지 체계를 망가뜨리고 있었다. 나무를 베어내는 것은 자살 행위나 다름없었다.

———

그해 말에 이르러 로버츠는 우리가 학사 과정에서 배운 모든 것을 망라하는 졸업 시험을 채점할 수 있을 만큼 건강을 회복했다. 나는 자리에 앉아 학부생으로서 무엇을 배웠는지와 함께, 코크대학교에서 보낸 시간이 그 밖에 또 어떤 부분에서 나를 변화시켰는지 돌아보았다.

1학년 때는 존 J. 맥헨리 교수에게 물리학을 배웠는데, 그는 엑스레이를 발견해 최초의 노벨물리학상을 수상한 빌헬름 뢴트겐의

제자였다. 강의가 끝난 뒤에도 남아서 질문을 던지곤 하다 보니 나와 맥헨리 교수는 서로 친구가 되었다. 그 수업을 듣는 학생이 모두 150명 정도였는데, 내가 맥헨리와 대화를 마치고 나면 그중 몇몇이 다가와 수업 내용을 이해했는지 물어보는 일이 꽤 있었다. 내가 그렇다고 하면 그들은 내가 이해한 내용을 설명해달라고 요청했다. 나는 지식에 있어서는 거의 기사도에 준하는 암묵적인 정신이 있다고 믿는다. 배웠으면 나눠야 한다. 나는 곧 물리학뿐 아니라 거의 모든 수업에서 강의 후 비공식 보충 수업 비슷한 것을 하게 되었다. 대학에서도 나는 '머리 좋은 애'로 통했다.

그래도 고등학교 비품 보관실에서 개인 교습을 하던 시절과는 달랐다. 마침내 내가 지닌 가치와 세상에 기여할 방법을 이해한 나는 열정적으로 껍데기를 깨고 밖으로 나왔다. 테니스, 수상스키, 카모기를 위주로 열심히 운동에 참여했고, 역도와 럭비를 하는 덩치 큰 친구도 몇 명 사귀었다. 대학 연극 무대에도 올랐다. 이제는 이름 때문에 사람들에게 외면당하는 게 아니라 도리어 무도회에 초청받기에 이르렀다. 보그 패턴으로 직접 지은 드레스를 입고 무도회에 가면 돈 많은 사람으로 비치기도 했다.

물론 실제로 그렇지는 않았지만, 그즈음 처음으로 법원에서 돈이 좀 나왔다. 그 300파운드로 중고 미니*를 한 대 샀다. 그 차는 내

---

* 　영국의 자동차 회사인 브리티시 모터 코퍼레이션에서 1959년 출시된 후 오랫동안 인기를 누렸던 소형 자동차 모델.

게 새로운 차원의 자유를 선사했다. 어느 날 저녁 럭비팀 친구들을 차에 태우고 킨세일*에 갔던 기억이 난다. 차를 세우자 친구들이 와르르 쏟아져 나왔는데, 그 꼴을 본 경찰이 내게 이렇게 말했다. "저 사람들 전부 저 차에 다시 태울 수 있으면 벌금 안 매깁니다." 모두 다시 차 안으로 기어 들어갔고, 우리는 벌금 딱지 없이 다시 출발했다.

아일랜드에서는 시험 기간이 끝난 후 공식 행사에서 최종 성적을 발표한다. 시험에 통과한 학생들의 명단은 성姓을 기준으로 알파벳순으로 발표되는데, 마지막 해의 종강 행사에 조금 늦게 도착해서 자전거에서 내리고 보니 A 자로 시작하는 학생들의 호명이 끝나가는 중이었다. Be에서 Bu를 지나 Cs까지 이어지는 발표에 귀를 기울였다. 내 이름이 들리지 않았다. 속으로 생각했다. 이런 젠장, 나 낙제했나 봐.

D 자로 넘어갈 때, 나는 다시 자전거에 올라 상점이 늘어선 세인트패트릭가로 달려갔다. 충격에 빠져 무작정 질주하다가 숨이 턱까지 차오를 즈음에야 멈춰 섰다. 그런 다음 로체스스토어의 식품 코너에 들어가서 당시 아일랜드에서는 신제품이었던 요구르트를 샀다. 기분을 풀어보려고 계산대에 기대어 제일 좋아하는 군것질거리를 찾고 있는데, 반대편에서 지나가던 동급생 앤 올리리가 나를 부르더니 이렇게 말했다. "축하해, 다이애나!" 나는 그 애의 잔혹

*   아일랜드 코크주의 항구가 있는 어촌 마을.

함에 충격받아 그냥 날 좀 내버려두라고 했다. "나 시험 떨어졌어. 내 이름은 불리지도 않았다고."

앤은 머리 둘 달린 괴물을 보듯 나를 바라보며 말했다. "그야 뭐, 네 이름이 제일 처음 불렸으니까 그런 거지."

매장에서 나와서 요구르트를 자전거 앞 바구니에 넣고 다시 학교로 달려갔다. 앤 말이 맞았다. 나는 최우수 성적으로 대학 생활을 마무리했다. 명단을 발표하기 전에 내 이름을 먼저 불렀는데 놓친 거였다. 어안이 벙벙했다. 앤 말이 맞았네. 이제는 친구도 생기고 인기도 조금 얻었지만, 그렇다고 해서 내 오래된 불안감이 가시지는 않았던 모양이다.

최우수 성적과 함께 내 앞에 여러 가지 가능성이 열렸지만, 가장 유력한 선택지는 다음 두 가지였다. 생화학 학위를 땄다면 당연한 수순인 의학 학위를 마치거나 석사 과정에 들어가는 것이었다. 어느 쪽을 선택할지 고민하는 와중에, 코크대학교 학부 시절이 끝나기 전에 마지막으로 완수하고 싶은 일이 하나 있었다. 식물학과에는 학생들이 배우는 모든 식물의 표본을 폼알데하이드로 보존해놓은 표본집이 있었다. 학생들이 표본을 직접 관찰하고 심지어 어느 정도는 손을 댈 수도 있었기 때문에 꽤 낡은 상태였다. 그 표본집을 다시 만들기로 했다.

학과에서 성적이 우수한 학생들에게 함께하자고 요청했다. 열 명에서 열다섯 명 정도가 모여서 글렌도르라는 해변으로 가 며칠 동안 호텔에 묵으며 표본을 채집했다. 나는 거기에 희귀한 식물이 많다는 걸 알고 있었다. 몇 명씩 조를 짜서 각각 다른 식물을 찾으러 다닌 결과, 표본집을 다시 만드는 데에 필요한 표본이 모두 모였다.

그 여행에서 나는 강과 바다가 만나고 민물이 짠물과 섞이는 지역에서 희귀종을 발견하기 쉽다는 사실을 깨달았다. 홍조식물 Rhodophyta과 같이 아름답게 얽혀 자라는 붉은 해조류가 보이는 그런 곳에는 물고기와 고래도 모여들었다. 생명이 넘쳐나는 장소였다. 나는 한 가지 가설을 세웠다. 희귀 생물이 번성하는 이런 장을 마련하는 데 필수적인 광물질이 민물 물줄기를 타고 육지에서 바다로 흘러오는 것이 틀림없다고 말이다. 이 가설은 50년이 지난 후인 2015년 11월, 내가 출연한 다큐멘터리〈숲의 목소리: 사라진 나무의 지혜Call of the Forest: The Forgotten Wisdom of Trees〉촬영 중에 마쓰나가 가쓰히코 박사에 의해 확증되었다.

나는 마쓰나가와 함께 일본 나고야 인근 이세만 끄트머리에 있는 해변에 앉아서, 그러한 현상이 물속에서 필수 광물질이 킬레이트화chelated*한 결과라는 나의 초기 가설을 그에게 들려주었다. 마쓰나가가 놀란 얼굴로 내 말이 맞다고 했다. 마쓰나가와 그의 연구진은 홋카이도대학교에서 수십 년 동안 실험을 거듭한 끝에 실제로 이 현상이 일어난다는 것을 증명해냈다.

숲 바닥에 떨어진 나뭇잎은 썩어가면서 땅속의 철분과 결합할

---

*   유기물질에 금속 원자가 결합되어 고리 모양의 착화합물을 형성하는 화학 반응.

수 있는 풀브산fulvic acid이라는 부식산humic acid을 방출한다. 이렇게 산화한 철이 숲에서 강으로 흘러들어 철분이 부족한 바다와 만나면 식물성 플랑크톤의 성장이 촉진되어 먹이가 풍성해진다. 마쓰나가가 이 현상을 발견하기 전에 일본에는 이를 결정적으로 암시하는 속담이 있었다. "물고기를 잡고 싶거든 나무를 심어라." 리쉰스에서 내가 얻었던 것과 동일한 단서였다.

반백 년이나 품고 지낸 가설을 확증하는 것은 물론 기쁜 일이다. 그러나 마쓰나가가 연구에 매진한 이유가 그저 속담을 시험하려는 욕구에만 있지 않았다는 사실을 알고 나니 그 만족감이 다소 수그러들었다. 연구진의 바람은 일본 해안의 해양생태계가 크게 망가지는 현상에 관한 수수께끼를 푸는 것이었다. 그들은 섬나라에 그런 재앙이 닥친 것이 개벌 때문이라는 사실을 밝혀냈다. 나무를 너무 많이 베어내는 바람에 숲에 떨어지는 나뭇잎이 줄어들었고, 나뭇잎의 부식을 통해 방출되어 지하수로 스며든 후 바다로 흘러 들어가는 풀브산의 총량 또한 감소했다. 결과적으로 섬 주변 해수 속 철분량도 줄어들었다. 철분이 부족해지자 해양 미생물의 분열과 증식이 멎어 그 미생물을 먹고 사는 바다 생물들이 굶주리게 되었다.

그렇다면, 나무를 베어내는 것은 그저 자살 행위에 그치지 않는다. 살생 행위이기도 한 것이다.

붉나무꽃

어린 시절 우리가 떠올렸던 질문들에는 끝이 없다. 하늘은 왜 파랗지? 삶이란 뭘까? 죽으면 어떻게 되는 걸까? 아기들은 어디서 오지? 왜 나는 너처럼 늦게까지 깨어 있지 못하는 걸까? 쉽게 답할 수 있는 질문이 있는가 하면, 인류가 수천 년이 흐르도록 풀어내지 못한 질문도 있다. 그래도 어린 시절에는 작은 질문과 큰 질문이 별로 다르지 않다. 호기심에 이끌려 이해할 수 있는 한계선까지 쫓아가서는 주위에 있는 누구든 붙잡고 그 너머에 무엇이 있느냐고 물을 수 있다. 어른이 된 후로 나는 줄곧 어린 시절 내가 갖고 있던 것들, 그러니까 가장 작은 질문 안에 도사리고 있는 가장 큰 질문을 알아보는 능력과 그 질문에 답하고자 하는 의지를 지키려고 안간힘 쓰며 살아왔다.

지금에 와서 돌이켜보면, 교육 면에서 나는 정말 운이 좋았다. 고등학교 시절이 특히 그러했고, 팻 삼촌의 어마어마한 장서를 접할 수 있었던 것이나 대학에서 했던 공부도 마찬가지였다. 아일랜드를 떠난 후로 내가 마주한 학문의 세계는 큰 질문을 내려놓고 좁게 나뉘어진 틈새로 지식을 흘려 넣게 할 목적으로 빚어진 듯 보이는 면이 아주 많았다. 종종 회의적인 의견과 장애물에 부딪히기도 했지만 나는 나를 끌어당기는 그 어떤 질문에 대해서든 답을 찾으려고 애썼다. 자라는 동안 팻 삼촌을 비롯한 많은 이들이 그러한 나의 노력을 기꺼워할 뿐 아니라 자랑스러워하고 지지해주었다. 모두가 그런 행운을 누릴 수 있기를 바란다.

복수 전공을 마치고 나서 의학 쪽에서 풀어보고 싶은 질문들도 있었지만 결국 석사 과정으로 들어가 생화학과 식물학 공부를 이어나가기로 했다. 자연계를 가장 넓고 열린 시각으로 바라보고 이해할 수 있는 지름길이 거기 있었다.

식물을 조절하는 호르몬과 모든 식물종의 내상성耐霜性으로 연구 주제를 잡았다. 나는 '생명의 한계는 어디인가'라는, 누구도 답하기는커녕 제대로 물어본 적도 없는 질문에서 출발했다. 식물계의 한계를 알고 싶어서 그 한 가지 단서인 식물 내 호르몬의 조절 작용을 파악하고자 했다. 코크대학교 교정에는 내가 기회가 될 때마다 찾아가던 아름다운 붉나무가 있었다. 가을마다 피처럼 붉은 꽃들이 무리 지어 피기 시작해 겨울까지 이어졌다. 나는 어린아이도 던질 만한 커다란 질문의 답을 알고 싶었다. 붉나무꽃은 왜 피었을까? 더 구체적으로, 나무 안에 뭐가 있길래 그렇게 멋들어진 붉은 꽃무리를 피워낼 수 있는 걸까?

그 당시 팻 삼촌과 나는 저녁 식사를 끝내고 나면 또 하나의 중

　　　　　나무를 대신해 말하기

요한 문제인 지구 온도 상승에 관해 논하곤 했다. 나에게는 너무나 걱정스러운 문제였다. 나의 지식의 아치를 형성하고 있는 것은 의학생화학과 고전식물학이 대부분이었다. 아치의 하부에는 물리학과 화학이 있었다. 나는 그 아치를 통해서 지구 전체를 통으로 조망하게 되었다. 그러면서 자연에서 정형화된 언어를 발견했는데, 굉장히 흥미로웠다. 식물계와 동물계의 DNA 조절 방식이 비슷해 보였다. 인간의 생화학과 식물의 생화학이 연결되어 있으며, 식물계와 동물계 모두를 조절하는 호르몬에서 그 사실을 확인할 수 있다고 생각하니 충격적이었다.

그러고는 정말로 우연히도 의대생에게 개인 교습을 하던 중에 화학에서 실험식empirical formula으로 기술해놓은 광합성 반응을 접했다. 머릿속에 갖고 있던 작은 발상, 나중에 내가 기후변화를 이해하는 데에 엄청나게 중요해진 그 이론에 사로잡힌 나는 넋을 잃고 그 실험식을 바라보았다. 광합성 반응은 일반적인 호흡의 반대 방향으로 진행된다. 이는 식물과 인간이 화학으로, 산소와 이산화탄소로 연결되어 있다는 뜻이다. 산소와 이산화탄소, 이 두 가지 분자가 삶과 죽음을 관장한다. 이는 또한 방정식이다. 식물이, 이를테면 숲이 지구에서 사라진다면 무슨 일이 벌어질까? 그 답은 명확하다. 생명이 끝장날 것이다. 열기, 온실효과, 산소 부족 탓에 죽음을 맞이할 것이다. 나는 서둘러 석사 과정에 돌입했다.

석사 과정생이 되고서 대학 교정의 낮고 평평한 부지에 세워진 기다란 맞배지붕형 온실을 자유롭게 드나들 자격을 얻었다. 나의 연구 주제에 적용할 이론적 매개변수는 지구상의 모든 식물종을 아우를 만큼 방대했다. 하지만 온실에서 찾을 수 있는 물리적 매개변수와 실험 장비에는 한계가 뚜렷했다. 그래서 나는 내가 가진 생육 장치에 적합하다고 알고 있던 식물종을 실험 대상으로 선택했다.

내가 하고 있던 것은 사실상 기후변화 연구였다. 나는 서로 다른 환경적 조건에서 생육한 다양한 종의 크기, 성장 수준, 비율을 측정하면서, 내가 감당할 수 있는 최대치의 범위에서 식물이 환경 변화에 어떻게 반응하는지, 즉 가뭄과 추위가 우리의 생명 유지에 필요한 유기체에 어떤 영향을 미치는지를 조사했다.

이 작업으로 중요한 사실을 많이 발견했다. 어느 식물에나 생사 여부를 가르는 지점, 즉 위조점wilting point이 있는데, 예를 들어 완두는 내가 알기로 섭씨 영하 9도에서는 살 수 있지만 영하 10도에서는 견디지 못할 것이다. 위조점 개념은 알려져 있었지만, 내가 조사해 보니 상당수의 식물종, 특히 곡물의 정확한 위조점은 밝혀지지 않은 상태였다. 나는 가뭄과 서리에 대한 저항성이 높은 종에서는 대략 인간의 안드로겐androgen 호르몬*에 해당하는 식물 성장호르몬인 지베렐린gibberellin이 핵심적인 역할을 한다는 것을 알아냈다. 지베렐린을 함유한 식물은 내한성耐寒性, 耐旱性을 띠며, 교배 과정에서 이 내한성을 더 취약한 종으로 넘겨줄 수 있다는 것, 즉 이종교배를 통해 가뭄과 서리에 대한 저항성을 강화할 수 있다는 사실을 알아냈다. 또

＊   남성호르몬을 비롯해 남성 생식계에 작용하는 물질을 통칭한다.

한 나무의 활엽이나 침엽이 청록색을 띤다는 것은 나무가 극한의 기후에 저항하고 있다는 표시임을 알아냈다. 이 색은 피부와 같이 나뭇잎을 감싸고 있는 표피층에 햇빛이 반사되면서 나타나며, 추위를 좋아하는 종은 표피층이 훨씬 두껍다. 표피층은 나무의 수분 유지에도 도움을 준다. 나는 또한 고대 곡물종들은 중심 줄기의 밑동에 곁눈이라고 알려진 곁가지가 많이 나는 경향이 있음을 알아냈다. 이렇게 곁눈을 내면 강풍에도 곡물이 잘 자랄 수 있는데, 기후변화로 인해 극단적인 기상 체계와 자연재해의 빈도와 강도가 높아짐에 따라 뿌리와 줄기의 이러한 적응력이 갖는 중요성이 더욱더 입증될 것이다. 세포의 색도 더위와 추위에 대한 적응을 드러내는 중요한 요소이다. 만약 하얀 당근이 나온다면 그 당근은 주홍색 당근에 비해 더위와 추위를 견디는 능력이 떨어질 수 있다.

이러한 갖가지 특성은 석사 과정의 시작부터 스물한 살이 되던 1965년에 연구를 마무리하기까지 그 몇 년 사이에 나에게도 미래지구의 건강에도 더욱 중요해졌다. 몇 년 전에 나는 유전물질 은행에 보존할 나무를 선별하러 북미 서부 해안의 숲에 갔었다. 최적의 후보를 선정하는 여러 가지 요소 중에서 내가 우선시했던 특성 중 하나가 청록색 잎이었는데, 세쿼이아가 이 조건에 부합했다. 어마어마하게 크고 불에 잘 타지 않는 진정한 고대 삼나무, 세쿼이아 셈페르비렌스*Sequoia sempervirens*였다. 나는 지구 온도가 훨씬 더 오르고 우리가 초래한 환경 변화로 인해 내한성이 가장 뛰어난 종을 제외하고는 어느 것도 생존할 수 없게 되어버리기 전에 인류가 기후변화에 대응할 현실적인 방안의 필요성을 깨닫기를 간절히 바란다. 우리가 마침내 집단행동에 돌입하는 그때가 언제 도래하든 간에, 변화하는 세상에서 살아남을 수 있는 최적의 조건을 갖춘 종을 찾는 데에 내가 석사 과정 연구를 통해 알아낸 특성들이 지침이 되어줄 것이다. 나 역시 그 지침에 따라, 고대의 유산으로서 지금 내가 사는 농장에 심을 (얼마 후면 더 늘어날) 희귀 식물과 나무를 선별했다. 정말이지 중요한 연구였다.

그렇지만 당시에는 그 의미를 알지 못했다. 아니, 더 정확히는 나 외에 그 연구에 관심을 기울일 사람이 있을 거라는 생각을 못 했다. 온실에서 측정과 집계를 도와주는 기술자가 몇 명 있긴 했어도 나는 주로 혼자 일했다. 그리고 이제 적어도 겉으로는 사교적이고 심지어는 외향적인 존재가 되었지만, 나 자신이 자유롭게 사고하고 유능하며 가치 있는 존재라는 그런 인식에 내가 너무 집착할까 봐 두려웠다. 그때는 그런 두려움을 의식하지 못했는데 내가 절대 떠올리지 않으려 안간힘 쓰던, 선데이스웰에 처박힐지 모른다는 위기의식에서 비롯한 감정이었기 때문이다. 그 수용소에 대한 공포가 너무 커서 도저히 정면으로 바라볼 수 없었기에, 나는 오직 모든 자유와 선택권을 빼앗긴 채 완전히 무력한 상태가 되고 마는 악몽 속에서만 그 감정을 제대로 마주할 수 있었다.

부모님을 잃고 일 년쯤 지났을 때 자전거로 그 수용소에 가본 적이 있다. 울타리 밖에 쭈그려 앉아서 건물 정문을 드나드는 사제들을 몰래 지켜보았다. 지켜줄 사람 없이 이 세상에 홀로 남겨진 어린 여자아이는 몸짓 신호에 극도로 예민해져, 위험을 감지하면 머리부터 발끝까지 윙윙거리는 소리굽쇠 같은 감각 체계를 갖게 된다. 사제들은 발목에 닿을 만큼 긴 수단을 입고 있었다. 선데이스웰의 정문 계단에 다다를 때면 그들은 하나같이 거만하게 손목을 젖혀서 옷자락이 발에 걸리지 않도록 들어 올렸다. 그 순간 나는 위험을 감지했다. 그 사제들에게서는 위험한 냄새가 났다.

아침부터 밤까지 바쁘게 지내며 어딘가 몰두하려고 안간힘을 썼지만 내 마음속에는 언제나 감금(정말이지 달리 표현할 말이 없다)의 위협에 대한 두려움이 자리 잡고 있었다. 피하기도 지치고 품고 다니기도 지치는데, 그렇다고 그 감정에 빠져드는 것 또한 상상조차 할 수 없었다. 석사 과정이 끝나던 그해, 마침내 법원으로부터 내 삶의 주도권을 돌려받아 선데이스웰의 위험에서 벗어나자 엄청난 안도감이 몰려왔다. 하지만 곧이어 그토록 오래 가슴속에 묻어두었던 두려움과 고통이 수면 위로 떠오르기 시작했다. 내가 경험하기로 정신적 외상은 절대 사라지지 않는 긴 그림자를 남기며, 그것을 견디는 데는 끝없는 용기가 필요하다.

그 모든 고통을 마주하고 싶지 않았거나 그저 준비가 덜 된 탓에, 나는 대체 내게 무슨 일이 일어났던 것인지 멈춰 서서 이해해보려고 하지 않았다. 어머니의 냉정함, 아버지의 부재, 갑작스러운 두 분의 죽음, 나의 슬픔과 외로움, 팻 삼촌이 초기에 보인 무관심, 법원을 상대하면서 느낀 불안, 이 모든 것이 내게 어떤 해를 끼쳤는지 말이다. 그리고 성년이 되었을 때 법원으로부터 300파운드짜리 수표를 받았는데, 내게 남겨진 유산은 그게 전부라고 했다. 담당 법무관이 투자를 잘못해서 내 돈을 거의 다 날리고 말았다. 나는 그 투자에 반대했지만, 미성년자인 내게는 법무관이 더 신중하게 투자하도록 규제해달라고 법원을 설득할 힘이 없었다. 나는 그냥 마음을 비우고 내가 무엇보다 사랑하고 신뢰하는 일에 매진했다. 자연계를 더 깊이 이해하는 일 말이다. 연구가 내 삶에 부여해준 것을 넘어서는 더 큰 의미나 의의는 필요치 않았다. 그것을 나는 한참이 흐른 후에야 깨달았다.

———

게일어로 시얼셰saoirse는 특정한 형태의 자유를 의미한다. 시얼셰란 자기 자신으로 존재하고 자기를 표현할 자유, 원하는 대로 생각하고 믿을 자유이다. 즉 영혼과 상상력의 자유이다. 나는 시얼셰 그리고 시간을 뜻하는 아임시르aimsir, 이 두 가지야말로 한 사람이 가질 수 있는 가장 소중한 것이라고 믿는다. 선데이스웰이 드리운 그림자는 내 삶을 온통 뒤덮어, 의식하는 영역뿐 아니라 의식하지 못하는 영역에서도 분명 내게 영향을 미쳤을 것이다. 하지만 나는 청소년기 내내 나를 괴롭힌 그 긴 그림자가 나로 하여금 나의 시얼셰, 나의 생각할 자유를 치열하게 지키도록 만들었다는 것을 알고 있다. 나는 협회를 신뢰하지 않아서 아일랜드정원식물협회 단 한 곳에만 유료 회원 자격을 유지하고 있다. 탐욕이 사람을 어떻게 일그러뜨리는지 잘 알기에 부자가 되기를 두려워한다. 살면서 탐욕으로 망가지는 사람들을 수도 없이 보았다. 이러한 이유로 내게 큰돈을 주는 사람을 경계한다. 돈과 협회는 사람의 자유를 빼앗기 십상이고, 거기에 마음을 빼앗기면 모든 걸 빼앗기고 만다.

코크대학교에 다니던 시절, 코닐리어스 루시라는 남자가 코크와 로스의 주교로 있었다(1805년에서 1807년까지 나의 선조인 존 베리스퍼드 경이 아일랜드 개신교에서 동일한 직위를 맡았다. 루시는 그보다 훨씬 더 오래 그 자리에 있다가 죽기 2년 전인 1980년에야 사임했다). 당시 아일랜드에서 가톨릭교회의 힘은 더할 나위 없이 강력해서 겸손, 자선, 자기희생을 그 어떤 자질보다도 중시한다고 주장하며 종교에 인생을 바쳤다고 자처하던 루시 같은 지도자는 엄청난 권력을 누리는 동시에 역겨울 만큼 부유했다. 루시는 실제 궁전에 살면서 정부, 대학 인사 등 누구 할 것 없이 모든 사람에게 영향력을 행사했다. 한마디로 존경의 대상 아니면 공포의 대상이었다.

어느 금요일, 기술자 마이클과 온실에서 연구하던 중에 다음날 루시 주교가 교정을 둘러볼 거라는 소식을 들었다. 주말 사이에 그 주에 할당해둔 측정 작업을 완료할 계획이었던 나는 마이클에게 이렇게 말했다. "주교가 와도 온실에는 못 들어와요. 제가 실험을 하고 있을 거니까요."

전혀 머리를 굴리지 않고 반사적으로 한 말이었지만 내 반대 의견이 마이클을 거쳐서 주교의 방문을 순조롭게 진행할 책임이 있는 고위 행정직 인사에게 전달되기를 바랐다. 온실 전체에서 한창 실험을 진행하는 중에 직접 관련도 없는 사람을 들인다는 것은 말도 안 되는 일로 보였다. 주교의 방문에 반대하는 것은 누가 봐도 합당한 판단이었다.

토요일 오후, 온실에서 허리를 숙여 줄지어 서 있는 완두를 들여다보는데 생물학과 본관 건물 쪽에서 다가오는 발소리가 들렸다. 온실의 입구에 색 있는 긴 양말과 보라색 예복의 끝단이 얼핏 비치더니, 곧 예복 전체와 주교의 얼굴이 나타났다. 수행원도 몇 명 따라왔을 테지만 그들은 눈에 들어오지도 않았다. 나는 벌떡 일어나 그쪽으로 달려갔다. 6미터쯤 떨어진 거리에서 주교에게 "나가세요!"라고 소리치면서 계단으로 물러서도록 손짓했다.

하지만 주교는 한 손을 내밀며 내 쪽으로 계속 걸어왔다. 내민 손에 커다란 보석이 박힌 반지를 끼고 있었는데, 보아하니 내 지시를 알아듣지 못했거나 무시한 채 반지를 보여주는 중이었다. 내가 실험을 내팽개치고 자기 앞에 무릎 꿇기를 기대하면서 말이다. 나는 말했다. "반지에 입 맞추지 않을 겁니다. 그러니 여기서 나가세요. 문은 저쪽입니다. 오던 길로 되돌아가세요."

주교가 당황스러워하는 기색이 보였지만 나는 그가 뭐라 반박하기 전에 지금 연구 중이라고 덧붙이며 먼저 했던 말을 반복했다. 머리끝까지 화가 났다. 어떻게 된 인간이기에 이렇게나 함부로 실험을 망쳐놓을 수 있지? 연주 중인 교향악단의 무대에 뛰어들어 피아니스트나 지휘자를 방해하지는 않을 거잖아.

내가 얼마나 화가 났는지 드디어 알아차린 주교는 한마디 말도 없이 돌아서서 온실을 떠났다. 나는 그 뒤로 문을 쾅 닫은 다음 여전

나무를 대신해 말하기

히 폭발할 것 같은 기분으로 완두를 살피러 돌아갔다. 월요일 아침이 되자 학내에 내가 루시를 쫓아냈다는 소문이 퍼졌고, 나는 그제야 내가 한 행동으로 인해 무슨 일이 벌어질 수 있을지 실감했다. 동료들은 모두 다 내가 끔찍한 고초를 겪을 것이고 심지어 식물학과에서 쫓겨날 수도 있을 거라고 예상했다. 나는 최소한 엄한 질책을 받겠다고 짐작했지만, 행정 당국에서는 아무 말도 나오지 않았다.

옷자락을 들어 올리던 선데이스웰의 사제들보다 훨씬 더 거만한 분위기를 풍기는 한 남자가 내가 삶의 압박과 고통에서 벗어나 진정으로 자유롭다고 느끼는 공간을 짓밟으려 했다. 나는 강력한 힘을 가진 그 남자에게 맞서 나 자신과 나의 연구, 나의 **시얼셰**를 지켜냈다. 주교에게 맞서고 그를 내쫓았는데 아무도 나를 막지 않았고 심지어 내가 잘못했다고 말하는 사람도 없었다. 그 일을 통해 나는 가치 있는 교훈을 얻었다. 어떤 대가를 치르더라도 생각할 자유를 지켜야 한다고.

———

누구나 앞으로 나아갈 길을 두고 중대한 결정을 내려야 하는 시기를 맞이한다. 졸업하고 보니 아일랜드에서는 연구를 계속할 곳이 마땅치 않았다. 그나마 유일하게 도전해볼 만한 무어파크*에서

---

* 아일랜드 정부에서 낙농업 발전을 위해 1959년에 설립한 무어파크 동물및초원연구혁신센터Moorepark Animal & Grassland Research and Innovation Centre를 가리킨다.

는 여성을 받지 않았다. 그래서 졸업생 대부분이 해외로 떠났다. 아랍 국가와 영국, 북미 지역으로 가는 이들이 많았다. 1965년 여름이 오자 나도 결정해야 했는데, 너무나도 괴로운 일이었다. 이 결정으로 나는 두 학교를 떠나야 했다. 리쉰스 그리고 내 작은 붉나무를 둘러싸고 있는 코크대학교를 말이다. 나는 의학도서관에서 붉나무의 비밀을 알아냈다. 북미에서는 약으로, 아랍에서는 향신료로 썼다고 했다. 이별을 고하기가 힘들었지만, 팻 삼촌은 항상 내게 이렇게 말했다. "다이애나, 세상은 돌고 도는 거고, 너도 그런 시절을 맞이하게 될 거다."

코크대학교 학부 최고 성적에 이학 석사 학위를 더하니 세계 곳곳에서 기회가 찾아왔다. 박사 과정 진학과 강사직을 제안받았다. 플로리다대학교에서는 교수직을 제시했고 남아프리카공화국의 몇몇 학교에서도 요청이 왔지만, 나는 두 지역의 인종차별적 정치 환경을 참을 수 없었다. 결국 미연방 장학생으로 코네티컷대학교 스토어스캠퍼스로 가기로 했다.

장학생에게는 객원 연구원으로 1년간 개인적인 연구를 진행할 수 있는 지원금이 나왔다. 나는 핵의학을 연구했는데, 당시 그 연구가 가능한 곳은 내가 알기로 스토어스가 유일했다. 그리고 핵방사선이 생태계에 미치는 영향을 검토하면서 석사 과정 때처럼 내 연구 주제의 범위를 가능한 한 넓혀두었다. 방사선이 세계에 어떤 영향을 끼칠 수 있는지 파악하기 위해서 식물과 동물의 최대, 최소 피폭량을 조사했다. 그 연구를 진행하던 중에 나는 DNA 가닥의 한 부분을 분리해 살짝 으스러트림으로써 고배율 현미경 아래에서 배열을 관찰, 연구할 수 있게 하는 유전자 스미어링genetic smearing 기법을 발견했다.

고급유기화학 수업도 들었다. 주로 실험실에서 진행된 그 수업에서 화합물을 검사하고 분리하는 유용한 기술을 배웠다.

장학 과정이 끝난 뒤에는 잠시 아일랜드로 돌아갔다가 캐나다 오타와에 있는 칼턴대학교에서 박사 과정을 밟기로 했다. 칼턴에는 식물호르몬에 관심 있는 교수가 있었다. 내가 석사 과정에서 했던 연구와 그 교수의 연구 영역이 잘 맞아 호기심이 일었다. 메리 크로닌의 예언도 그렇고, 신성한 임무를 완수할 나의 책임 또한 캐나다로 갈 이유가 되어주었다. 스토어스에서 지내며 무척 즐거웠고 배운 것도 많았지만 미국은 아무래도 좀 무서웠다. 온건하나마 사방에 무기가 만연한 그 느낌을 떨쳐낼 수가 없었다. 특히 몇몇 동료들과 맨해튼에 갔다가 경찰과 마주쳤을 때는 꼭 침략한 군대의 병사와 맞닥뜨린 기분이 들었다. 캐나다는 숲이 비교적 온전히 남아 있는 편이지만 아일랜드와 좀 더 비슷한 느낌일 것 같다고 생각했다. 나는 익숙함과 자연의 경이를 기대했다. 실제로는 그 두 가지 중에서 하나만 얻었지만 얻은 것이 얻지 못한 다른 하나보다 훨씬 더 중요했다.

북미의 선주민들은 엄청난 임무를 떠안았다. 마법의 대륙, 안 탈러브 안 오이게an talamh an óige, 즉 젊음의 땅에 대해서 말이다. 놀랍도록 광활하고, 황야의 규모도 유럽인의 기준으로는 거의 가늠이 안

되는 수준인 그 땅을 선주민들은 온전히 지켜왔다. 그런 일을 감당했다는 사실에, 그 많은 아름다운 것들을 내가 보고 증언할 수 있을 때까지 그토록 오래 지켜왔다는 사실에 개인적으로 엄청난 빚을 진 기분이 든다. 1969년 여름, 칼턴에서 연구를 시작하기에 앞서 온타리오의 숲에 처음 발을 들였던 순간부터 내 마음속에서 캐나다는 때 묻지 않은 땅, 엄청나게 아름답고 사방에 물이 넘쳐나는 나라였다. 이는 곧, 여기에 그동안 내가 경험한 그 어떤 것과도 다른, 경이로운 식물계가 있다는 증거임을 단박에 알아챘다. 그것을 널리 보여주고 싶다는 충동이 일었다. 그 어느 곳보다 놀라운 장소라고 온 세상에 말하고 싶었다. 지금까지도 그 충동과 신념은 한시도 나를 떠나지 않는다.

그때와 달라진 게 있다면, 숲의 내부에서 일어나는 일에 대한 이해가 깊어지면서 거기서 느낀 아름다움이 더욱 강렬하게 다가온다는 사실이다. 박사 과정에서 나는 세로토닌과 트립토판tryptophan*-트립타민tryptamine** 경로를 집중적으로 연구했다. 의학생화학에 대한 기존의 이해를 식물에 접목함으로써 식물학 너머로 연구의 시야를 넓혀 식물과 인간의 호르몬 기능을 비교했다. 인체 내에서는 트립토판-트립타민 경로가 뇌 속의 모든 신경세포를 생성한다. 이

---

*　인간을 비롯한 동물의 영양에 필요한 필수아미노산으로, 체내에서 합성할 수 없어 음식을 통해 섭취해야 한다.

**　동물의 체내에 유입된 트립토판이 대사할 때 만들어지는 신경전달 물질.

런 생화학물질 중 일부가 인체에서 작용하는 것은 확인되었지만, 식물에도 존재하는지는 알려지지 않았다. 3년 반 넘게 걸린 논문 작업을 통해 나는 식물에 그러한 경로가 존재한다는 사실을 증명했다. 식물에 따라 그 경로를 좀 더 많이 가지는 경우가 있는데, 특히 나무가 그러하다.

식물에는 세로토닌에 해당하는 자당sucrose이 작용분자working molecule로서 존재한다. 자당은 나무에 들어 있는 수용성 화합물로 세로토닌처럼 신경을 자극해 세포가 원활히 작동하게 한다. 나는 나무에 트립토판-트립타민 경로가 있음을 증명함으로써, 나무도 우리 뇌에 있는 것과 똑같은 화합물을 갖고 있다는 사실을 증명했다. 나무에는 생각이나 의식을 갖는 데 필요한 모든 구성 요소가 담겨 있다. 즉, 나무도 듣고 생각할 수 있는 신경 능력을 갖고 있다. 내가 증명한 것이 바로 이것이다. 숲이 생각할 수 있고, 꿈도 꿀 수 있을지 모른다는 것. 과학계에서는 새로운 지식이었다. 이런 연결고리가 당시에는 밝혀지거나 알려지지 않았다.

논문을 완성하고 박사 학위를 딸 무렵 생활비가 바닥나서 일자리를 찾아다녔다. 그러다 오타와에 있는 캐나다 실험농장에서 캐나다 농업부 전자현미경센터장인 제프리 해기스와 함께 일할 기회를 얻었다. 거기서 나는 캐나다 정부로부터 6개월 치 연구비를 받아 지멘스*의 전자주사현미경electron scanning microscope을 개조해 양자물

---

*   독일의 전자 제품 제조 회사.

리학적 현상인 생물 발광을 발견했다. 식물이나 인체 내의 방향족 화합물* 분자에 고출력 에너지를 쏘면 생물 발광이 일어난다. 특정 분자로 전자를 흘려 넣으면 반대쪽으로 동일한 형태의 에너지가 나오므로(유명한 방정식 $E=mc^2$의 근간이다), 어떤 의학 영역에서든 이 빛을 추적자tracer로 사용할 수 있다. 예를 들어 이것을 세포 조직에 쏘았을 경우, 주입한 빛과 방출되어 나온 빛의 형태가 다르다면 조직 내부에 암이 있다고 볼 수 있다. 제프리와 내가 1차로 연구 결과를 발표하고, 얼마 후에 나는 그 연구로 상을 받았다(2008년에 과학자 세 명이 같은 분야의 연구로 노벨화학상을 받았다).

논문을 두 편 정도 더 쓸 수 있을 만큼 자료를 확보했지만 나의 연구 보조금 지급 기간이 끝나가고 있었다. 제프리는 그 논문들을 출간할 수 있도록 나를 정규직으로 채용하려 했는데, 그러려면 예산 승인을 받기 위해 먼저 실험농장 이사회에 보고해야 했다. 나는 세 명의 남자 앞으로 불려 갔다. 그들은 답답한 회의실 안에 놓인 기다란 탁자 건너편에 앉아 있었다. 내 운명이 그저 자기밖에 모르는 남자들 손에 달려 있던 코크의 법원으로 되돌아간 것만 같았다.

거기서 그 사람들 표현으로 내 "건"에 대한 논의가 진행되었다. 그들은 조언하는 척하며 재빨리 돌이킬 수 없는 결론을 내렸다. "결혼하고 자녀를 낳으셔야지요." 이사 중 한 명이 자기 앞에 놓인 서

---

*   분자 속에 독특한 향기를 내는 방향족 고리를 지닌 벤젠, 나프탈렌 등의 유기화합물.

류에서 눈도 떼지 않은 채로 내게 말했다. 이사회는 내 연구비 지원을 거부했다. 여자인 내게 일자리를 줄 생각이 없었기 때문이다. 내 앞에서 그 입장을 아주 명확히 드러냈다.

건물을 태워버릴 정도로 화가 난 상태로 연구실에 돌아가니, 마찬가지로 그 이사회와 면담을 마친 제프리가 걸어 들어오고 있었다. 제프리는 성큼 걷던 발걸음을 늦추지 않고 그대로 벽으로 다가가서 소방 호스와 소방용 도끼가 들어 있는 상자의 전면 유리문 앞에 섰다. 그러고는 더없이 침착한 모습으로 유리문을 깨고 도끼를 꺼내어 있는 힘껏 상자를 내리쳤다. 유리 파편이 튀고, 내리친 지 두어 번 만에 상자가 통째로 벽에서 떨어졌다. 상자를 아주 제대로 부숴버린 다음에는 연구실 마룻바닥을 두들겨댔다. 마루를 반쯤 망가뜨리고 기진맥진한 상태가 된 제프리는 그제야 입을 열었다. 연구실에 돌아온 이후 처음으로, 땀에 젖어 헐떡이면서 토하듯이 말했다. "여자라서 채용이 안 된답니다."

"알고 있어요." 내가 대답했다.

"개자식들." 제프리가 말했다. "당신에게 돈을 못 쓰겠다면 이 마룻바닥에라도 쓰라지."

———

나는 실험농장을 떠났다. 일에서 손을 떼는 건 아쉬웠지만 그곳을 벗어날 수 있어 좋았다. 1973년 그해에 나는 곧바로 오타와대학교 의학부 연구원으로 채용되었다. 그 후 9년 동안 의사이자 생리학부(현재는 세포분자의학부) 교수인 조지 비로와 함께 인간의 심장과 순환계를 연구했다. 그때 우리가 공동 개발한 것이 유명한 무기질 혈색소stroma-free hemoglobin이다. 환자의 몸에 인공혈액을 주입하면 기질stroma, 즉 적혈구의 세포막 때문에 장기가 손상될 수 있는데, 무기질 혈색소는 이 기질을 제거해 혈액형에 상관없이 사용할 수 있는 혈액이었다. 또한 허혈심장병cardiac ischemia에 관한 중요한 논문을 《미국심장학회지American Heart Journal》등 세계 최고 수준의 의학 분야 학회지에 여러 차례 게재했다. 허혈은 심장의 산소가 부족한 상태를 뜻하는데 이 현상은 누구에게나 나타날 수 있고 심장마비로 이어질수도 있다. 나는 이러한 연구를 진행하면서 동시에 1년 과정인 일반 실험외과 과정도 이수해 신체와 순환에 관해 더 깊이 이해하게 되었다.

나에게 연구란 뿌듯하고 뜻깊은 일이었다. 그리고 이 일이 사람들의 삶에 긍정적인 영향을 준다는 것을 알았다. 시간이 꽤 흐른 후에, 심각한 병을 앓고 있던 한 친구가 치료제를 챙겨서 나를 만나러 온 적이 있었다. 내 집에서 내가 개발했던 인공혈액 제품 중 하나가 생명을 구하기 위해 친구의 몸속으로 주입되는 장면을 보았다. 내 연구에 누군가 직접적으로 혜택을 받는 모습을 목격한 일은 지금도 생생히 떠올릴 수 있을 만큼 인상적인 기억으로 남았다.

한편, 삶이 모든 면에서 잘 굴러가고 있던 그 시기에 나는 커다란 좌절을 맛보았다. 1970년대에서 1980년대 사이에 전문가로서 성공적으로 활동한 여성이라면 누구나 익히 겪었을, 그리고 슬프지만 지금까지도 대부분의 여성이 겪고 있는 그런 좌절이었다. 지금도 여전히 과학 및 공학 분야의 학계 그리고 일터에는 믿을만하지 못하거나 여성혐오적인 남성이 유난히 많다고 알려져 있다. 나는 특이한 경험은 물론이고 정말이지 전형적인 사건도 많이 겪었다. 심지어 내 견해와 연구 성과를 도둑맞고 남자 동료에게 공을 빼앗겨야 했던 적도 있었다. 그 밖에도 고통스러운 일을 얼마나 많이 겪었던지, 결국에는 질려버리고 말았다.

운 좋게도 나는 바로 그즈음에 진정 행복한 결혼 생활을 시작했다. 아직 칼턴에서 일하던 때에, 당시에는 유명하지 않았던 과학자 데이비드 스즈키를 대학 관련 주요 인사들과 명사들에게 소개하려고 모임을 주최한 적이 있었는데 거기서 나중에 나의 남편이 될 크리스천 크로거를 처음 만났다. 정장을 차려입고 점잖게 행동하는 참석자들로 가득 차 뭘 하든 지루하기만 했는데, 저녁이 절반 정도 지나갔을 무렵 남자 두 명이 실내로 들이닥쳤다. 이 추가 참석자 두 명은 희귀종 박쥐를 연구하러 동굴에 탐사를 갔다가 막 돌아온 터라 작업복 차림이었고 부츠 앞코에 묻은 진흙조차 거의 마르지 않은 상태였다. 나는 이들에게 흥미를 느꼈다. 특히 크리스천에게 관심이 갔는데 나중에 알고 보니 그의 아버지는 미항공우주국NASA 기술자로서 아폴로 우주탐사 계획의 핵심 설계자 중 한 명이었다. 크리스천 본인도 미국 우주탐사 계획에 참여했다가 20대에 캐나다로 이주해 연방 공무원으로 취직했다. 거기서 정보접근법이라든지 프린스에드워드섬과 뉴브런즈윅을 연결하는 컨페더레이션 다리 건설 같은 중요한 사안에 관련된 정책과 법안을 작성했다. 열정적인 동굴 탐험가이자 등산가이기도 해서, 그날은 친구를 따라 박쥐 탐험에 다녀온 참이었다.

크리스천과 나는 그렇게 만나서 사귀고, 땅을 구하고, 결혼하고, 손에 망치 하나씩 들고 농장을 가꾸면서 지금까지 40년 넘게 한집에서 살아왔다. 간단히 말해, 우리 집에는 셀 수 없이 많은 식물과 아주 괜찮은 남자 한 명이 있다.

그래서 학계에서 일어나는 일들을 더는 참을 수 없는 지경에 이르렀을 때, 집으로 돌아가 크리스천에게 털어놓았다. 과학계에 만연한 괴롭힘, 성희롱, 험담, 옹졸함에 질려버렸다고. 그즈음 우리는 이미 허허벌판이던 땅에 집을 한 채 짓고 정원과 과수원을 포함한 농장을 조성한 후였다. 그러면 이제 뭘 할 거냐고 묻는 남편에게 나는 이렇게 말했다. "그냥 내 연구를 하는 거죠."

나무를 대신해 말하기

나만의 연구를, 나만의 방식으로

아주 어릴 적, 벨그레이브가에서 어머니와 함께 살던 때에 몰래 집을 빠져나와 울워스 백화점에 간 적이 있다. 어디서 났는지 기억 나지 않는 동전을 들고 난생처음 혼자서 시내까지 가는 모험을 했 다. 백화점에 줄지어 늘어선 온갖 매대를 헤치고 나아가 마침내 씨 앗 매대에 도착한 나는 블랙시드심프슨Black Seeded Simpson 상추 씨앗 이 담긴 조그만 밀랍 봉투를 골랐다. 너무 어리고 도무지 그 자리에 어울리지 않는 존재인 나를 계산대 뒤에서 이상한 눈길로 쳐다보는 남자에게 동전을 건네어 값을 치렀다. 그 봉투를 제일 안전한 호주 머니에 단단히 챙겨 넣고 집으로 돌아가서 몰래 숨겨두었다.

팻 삼촌의 집 뒤편 언덕에 동네 사람들이 채소를 재배하는 공유 지가 있었다. 이튿날 나는 씨앗 봉투를 챙겨 그리로 갔다. 공유지 주 위를 둘러싼 돌담 위에는 유리 조각이 박혀 있었고 하나뿐인 출입 문은 잠겨 있었다. 그래서 카디건을 위로 던져 유리 조각을 덮은 다 음 안간힘을 써서 담을 넘었다. 열매가 주렁주렁 달린 나무가 늘어서 있는 에덴동산 같은 정글이 펼쳐질 거라 기대했는데, 막상 넘어 가 보니 겨울을 맞아 재배 구역이 죄다 휴경에 들어간 상태였다. 그 래도 나는 포기하지 않았다. 빈 흙바닥에 막대기로 삐뚤삐뚤 고랑 을 만들었다. 거기에 씨앗을 몽땅 줄지어 붓고 흙으로 덮었다. 그러 고는 근처에 있는 그루터기에 초소를 만들기 시작했다. 폭풍에 부 러진 나뭇가지들을 주변에 쌓아, 아무에게도 보이지 않게 숨어서 상추의 변화를 지켜볼 수 있는 비밀 공간을 마련했다. 나는 1년이 넘도록 매일 비밀 초소에 들어앉아 씨앗들에게 부디 자라나라고, 어떻게 도와주면 좋겠냐고 말을 걸었다.

엉뚱한 시기에 씨앗을 뿌렸으니 당연히 싹이 나지 않았고, 땅에 서는 그 어떤 변화의 조짐도 보이지 않았다. 하지만 그 시도를 통해 나라는 한 사람에게 반응하는 살아 움직이는 세계를 갖고 싶다는 바람이, 싹이 푸르게 자라나는 모습을 통해 내 노력을 인정받고 싶 다는 욕구가 처음으로 모습을 드러냈다. 그 욕구는 마치 또 하나의 심장박동처럼 항상 나를 따라다녔다. 그리고 마침내 나는 동반자 크리스천과 함께 캐나다에서 살아 움직이는 세계를 마음껏 누릴 수 있는 땅을 찾아냈다.

나중에 우리 집이 된 온타리오의 그 땅을 처음 발견했을 때는 이 미 1년째 적당한 땅을 찾아 헤매던 중이었다. 1970년대 초이던 당시 에 우리가 가진 돈은 6000달러였고, 둘 다 빚을 지고 싶어 하지 않 았다. 24만 2800제곱미터 정도 되는 그 땅은 우리의 예산 범위에 잘 맞았다(나중에 우리는 개발을 막으려고 인근의 40만 4700제곱미터 넘는 지대를 더 사들였다). 주소지로 달려가 보니 남쪽으로 약간 기울어진 드넓은 휴경지가 펼쳐져 있었다. 차에서 내리자마자 반갑게 맞이해주는 품에 폭 안긴 듯 평온한 기분이 들었다. 다른 어떤 곳에서도, 심지어 우리가 진지하게 고민하고 있던 후보지들에서도 전혀 느껴본 적 없는 기분이었다. 여기가 나에게 잘 맞을 거라고 그 땅이 큰 소리로 말하고 있는 것 같았다. 그 말을 내가 들었고 우리는 그 땅을 샀다. 그렇게 나를 안아주고 온갖 놀라운 일들을 선사해준 이 땅은 하루하루 나를 단단히 붙들어 내가 잘 알지 못하는 무언가로 자라게 했다. 그 보답으로 나는 땅을 돌보았는데, 그럴수록 땅이 주는 평화로운 에너지는 커지기만 했다.

소유권을 얻은 후로 크리스천과 나는 땅의 면면을 제대로 파악하려고 이리저리 돌아다녔다. 삼나무 숲을 탐험하러 가서는 난생처음으로 진정 거대한 나무와 맞닥뜨렸다. 땅바닥에 서양측백white cedar, 투야 옷시덴탈리스*Thuja occidentalis*의 커다란 그루터기가 비틀린 채 남아 있었다. 지금도 북미 서부 해안에 서식하는 거대한 미국삼나무와 맞먹는 크기였을 것이 분명한 그 나무의 몸체는 잘려서 사라진 상태였다. 하지만 남아 있는 그루터기는 손을 대기 어려울 정도로 너무나 컸고, 불에도 타지 않을 것처럼 넓었다.

한때 우리 땅을 가득 채웠던 캐나다 원시림이 남긴 이 마지막 자취를 보니, 팻 리쉰스가 습지에서 토탄을 파내던 중에 고대 아일랜드참나무의 심재를 내게 보여주었을 때 처음 느꼈던 경외감과 슬픔이 뒤섞인 기분이 되살아났다. 세상에, 우리가 오기 전에 이런 나무가 여기 있었다는 거잖아. 대체 그 사람들은 무슨 생각으로 이 거대하고 아름다운 존재를 베어낸 걸까? 내 앞에 있는 그루터기는 몸체가 붙어 있던 때처럼은 아니지만, 그래도 살아 있었다. 여전히 커다란 그루터기로 물을 빨아들이고, 모양도 바꾼다. 일종의 생명이 여전히 그 안에 있다. 한때 오타와 외곽에 위치한 이 카르스트* 지대에 있던 숲의 위엄은 나를 충격에 빠트리기 충분할 정도였다. 그 숲이 잘려 나가게 만든 오만과 탐욕도 마찬가지다.

우리는 살 집을 직접 짓고자 했다. 돈을 아끼려고 인근 목재소에서 홈이 파인 스트로브잣나무white pine 판재 자투리를 샀다. 이것이 이 지구상에 우리 집과 비슷한 집이 하나도 없는 이유 중 하나다. 집을 짓는 동안에는 앞뜰에 있는 얼음 낚시터 오두막만 한 크기의 헛간에서 지냈는데, 썩 잘 갖춰진 공간은 아니었다. 나는 평일에는 일찌감치 오타와대학교 의학 연구실로 가서 샤워하고 그날 하루를 준비했다. 일이 끝나면 차를 운전해 헛간으로 돌아갔다. 겨울에는 작은 등유 난로로 밤의 추위를 견뎠다. 바깥 날씨가 꽤 추워지면 흰발생쥐가 들어와 우리와 함께 지내곤 했다. 쥐들이 따끈한 난로 아래에 자리를 잡으면 우리는 먹이로 줄 땅콩을 챙겼다. 텔레비전은커녕 전기도 실내 배관도 없던 때라, 등유 난로 불빛 아래에서 흰발생쥐가 땅콩을 갉아 먹는 모습을 구경하는 게 우리의 낙이었다.

그 몇 년 전, 실험농장에 일하던 시절에 나는 점심시간이면 산책

＊　　　석회암이 침식되면서 형성되는 독특한 지형.

하러 나가서 아름다운 튤립나무, 리리오덴드론 튤리피페라*Liriodendron tulipifera*가 자라는 곳을 지나곤 했다. 실험농장에 딱 한 그루 있던 그 튤립나무를 참 좋아했다. 폭풍이 몰아치던 어느 여름날에 그 나무가 벼락에 맞아 손쓸 수 없을 만큼 심하게 망가졌다. 다음 날 산책 중에 그 모습을 본 나는 뒷정리를 하고 있던 관리인과 이야기를 나누었다. 나무가 사라져서 너무 안타깝다고 했더니 관리인이 그 정도에서 그칠 문제가 아니라며 이렇게 말했다. "그 나무가 그 종에 속하는 튤립나무 중에서 여기 오타와에 남은 마지막 개체였지 뭡니까."

말문이 막혔다. 서가로 달려가 알아보니 리리오덴드론 튤리피페라는 휴런족Huron people이 마술적이며 성스럽다고 여기는 약용 나무라고 했다. 나무에 퀴논quinone* 구조가 있어 항균, 항기생충 특성을 띠는데, 휴런족은 죽은 이의 안면상像을 뜰 때 그 목재를 썼다. 관리인의 주장이 사실일뿐더러, 그 한 종만이 아니라 우리 주위에 있는 수많은 나무가 사라질 위기에 처해 있어 문제가 훨씬 심각하다는 것도 알게 되었다. 나는 언젠가 키우고 싶은 식물종의 목록을 정원사로서의 희망 사항으로 항상 간직하고 있었다. 그 튤립나무를 잃은 뒤로는 목록에 멸종위기종도 추가하기 시작했다. 그리고 온타리오 남부에서 토종 식물을 판매하는 묘목장에 찾아가 튤립나무 두 그루를 구해다 심었다.

---

* 　　방향족화합물에서 수소 원자 2개를 각각 산소 원자로 치환한 화합물.

크리스천과 나는 1974년 9월 14일에 결혼했다. 내가 살면서 이미 겪은 일들을 생각하면 결혼 서약에 '기쁠 때나 슬플 때나'라는 말을 쓰기가 편치 않아, 주례를 맡은 성직자에게 '사랑이 계속되는 한'으로 바꿔 달라고 했다. 오타와대학교의 동료들이 결혼 선물로 과수원을 해도 될 만큼 많은 나무를 사 주었다. 연구원 한 명이 대표로 내게 말했다. "다이애나, 우리는 당신이 무슨 나무를 좋아하는지 전혀 모르니 결혼 선물 목록을 써 줘요." 그들이 구해다 준 나무 중에서 최고는 하코트살구Harcot apricot라 불리는 잡종 프루누스 아르메니아카Prunus armeniaca로, 중국 만주 지역에서 나는 살구나무였다. 이 나무는 지금도 왕성하게 자라고 있다.

석사 연구를 통해서, 나는 특히 캐나다 같은 기후에서는 내한종에 집중하는 것이 중요하다는 교훈을 얻었다. 전 세계 곳곳에 분포하는 다양한 수종을 과실나무 목록에 올려 두었지만, 내가 원하는 것은 생존력이 강한 북부 지역 유전자였다(내가 알아내기로 이런 북부 지역 수종이 천연 약재로 쓰이는 비율도 높았다). 그러면 이런 종을 가뭄과 기온 변화에 강해서 내가 증식하고 싶어 했던 식물들과 교배시킬 수 있을 터였다. 동료들은 배나무, 사과나무, 복숭아나무, 자두나무 그리고 여러 종의 체리나무를 선물했는데, 모두 묘목 아니면 7~8센티미터 길이의 꺾꽂이용 가지였다. 이른바 블랙박스 효과black-box effect, 즉 건물에서 나오는 복사열로도 나무가 충분히 자랄 수 있다는 사실을 알고 있었던 나는 선물 받은 만주산 살구나무를 4분의 3 정도 완성된 집 옆에 심었다. 복사열 덕에 나무를 열매 맺게 하는 간단한 처치인 수분을 할 수 있어서 살구를 수확할 수 있었다. 이러한 시도를 하면서 내가 품었던 생각은, 내상성을 포함해 내가 생각해낼 만한 그 어떤 수단을 통해서든지 온타리오의 부족한 생장 기간을 가능한 한 늘리는 것이었다.

우리는 땅을 사자마자 텃밭을 조성했다. 분명 즐거운 일이기는 하지만 경제적인 필요도 컸다. 내가 유일하게 가진 아일랜드정원식물협회 회원 자격으로 다양한 토종 씨앗을 구할 수 있었다. 그중에 야생에서 자라는 토종 개암나무가 있길래 그 나무를 심었다. 10년쯤 지나 집이 다 지어진 그즈음에 크리스천과 나는 여러 가지 수종의 흑호두나무black walnut를 들였다. 이웃의 사유지에서, 또 남서쪽으로 한 시간 거리에 있는 온타리오호의 가나노퀘이Gananoque에서 구해온 것들이 있었고 일부는 구입하거나 기증받았는데 심지어 유언으로 보존을 부탁받은 것도 있었다.

시간이 좀 나면 우리 둘은 온타리오 동부에 위치한 우리 집 주변으로 식물을 찾는 탐험에 나서곤 했다. 나는 최고 품질의 나무를 식별하는 기준을 세웠는데 당시에 그런 나무 중 상당수가 톱날에 쓰러져가고 있었다. 나무의 크기와 건강 상태뿐 아니라, 언제 씨앗을 맺으며 누구의 땅에서 자라고 있는가 하는 등 나무를 보존하려 할 때 필요한 원산지 및 운반 관련 사항도 식별 기준에 담았다. 안타깝게도 허약체만 남은 숲이 많았지만, 원시림에 가까운 나무일수록 유전체가 건강하기 때문에 가능한 한 그런 나무를 찾고자 했다. 내가 무엇보다 최고로 치는 나무는 캐나다의 숲에서 수천 년에 걸쳐

나이테를 늘리면서 기후에 완벽히 적응했을 뿐 아니라 질병에도 강한 그런 종이다.

크리스천과 나는 우리가 찾는 나무가 많이 있을 만한 지역을 파악하기 위해서 지형도와 항공지도를 공부했다. 처음 사람들이 정착하면서 나무를 베어낸 곳은 모두 '좋은' 땅, 즉 농사를 짓거나 건물을 세우기 좋은 평평한 지대였다. 그렇기에 접근하기가 몹시 어려운 언덕이나 큰 바위 부근, 습지로 둘러싸인 지대일수록 자연 상태 그대로 남아 있을 가능성이 높았다. 바로 그런 곳에 질 좋은 토종 나무가 몰려 있었다. 우리는 이름 그대로 100년에서 150년 정도 이어져온 백년농장century farm도 찾아다녔는데, 한 가족이 계속 지켜온 곳이면 더 좋았다. 질 좋은 나무를 발견하면 그 땅의 소유주가 누구인지 알아보았다. 나는 이따금 길가에서 자라는 나무를 보고 크리스천에게 차를 멈추라고 소리 지른 다음 뛰어나가 자세히 관찰하기도 했다. 정말로 특별한 나무일 때는 땅 주인을 만나 그 나무가 얼마나 중요한지 알려주었다.

세인트로렌스강 주변에 땅을 갖고 있던 나이 지긋한 펀 부인이 생각난다. 부인의 땅에 우리가 보았던 것 중에서 가장 커다란 샤그바크히커리shagbark hickory*가 있었다. 나는 혼자 사는 펀 부인에게 그 나무가 우리가 다니면서 본 샤그바크 중에서 가장 인상적이며, 아마도 원시림에서 자랐을 것이라고 말했다. 그 나무는 도로와 송전

＊　호두, 피칸과 비슷한 견과류 열매를 맺는 나무.

선 사이에 서 있었는데, 펀 부인이 말하길 우리가 방문하기 불과 몇 주 전에 수력발전 회사에서 작업용 차량이 접근하기 쉽도록 나무를 베어내고 싶어 했다고 했다. 부인은 생각할 시간을 달라고 했다며 우리에게 이렇게 말했다. "그러면 안 될 것 같다는 기분이 들었거든요. 이제 그쪽에 말해야겠어요, 베어내면 안 된다고."

펀 부인이 우리에게 차를 내주었다. 내가 했던 나무에 관한 이야기와, 그 나무의 수호자가 되어주고 만약 땅을 팔더라도 다음 주인과 체결할 계약서에 그러한 조항을 넣어달라는 부탁에 부인은 무척이나 설렌 모습을 보였다. 자기가 가진 나무가 특별한 나무라는 사실을 알면 들뜨게 마련이다. 톱날을 피해 홀로 살아남은 그 샤그바크는 지금도 그 자리에 서 있다.

나는 마음이 가는 나무를 보면 씨앗이나 가지를 채취해도 되냐고 묻곤 했다. 거절당한 적은 한 번도 없었다. 그렇게 채취한 것을 농장으로 가져가 격리 상태로 병을 옮기지 않는지 확인한 뒤에 키우는 실험을 했다. 그러고는 결과가 제일 좋은 종을 골라 땅에 정식定植* 했다. 이런 식으로 농장 한편에 최상의 희귀종과 토종 식물이 모인 수목원을 조성해나갔다. 캐나다 나무가 가득한 나의 수목원은 이렇게 만들어졌다.

우리가 사는 지역은 한 세기 전만 해도 꽤 척박했다. 겨울철 양식을 마련하기 위해 가족농장에서는 엄청나게 넓은 과수원을 조성

---

*   온상에서 기른 모종을 제대로 완전하게 심는 일.

했고 수확한 과일을 껍질을 벗기고 말리는 등 여러 가지 방식으로 보존하는 경우가 많았다. 사과나무는 북부에서 나서 추위에 적응한 상태로 건너온 러시아 품종이었다. 흔하지는 않지만 배나무와 자두나무도 좀 있었고, 내가 알기로 아일랜드에서 건너온 수종인 사워체리sour cherry나무도 있었다. 흥미롭게도 꽃사과crabapple나무를 모아놓은 곳도 더러 있었다. 지역의 농장 주민들이 '꿀사과water core'라 부르던 흔한 꽃사과나무종에는 작고 달콤한 열매가 맺혔다. 나는 아주 작은 꽃사과나무 개체를 발견했지만, 번식시키는 데 실패했고 본체도 죽고 말았다(이제는 그 종이 사라졌을까 두렵다). 우리 과수원에 심을 과실수를 찾으러 다닐 때 크리스천과 나는 옛 지도에 농지로 표시되어 있지만 지금은 버려진 구역에 있는 집터를 탐색했다. 그리고 장미는 전부 발길이 끊긴 묘지에서 채취해 심었다. 옛 주민들은 사랑하는 이의 묘비 주변에 장미 덤불을 많이 심었다.

나는 농장 안에 사라진 약용 식물을 모아두는 북미 약용 식물 탐방로도 만들기 시작했다. 식물이 방출하는 미세 입자 또는 휘발성 유기화합물VOCs에 기반하는 생화학적 법칙에 따라 이 구역을 조성했는데, 이 법칙은 고대로부터 유래한 수많은 치료법의 과학적 기반이기도 하다. 과학자로서 나는 이러한 치유적 특성에 특히 관심이 있다. 내가 찾고자 했던 식물 목록의 최상단에는 지금은 사라진, 까맣고 초콜릿 향이 나는 작약종이 있었다. 전 세계에 딱 하나 남은 그 종의 개체를 옥스퍼드대학교에서 보존하고 있었다. 페오니아 오피시날리스Paeonia officinalis라는 학명의 그 작약은 중국 전통 의학에서 중요한 식물이며, 강력한 혈관수축제로서 방광 및 신장의 결석을 제거하는 데에도 쓰인다. 그 작약을 10년 동안 찾아 헤맨 끝에 옥스퍼드대학교에 편지를 보내 호소했더니 얼마 안 가 한천배지*로 채워진 시험관 한 판이 우체국에 도착했다. 영국에 있는 모체에서 긁어낸 작은 체세포 열 개가 각각의 시험관 안에 하나씩 놓여 있었다. 나는 용케도 이 초록색 아기들을 키우는 데 성공했다. 4년 만에 꽃이 피었는데 제각기 달라서 겹꽃도 있고 홑꽃도 있고 색이 특히나 짙어 유독 까만 꽃도 있었다. 이 짙은 개체들을 교배해 더욱더 까만색을 띠는 개체를 얻었는데, 이들이 내 수목원 작약 구역의 중심을 차지하고 있다. 매년 6월 그 개체들이 꽃을 피울 무렵이면 나는 차한 잔을 들고 찾아가 응원한다.

우리 농장에는 내가 찾아 헤매거나 크리스천과 탐사를 다니면서 들여온 식물만 있는 것은 아니다. 지금 내가 부엌 창 너머로 우러러보는 높다란 떡갈나무는 25년 전에 다람쥐들이 심은 것이다. 식물이 나를 찾아오기도 한다. 실험농장에서 개발한 구스베리 덤불을 넘겨받은 것이 첫 번째였다. 그것을 넘겨준 이는 그 농장의 재배 담당자였다. 최근까지 나는 세계 곳곳의 식물원에 글을 써 보냈다. 원고료로는 현금 대신에 해당 식물원의 보유종 목록 중에서 적당한

---

*   배지는 미생물이나 식물 세포 따위를 기르는 데 필요한 영양소가 든 액체나 고체로, 배양기라고도 한다. 한천(우무)에 육즙을 섞어 만든 반투명한 배지를 한천배지라고 하는데, 여러 실험의 기본 배지로 많이 쓰인다.

식물이 있으면 그 씨앗이나 꺾꽂이용 가지를 보내달라고 요청했다. 나는 늘 뜻하지 않은 발견을 기대했고, 지금도 그러하다. 캐나다에서는 선주민 의견도 들었다. 그들이 특정 지역에 어떤 식물이 있을 거라고 설명해준 덕분에 내 힘으로는 절대 못 찾았을 많은 식물을 찾아냈다(어떤 선주민들에게 '약재 수호자'라고 불렸던 것이 자랑스럽다).

나이 든 농부들도 또 다른 지식의 보고였다. 그랜트 베이커라는 동네 이웃이 내게 말하길, 유난히 흉년이 들었던 1930년대의 어느 겨울에 체비엇양 떼를 전부 삼나무(서양측백, 투야 옷시덴탈리스) 숲에 풀어놓았다고 했다. 사료 살 돈이 모자라는데 헛간에서 죄다 굶어 죽게 둘 수는 없어 숲으로 몰아넣은 것이다. 양들은 삼나무 숲에서 살아남았고, 봄이 오자 변함없이 건강한 모습으로 돌아왔다고 했다. 그 이야기에 관해 조사해본 결과, 겨울이면 삼나무에 화학변화가 일어나 바닐린*과 비슷한 화합물인 델타펜촌delta-fenchone이라는 천연 향미증진제가 생성된다는 사실을 발견했다. 주로 사슴이 이 삼나무의 잎을 아주 좋아하며 즐겨 먹는데, 그 밖에도 유제류** 라면 어느 종이든 겨울철 내내 푸른 잎을 즐길 수 있다. 지저귀는 새들에게는 열매를 주고 유제류와 토끼에게는 푸른 잎을 내주는 삼나무를 선주민들이 '생명의 나무'라 부른다는 사실을 나중에 알게 되었다.

*　　바닐라의 향을 내는 화학물질.
**　　발굽 있는 포유류.

친구들도 나에게 식물을 구해주려고 굉장히 애를 썼다. 내게는 흰양벚나무white cherry 한 종이 있는데, 독일인 친구 하이디와 노르베르트 바일러가 알프스 고지대의 한 농장에서 찾아내기 전까지는 사라졌다고 생각했던 품종이다. 나이 든 그 농장 주인 부부는 나무를 베어버릴 생각이었지만 하이디와 노르베르트가 말렸다. "캐나다에 이 양벚나무를 찾고 있는 여성이 있어요"라고 말이다. 소식을 들은 나는 그 나무의 열매를 내게 부치기 전에 준비할 사항을 전해주었다. 이 하얗고 신 체리가 발아해 벚나무로 자라려면 우선 내과피*가 발효되어야 한다. 그사이 나는 이 품종을 들일 준비를 마쳤다.

흰양벚나무와 펀 부인의 샤그바크히커리를 발견한 데는 운이랄까 운명 같은 요소가 작용했다. 나무가 잘려 나가 영원히 사라져버리기 직전에 그 개체와 마주치는 그런 운명 말이다. 우리 농장에 안착한 식물종들은 이런 사연을 가진 경우가 많다. 내가 원하는 식물이 있어서 그 종을 찾는다는 기운을 온 세상에 퍼트리면 뜻밖의 행운으로 그 식물이 내 소원에 응답해 불과 며칠 또는 몇 주 만에 문 앞으로 찾아오는 식이었다.

그런 행복한 결말을 홉나무hop tree, 프텔레아 트리폴리아타*Ptelea trifoliata*로는 볼 수 없을 것 같았다. 프텔레아는 작고 평범해서 여느 관목과 다를 바 없어 보이지만 한때 온타리오의 숲에서 자랐고 캐

---

*　열매의 씨를 둘러싸고 있는 부분인 과피 중에서 씨와 가장 근접한 안쪽을 이루는 층.

나다 선주민이 신성시하던 나무였다. 처음 정착하던 때, 춥고 지쳐 땔감이 간절하던 개척자들에게 식민지 당국은 숲을 모두 베어내면 그 땅을 주겠다고 했다. 개척자들은 벌목하면서도 가장자리에 커다란 단풍나무 몇 그루 정도는 남겨두는 경우가 많았는데, 거기서 시럽을 뽑아낼 수 있다는 이야기를 선주민으로부터 들었기 때문이었다. 아크웨사스네모호크족Akwesasne Mohawk Nation의 불 수호자fire-keeper가 내게 말하길, 그때 이 개척자들에게 프텔레아는 신성한 나무이니 베어내지 말라는 조언도 함께 전했다고 했다. 하지만 개척자들이 이 지혜로운 말에는 귀 기울이지 않았다.

프텔레아 트리폴리아타를 잘 알고 있던 선주민들은 그 나무를 전통 약재로 썼다. 보기에는 초라할지 몰라도 그 나무에는 인체의 주요 장기를 활성화해 대사 작용을 촉진하는 상승성synergistic 생화학 물질이 들어 있다. 체내에서 약이 잘 돌게 하여 약효를 높이고 복용량을 줄여주는 성분이다. 현대 의학의 화학요법을 따를 때에도 프텔레아와 함께 약을 먹으면 복용량을 상당히 줄일 수 있을 것이다. 이런 약품을 상승제synergist라고 한다. 체내에 투입되는 화학요법 약물의 양이 적다면 부작용과 스트레스에 더 잘 대응할 수 있고 약물의 배출과 회복도 더 용이해질 것이다. 나는 이 작은 나무의 특정 품종을 25년 가까이 희망 식물 목록에 올려두었지만, 캐나다에서는 완전히 사라진 듯했고 아마도 멸종위기에 처한 것 같았다. 그 나무를 찾을 희망이 거의 사라져가고 있었다.

2000년 무렵에 나는 캐나다공영방송국CBC: Canadian Broadcasting

Corporation의 한 라디오 프로그램을 맡았다. 이것이 미국 플로리다 전역의 라디오 방송국에서 송출하기로 한 연속 프로그램으로까지 이어졌다. 연구를 통해 세미놀Seminole족* 역시 프텔레아를 사용했다는 사실을 알아낸 나는 플로리다에 그 나무의 마지막 서식지가 아직 있을지도 모른다고 생각했다. 프텔레아 트리폴리아타 크레시디폴리아*Ptelea trifoliata cressidifolia*를 찾으러 들판에 나설 열정적인 청취자가 있을지 모른다는 기대로 라디오를 통해 그 방법을 안내했다. 무엇을 찾아야 하는지, 내가 생각하는 나무 성체의 모습이 어떠한지 설명했다. 시각 자료가 하나도 없었지만 최선을 다해 그 모습을 묘사했다. 발견할 수 있는 시기도 알려주었다. 7월 말부터 가을까지 나무에 독특한 모양의 꼬투리가 맺히는데 커다란 동전이나 성찬식 제병처럼 둥글고 납작해서 웨이퍼애시wafer ash라는 이름으로 불리기도 했다. 그런 다음, 나는 이 내용을 미 동부 전역에 있는 박물학자들에게도 보냈다. 편지와 방송을 통해 그 나무를 찾고 있다는 소식은 많이 날아들었지만 실제 서식지를 찾아낸 사람은 아무도 없었다.

노력이 물거품이 되고 나니, 아무래도 그 나무가 영영 사라진 모양이라는 생각이 들었다. 참담한 심정이었다. 생명체는 되살려낼 수 없다. 일단 멸종으로 내몰리고 나면 다시는 돌아오지 않는다. 나는 과거에 엄청나게 가치 있었던 그 나무가 미래에도 엄청난 가치를 지닐 거라고 생각했다. 하지만 인류가 선택한 것은, 도와주고 치

---

* 플로리다에 기반한 선주민족.

유해주는 덧셈의 힘이 아니라 약효와 함께 나무를 그대로 파내어버리는 뺄셈이었다.

그로부터 5년쯤 지났을 무렵, 일주일 동안 현지 학생들에게 기후변화에 관한 강연을 해달라는 요청을 받아 텍사스주 포트워스에 갔다. 거기 머무는 동안 내가 마리아라고 부르는 아주 부유한 여성으로부터 아침 티타임에 함께하자는 초대장을 받았다. 수락은 했지만, 하마터면 당일 아침에 약속을 취소할 뻔했다. 그때 나는 친한 친구인 진저의 집에 머물고 있었는데, 그 친구가 내게 내준 방에는 네 모서리에 기둥이 있고 계단을 딛고 올라가야 하는 아주 큰 침대가 있었다. 나는 아침에 깨어 계단을 깜빡하고 침대에서 나오다가 바닥에 처박혔고, 다리가 찢어지면서 입에서 욕이 터져 나왔다. 여덟 시까지 초대 장소에 도착해야 했지만 다리를 다친 채로 가고 싶지 않았다. 친구는 그래도 참고 가보라며 나를 설득했다.

운전기사가 모는 차에 타 저택의 커다란 철문 앞까지 실려 갔다. 기사가 버튼을 누르자 문이 열렸고 차가 그 안으로 들어갔다. 곳곳에 정복을 입고 총을 든 남자들이 있었다. 마리아의 사병이었다.

집사 한 명이 정문에서 나를 맞이해 서재로 안내했다. 예상대로 넓은 공간에 반 고흐, 달리, 르누아르의 그림이 걸려 있었다. 거기에서 마리아가 다과를 준비해 기다리고 있었다. 내게 자리를 내주고는 크고 고풍스러운 중국식 연채 자기 접시에 담긴 비스킷을 권했다. 그 희귀한 도자기를 깼다가는 감당할 수 없을 것 같아서 접시를 탁자에 내려두고 손바닥에 비스킷을 얹어 먹었다.

담소를 나누던 중 마리아가 내 이름을 언급했다. "이웃 중에 베리스퍼드 씨가 몇 명 있었어요."

"있었다니, 그게 어딘가요?" 내가 물었다.

"애리조나와 뉴멕시코였어요."

"제 친척들이었군요." 그러자 한 가지 생각이 떠올랐다. "그러면 뉴멕시코에도 땅을 갖고 계신가요?"

"아, 맞아요."

"목장은 몇 개나 갖고 계세요?"

"여섯 개요."

"그렇군요. 그러면 혹시 거기에 산도 있나요?"

"네."

"그 산에 자갈이 많아요?" 머릿속이 빠르게 돌아가기 시작했다. 프텔레아가 자라려면 자갈밭이어야 한다. 다른 나무보다 뿌리에 산소가 더 많이 필요하기 때문이다.

산에 자갈이 많다고 마리아가 대답했다.

"목장의 숲을 베어낸 적이 있으세요?"

"아뇨, 모두 원래대로예요."

그 땅은 오랫동안 마리아의 집안 소유였다. 내가 특별히 관심을 보이는 것을 알아챈 마리아가 수년 전 어느 때인가 가능한 한 많은 식물체를 파악하고자 식물학자들이 목장 여러 곳에 다녀간 적이 있다고 말했다. 그 식물학자들이 만든 식물 표본집을 자기 소유지 중 한 곳에 있는 집에 보관하고 있다고 했다.

나는 너무 흥분한 나머지 어렵사리 질문을 꺼냈다. "그 표본집에 프텔레아 트리폴리아타 크레시디폴리아가 있나요?"

마리아는 당장은 모르지만 토지 관리인을 통해 확인해보겠다고 했다. "내일이면 알 수 있을 거예요."

다음 날 전화를 걸었더니 마리아가 말했다. "저희 집으로 초대하고 싶어요." 그러면서 다소 맥 빠지는 말을 덧붙였다. "샴페인을 준비해두었거든요."

나는 다시 그 집으로 실려 가 서재로 안내받았다. 마리아가 마개를 딴 샴페인을 들고 있었다. 세 아들과 손자들이 일렬로 서 있었는데, 제일 어린아이는 나비넥타이를 하고 있었다. 모두 잔을 든 채였다. 한 명씩 내게 다가와 악수했다. 그런 다음 마리아가 말했다. "우리가 프텔레아 트리폴리아타 크레시디폴리아를 찾았다고 발표해야겠군요."

"농담하시는 거죠?" 나는 소리쳤다. 펄쩍 뛰고 구를 지경이었지만 그러기엔 주위에 아이들이 너무 많았고 값비싼 물건도 많았다.

마리아가 부드럽게 나를 진정시켰다. 프텔레아가 그 땅에 살았다는 사실을 증명해주는 표본은 50년 전에 만들어진 식물 표본집에 들어 있다고 했다. 목장에서 자생하는 식물을 한 번도 베어낸 적이 없기는 하지만, 프텔레아가 여전히 야생에서 자라고 있으리라는 보장은 아직 없다고 했다. 나는 며칠 내로 텍사스를 떠날 예정이었다. 마리아가 내게 다시 방문할 의향이 있느냐고 묻고는 이렇게 제안했다. "다시 오시면 저희의 제일 큰 목장에 같이 가서 그 나무가 아직 있는지 확인해봐요." 나는 당연히 그러기로 했다.

그 희미한 희망을 발견한 날로부터 우리 둘 다 일정이 맞아 후속 탐사에 나설 때까지는 몇 달이 더 걸렸다. 기다리는 내내 마음이 널을 뛰었다. 분명 프텔레아를 발견할 일만 남았다는 희망의 구간과 그 나무가 영원히 사라지고 말았다는 걸 확인하게 될지 모른다는 절망의 구간을 매일 오갔다. 프텔레아는 심지어 꿈에서도 나타나, 마치 신기루처럼 내가 다가가려 할 때마다 사라져버리곤 했다.

약속한 날이 되자 포트워스로 가서 마리아와 하룻밤을 지냈다. 다음 날 아침에 조종사 앨런이 전용기로 우리를 목장에 데려다주었다. 도착해서 보니 마리아가 대여해둔 헬리콥터가 있었다. 베트남전 참전용사인 조종사가 나를 태우고 수색에 나섰다. 나는 가죽끈으로 몸을 묶어 헬리콥터 옆쪽에 거꾸로 매달린 채 해군용 쌍안경을 이리저리 들이대며 땅을 더 잘 살펴보려고 애썼다. 500제곱킬로미터가 넘는 목장의 숲을 전부 다 훑어볼 때까지 나흘을 꼬박 헬리콥터에 매달려 다녔다. 마지막 날 아침에는 뉴멕시코에서는 흔치 않게 숲에 이슬이 가득 맺혔다. 그 이슬이 프텔레아 씨앗 꼬투리의 둥근 그물맥에 맺혀 햇빛을 반사했다. 빛나는 동전을 가득 매단 것 같은 그 나무의 모습이 하늘 높이 떠다니는 중에도 또렷이 눈에 들어왔다. 나는 무전기로 조종사에게 소리쳤다. "내려줘요!" 너무 흥분해서 순간 헬리콥터에 타고 있다는 사실을 잊어버렸다.

조종사가 무리 없이 착륙할 만한 자갈 둔덕을 찾아냈다. 나는 뱀에게 물릴 위험도 까맣게 잊은 채 헬리콥터에서 뛰어내렸다. 그대로 달려가 나무를 두 팔 벌려 감싸 안고 울음을 터트렸다. 그저 울고 또 울었다.

목장의 저택으로 돌아가 마리아에게 소식을 전하고 함께 나무를 보러 갔다. 그때는 늦은 오후라 이슬은 모두 증발한 뒤였다. 이슬이 없으니 나무는 가까이 다가가도 주위의 덩굴과 구별할 수 없을 정도로 눈에 잘 안 띄었다. 목장 전체를 통틀어 프텔레아 성체는 딱 그 한 그루뿐이었다. 나는 마리아가 또 한 번 축하의 의미로 꺼낸 와인을 한 잔 마신 다음 이렇게 말했다. 이제 나를 말 그대로 나무 껴안는 사람으로 불러도 좋다고.

나무를 대신해 말하기

나무 쪼개기

1982년에 오타와대학교의 일자리를 그만두었다. 정착한 지 8년에서 9년 정도 되던 그즈음, 농장은 어느 정도 모양을 갖추었고 우리 집도 적당히 살만한 느낌이 들기 시작했다. 지금은 3만 2300제곱미터까지 늘어난 정원이 점차 자리를 넓히고 있었다. 과수원에서는 본격적으로 과실이 맺히기 시작했다. 우리는 집 앞을 빙 둘러 흑호두나무가 늘어선 산책로를 조성했다. 정원과 밭 둘레에 심은 산울타리에 맺히는 꽃꿀과 꽃가루의 양이 늘면서 새와 곤충이 몰려들었다. 우리는 휴면오일dormant oil과 유황 뿌리기, 석회로 덮기 같은 기법을 활용해 약 64만 7500제곱미터에 달하는 땅 전체를 유기농법으로 관리했는데, 지역 내 모든 농부의 밭이 살충제로 절여지던 당시만 해도 정말로 드문 일이었다. 나는 평생토록 자연을 향한 날것 그대로의 사랑과, 푸르게 자라나는 생명체들에 둘러싸이고픈 욕구를 품어왔다. 이 땅은 내가 사랑하는 식물의 왕국을 매일매일 연구할 수 있는 곳이었다.

시아버지 헤르만 크로거는 마셜우주비행센터* 부국장으로, 아폴로 계획에서 중요한 역할을 했다. 그가 내게 들려준 대학 시절 이야기가 늘 마음에 맴돌았다. 항공공학 석사 시절에 그는 나중에 로켓이나 비행기, 아니면 사람들이 자기 생명을 믿고 맡길 또 다른 무언가를 만들어야 할 때 쓰게 될 재료들에 관해 배우는 실습을 시작했다. 교수가 그에게 금속 주물 한 더미와 줄칼을 주면서 간단한 과제를 냈다. 줄칼만을 이용해 주물을 전부 손으로 다듬을 것. 완벽히 매끈해지도록.

처음에 그는 그 일을 의미 없고 잔인하기까지 한 숙제로 여겼다. 주물을 다듬는 며칠 동안 그 모든 수고가 교수의 권력 과시에 지나지 않는다고 생각했다. 하지만 어느 틈에 그는 그 작업을 통해 욱신거리는 팔, 다듬어진 금속과 광택 나는 주물 더미만 얻은 것이 아니라, 분명 그 과제를 완수하지 않았다면 알 수 없었을 수준까지 재료들을 완벽히 이해하게 되었음을 깨달았다. 온전한 몰입을 통해서 그러한 깨달음을 얻었고 다른 방식으로는 알지 못했을 재료에 대한 고마움도 느낄 수 있었다. 이 단순 작업이 결국 인간을 달에 보내는 데에 중요한 역할을 했다. 나는 농장에서 내 방식대로 금속 다듬기 효과를 추구했다. 자연을 내가 사랑하는 사람들처럼, 내 머릿속처럼 속속들이 이해할 수 있을 정도로 깊이 빠져들고 싶었다.

자연에 둘러싸여 숨 쉬듯 자연과 접촉하다 보면 어디서 발견의

＊　　미항공우주국 산하의 연구 기관.

순간이 튀어나올지 모를 일이었다. 크리스천이 땔감으로 쓰려고 도끼를 휘둘러 죽은 나무를 쪼갤 때 그 곁에 있던 나는 조각조각 갈라진 나무토막마다 똑같이 껍질을 가로질러 소용돌이치는 짙은 무늬가 나 있는 것을 보았을 것이다. 쪼개진 나무토막을 쌓으며 이 무늬를 그저 썩은 부위로 여겼을 것이고, 그 생각이 대체로는 옳았을 것이다. 하지만 수년 동안 수천 조각에 달하는 어마어마한 나무토막을 쌓으며 그 무늬를 보고 또 보다 보니 마침내 미세한 차이가 눈에 띄었을 것이다. 보라색이나 분홍색, 노란색 줄무늬에 눈길을 빼앗겼다가 갑자기 눈앞의 그 무늬가 썩은 부위가 아니라는 사실을 깨달았을 것이다. 그것은 나무 표면에서뿐만 아니라 안쪽에서도 자라는 곰팡이였다. 더불어 나는 각각의 나무 품종마다 다른 나무에서 보이는 것과는 다른 두세 가지 특정한 곰팡이 집단을 가지고 있다는 사실도 알아챘다.

이게 무슨 뜻이었을까? 그 곰팡이들은 전부 다른 균류보다 더 진화하여 실험실에서 복제하기 어려울 정도로 복잡한 생화학물질을 대단히 정교하게 생성해내는 상위 균류에 속했다. 곰팡이가 이 정교한 화합물로 공격하면, 나무는 스스로 화학적 작용자를 생성해 자기방어에 나선다. 내가 현미경으로 연구해보니 나무의 이러한 자기방어 물질에는 모두 약효가 있었다. 그러니까 나무가 공기 중에 내뿜는 유익한 미세 입자, 그 약 성분이 바로 곰팡이와 벌인 전쟁의 결과물이었던 것이다. 이제는 이런 나무 중에 면역 체계를 강화하고 각종 암으로부터 신체를 보호해주는 수종이 많다는 사실이 임상 연구를 통해 드러나고 있다.

죽은 나무를 베어 장작더미가 되도록 쪼개는 과정을 반복해보아야 한다. 두 눈으로 세상을 들여다보아야만 그 안에서 벌어지는 일을, 제대로 이해하지 못했던 것들을 알아볼 수 있다. 애초에 내가 땅을 갖고 싶어 했던 그 깊은 욕구에는 그런 몰입감을 바라는 마음이 섞여 있었다. 몰입을 통해 얻은 관찰 결과와 내 눈에 뜨인 작은 존재들 그리고 그것들이 왜 그런 식으로 존재하는지 알고자 하는 욕구가 내 삶에서 가장 중요한 관념의 기초를 이루었다.

또한 정원과 들판, 숲으로 나갈 때마다 나와 동행하는 것들이 있었다. 우선 관찰한 것을 측정하고 해석하는 데 쓰는 지식과 기술의 기초가 되어준, 그동안 내가 받은 모든 과학 교육 과정이 있었다. 기관에서 벗어날 자유, 나 자신으로 존재하며 외부의 간섭 없이 내 호기심을 자극하는 것을 쫓을 여유도 있었다. 내게 놀라운 힘의 원천이 되어준 크리스천과 우리 딸 에리카가 보내주는 사랑과 믿음, 지지가 있었다. 소외된 존재로서 느끼는 고독과 절박함, 그저 날것의 본질 이외에는 아무것도 남지 않을 때까지 자신을 몰아붙이게 만드는 무섭고 고통스럽기도 한 감정들 또한 있었다. 이성으로 성취하는 질서 정연한 사고 못지않게 확실한 발견으로 나를 이끄는, 아름다움을 포착하는 화가의 안목이 있었다. 그리고 리쉰스의 오래된 지식과 그 지식이 내게 선사한, 자연을 우리 자신과 지구를 지탱하는 데 필요한 모든 것의 신성한 원천으로 바라보는 시각이 있었다.

나에게 없는 것은 자원이었다. 뭐가 되었든 연구에 드는 비용은 저렴해야 했기 때문에 내가 보유한 생육 장치에 들어맞는 종을 연구 대상으로 골랐던 석사 과정 때와 마찬가지로 내가 수행할 수 있는 연구의 대상을 확보하는 데에는 한계가 있었다. 하지만 이것은 어느 과학자든 어느 정도 겪는 문제이고, 독창성을 발휘해 비용이나 발상의 한계를 뛰어넘을 가능성이 항상 존재한다. 또한 운 좋게도, 돈 없이 관찰할 수 있는 농장 안의 세계에서 내가 답을 찾고자 매달릴 만한 질문이 바닥난 적은 단 한 번도 없었다. 우리 땅은 그 자체로 내 발상을 시험하기에 딱 알맞은 실험실이었다.

정착 초기에 크리스천과 나는 나중에 내가 마리아의 목장에서 했던 것과 같은 방법으로 농장을 구획 지어, 원시림이 남긴 마지막 흔적인 오래된 그루터기를 찾아다녔다. 그 과정에서 투야 옷시덴탈리스의 거대한 그루터기를 발견했고, 삼나무 숲을 벗어나고서야 우리가 앞서 마주친 거대한 나무들이 히커리였다는 것을 알아챘다. 그 옛날 이 지역을 개간한 사람들은 둥치의 지름이 3미터에 이를 정도로 어마어마하게 큰 나무들을 거두어 옮기느라 상당히 애를 먹었을 것이다. 한때 그 나무들이 그렇게 잘 자라났다는 것은 현지에 꽤 잘 적응했다고 볼만한 단서였다. 나는 호기심이 발동해 히커리를 연구하기 시작했다. 나무의 무게, 부피, 탄소격리carbon sequestration * 능력을 찾아보았는데, 알고 보니 이곳 캐나다 동부 지역에서 히커리

---

* 이산화탄소를 비롯한 대기 중의 탄소를 토양이나 유기물 등의 담체에 저장해 대기를 정화하는 과정을 가리킨다.

는 참나무와 함께 탄소격리 최우수종에 속하는 나무였다.

어떤 말로도 히커리를 제대로 칭송할 수가 없다. 히커리는 특별한 수종이다. 모두 20종 정도로 대부분 북미 지역에 분포하지만 중미까지 내려가는 경우도 있고, 한 종은 중국에 외로이 떨어져 있다. 미 대륙의 긴 표면을 따라 분포하며 과도한 태양 복사열을 흡수한다. 전통적으로 선주민들의 생명줄이었는데, 주민들은 히커리 열매에서 일종의 치즈, 기름, 유액, 크림, 술 등을 얻었고 그 덕분에 오늘날 우리가 겪는 여러 가지 뇌 질환을 앓지 않았던 것으로 보인다. 히커리는 자라면서 대기 중 이산화탄소를 상당량 흡수하고 고품질 견과를 대량으로 생산해내기에 기후변화에 맞서는 싸움의 최전선에 선다. 나는 수목원에 거의 모든 카뤼아 품종을 심었지만, 미국 북동부와 캐나다 남동부 선주민들이 고기와 채소를 보존하기 위해 훈연할 때 쓰던 카뤼아 토멘토사*Carya tomentosa*라는 히커리는 아직 찾는 중이다. 킹넛kingnut, 카뤼아 라시니오사*Carya laciniosa*는 변함없이 내가 제일 좋아하는 나무이다.

나는 직접 심은 나무들을 오랫동안 지켜보면서 체험을 통해 배웠다. 예를 들어 오래전부터 나는 호두나무에서 생성되는 특정 화학물질이 다른 식물을 시들게 한다는 사실을 알고 있었는데, 내 수목원에서 그 실증적 증거를 눈으로 확인했다. 사과나무, 배나무, 자두나무, 산사나무처럼 민감한 나무라면 호두나무로부터 20미터 정도 떨어진 곳에 심어도 이 화학물질에 쓰러지고 말 것이다. 실제로 그 일이 일어나기까지는 거의 35년이 걸렸지만 말이다. 그 결과 나는 좋아하던 교배종을 몇 가지 잃었고, 삼나무종 일부도 피해를 당했다.

야생 생물의 행동을 관찰하다 보면 그 습성을 파악하게 되고 오래 이어나가는 관행도 생긴다. 우리는 새들이 흙 목욕을 즐기고 깃털에 붙은 진드기와 이를 떨쳐낼 수 있도록 밭의 너른 구간을 식재하지 않고 비워둔다. 매년 3월이면 긴 비행 끝에 도착한 철새들이 깃털을 고르고 실내 목욕을 즐길 수 있도록 파랑새와 녹색제비Tree swallow가 쓰던 상자를 말끔히 비우고 나뭇재를 새로 채워 넣는다. 밭과 정원 일부에는 돌담을 둘러쌓아 담벼락과 그 틈새에서 뱀과 영원,* 도롱뇽이 포식당하지 않고 안전하고 행복하게 겨울을 나게 한다. 그리고 가장 추운 계절이 다가올 때면 무당벌레가 숨어들 수 있도록 담장을 따라 작은 텐트가 늘어선 모양으로 나뭇잎 더미를 조금씩 쌓아둔다. 그리고 아는 사람은 알다시피, 호저**와 삼나무, 사슴은 평생 서로 연결된 채로 살아간다. 땅에 눈이 덮여 있는 겨울 동안 호저는 밤에 굴을 빠져나와 삼나무 가지를 꺾으러 간다. 호저가 어느 정도 먹고 남은 가지를 땅바닥에 남겨두고 가면 굶주린 사슴이 와서 먹는다.

모든 형태의 생명을 향해 환영의 손을 내민다는 더 큰 목표를 이

---

* 　세로로 납작한 긴 꼬리와 물갈퀴가 달린 발을 가지고 있는 도롱뇽목 영원과의 동물.

** 　등에서부터 꼬리까지 가시털이 자라고 몸집이 작은 쥐목 호저류의 포유류.

루려면 토착종과 희귀종 식물을 심는 일에 더해 이렇게 사소하고 꼼꼼한 노력을 기울이는 것도 필요하다. 내 정원이 전 세계에서 수집된 온갖 아름다운 꽃들이 특권의 울타리 안에서 바깥 세계를 내다보는 살균 처리된 미의 공간이 되는 일은 절대로 없을 것이다. 태어날 때부터 내 안에 있었든 리쉰스에서 습득했든 간에, 내 사랑은 생동하는 열린 아름다움, 모든 생명체가 맺고 있는 복잡한 관계 속에 존재하는 경이로움을 향한다.

예를 들어 내가 20년 전에 약 8센티미터짜리 꺾꽂이용 가지를 심어 키운 버드나무 한 그루는 어느새 키 크고 호리호리한 나무로 자라났다. 지난 초여름에 보니 지면에서 약 2미터 정도 높이의 나무 껍질에 지름이 약 0.2센티미터에 불과한 조그만 구멍이 한 줄로 나 있었다. 흔히 수액빨이sapsucker라는 이름으로 불리는 작은 딱따구리 종인 스퓌라피쿠스 바리우스*Sphyrapicus varius*의 작품이 틀림없었다. 캐나다 동부 토착종에 속하는 이 노란배수액빨이딱따구리를 유해 동물로 보는 정원사가 많은데 그럴 만도 하다. 수액빨이는 그 이름에 걸맞게 나무의 당분인 수액이 흘러나와 맺히도록 나무의 몸통에 구멍을 뚫는다. 살아 있는 나무에 이러한 상처를 입히는 것이다. 특히 수액이 충분히 나오지 않을 경우 나무가 죽을 정도로 해를 입힐 수도 있다.

그래도 나는 이 새들을 쫓아낼 방안을 짜내기보다는 지켜보며 기다렸다. 수액빨이들이 볼일을 끝내고 배를 다 채운 지 2주가 지나자 구멍 주변에서 나비가 엄청나게 많이 보이기 시작했다. 2주 사

　　　　　나무를 대신해 말하기

이에 구멍에서 흘러나온 수액이 나무껍질에 굳어 있었다. 나비들은 수액빨이의 고된 노동이 없었다면 얻지 못했을 당분을 먹고 전해질을 취하려 거기에 모여든 참이었다. 이 전해질이 나비의 날개에 색을 입힌다.

나는 이미 느리고 아름다운 나비의 춤을 감상했는데, 나비들이 떠난 뒤에도 누릴 것이 더 남아 있었다. 수액빨이들이 뚫는 구멍은 맵시벌류가 집을 짓기 좋아하는 크기와 정확히 일치한다. 기생벌인 맵시벌은 여러 가지 끔찍한 병원체로부터 정원을 지켜주는 아주 이로운 곤충이다. 자연은 나름대로 무척 관대하지만 그런 만큼 간섭 당하기 십상이다. 그 구멍 한 줄을 여름 내내 지켜보지 않았다면 나는 그 중요성을 이해하지 못했거나, 그렇게 온전하고 매혹적인 연결고리를 알아채지 못했을 것이다. 많은 정원사가 그랬던 것처럼 수액빨이들을 몰아냈다면 나비도 벌도 잃게 되었을 것이다. 밖에 나와서 아무것도 배우지 못한 채 보내는 날은 단 하루도 없다. 작은 것이라 해도 그 작은 것이 아주 큰 무언가의 열쇠가 될 수도 있다. 그런 작은 것과, 그것이 서로 연결되어 모든 생명의 그물망을 통해 퍼져나가는 방식을 발견하는 일은 자연에서 마주할 수 있는 진정한 아름다움 중 하나이다. 내가 이해하고 일구어나가려던 것이 바로 그것이다.

이제는 우리 땅 약 64만 7500제곱미터 전체가 생명을 북돋우려는 목표에 따라 이런 방식으로 설계되었다고 말할 수 있다. 외곽에 심은 산울타리는 넉넉한 먹이와 쉼터뿐 아니라 거의 모든 곳에서 맞닥뜨리는 화학적 맹공으로부터 피할 곳을 찾는 새와 곤충을 불러 모은다. 파랑새의 산책로에 상자를 배치하는 방식이나 수액빨이를 그대로 두기로 한 결정 같은 세세한 사항이 모여 응축된 하나의 단위로 맞물려 들어간다. 전체적으로 둘러보았을 때 이 장소가 단일한 기본 계획에 따라 한꺼번에 조성되었다고 생각하기 쉬울 것이다. 그게 어느 정도 사실이기는 하다. 이곳에 자리 잡기 시작할 때부터 나는 자연에 담긴 고유한 계획에 따라 이 장소를 설계하고자 했다. 하지만 흙먼지 사이로 땅을 보아온 그 오랜 시간 내내 내 눈앞에 그 계획이 늘 펼쳐져 있었던 것은 아니다.

그저 중요하고 사라져서는 안 된다고 생각했기에 종을 보존하는 일부터 시작했다. 서리와 가뭄에 대한 저항성을 특히 강조한 것은 내가 석사 연구를 하면서 그리고 식물학과 3학년 때 강의안을 다시 쓰면서 얻은 중간종에 관한 교훈을 통해서 숲을 잃으면 곧바로 기후변화가 뒤따른다고 확신하게 되었기 때문이다. 전 세계적인 숲 개벌을 막을 가능성이 전혀 보이지 않는 상황에서, 우리가 향하는 미래가 제일 강한 종만이 생존을 기대할 수 있는 곳이 아니라고 믿을 이유가 내게는 하나도 없다. 우리가 아는 생물다양성은 지나간 이야기가 되고 말 것이다.

농장을 구성하는 다른 요소들은 시행착오를 거치며 자리를 잡았는데, 지금 과수원 구역과 호두나무 사이에 유지하는 안전거리도 그중 하나다. 여느 정원사와 마찬가지로 나는 소용없는 일을 많이도 시도했다. 릴라이언스Reliance라는 복숭아 품종이 있었는데 캐나

나무를 대신해 말하기

다의 겨울을 날 수 있다고 들었지만 내가 이식한 개체는 그렇지 못했다. 추위 때문에 뿌리에 접붙여놓은 부분이 상하는 바람에 릴라이언스 복숭아를 잃고 말았다. 그 손실로 소중한 교훈을 얻었다. 더불어, 겨울을 잘 견디는 복숭아를 실제로 얻을 가능성은 높지만 생전에 그 일을 해낼 시간이 내게 남아 있지 않다는 사실도 안다.

우리 땅 전체를 하나의 단위로 보는 시각을 마침내 온전히 확립한 시기는 농장에서 산 지 10년이 다 되어갈 무렵이었다. 어느 날 아침 잠에서 깨어 창밖을 내다보니 분홍색 별 모양 꽃으로 가득 뒤덮인 살구나무가 보였다. 그 살구나무 가지에 앉은 선홍색 수컷 홍관조가 나를 들여다보고 있었다. 이는 내 책 『생명의 정원*A Garden for Life*』서문에 썼듯이, 나와 침실 창밖에 펼쳐진 자연계 사이에 형성된 동반자 관계의 총체성을 두 눈으로 확인할 수 있었던 빛나는 순간이었다.

'생물학적으로 설계하기bioplanning'가 바로 이것을 설명하기 위해서 내가 만든 말이다. 자연에 존재하는 수많은 것들이 따르고 있는 이 무한한 복잡성을 받아들인다는 단순한 개념이다. 이미 썼듯이 생물학적 설계란 '자연에 담긴 생명의 연결성을 전부 그려내는 청사진'이다. 버드나무에서 수액빨이와 나비, 맵시벌로 이어지는, 그리고 그 모두와 우리를 연결하는, 눈에 보이고 또 보이지 않는 그물망이다. 진화의 틀이자 균형이며 서로 베푸는 관계이자 이 지구에 우리가 존재하고 번성할 수 있게 해주는 바탕이다. '생물학적으로 설계하기'는 이러한 생물학적 설계를 지원하고 장려하는 행동이다.

정원이나 농장에서라면 그곳이 자연적인 서식지로 활용되도록 재정비하는 것을 뜻한다.

농장 전체가 단일한 생물학적 설계에 딱 맞게 돌아가는 모습을 처음 목격한 것은 신성한 경험이었다. 자연의 근본적인 진리는 항상 우리 주위에 존재한다. 나는 그 진리 앞에 나 자신을 열어두고 언뜻 드러나는 순간에 반응하면서 그것을 한 조각 한 조각 쌓은 끝에 머리끝부터 발끝까지 잘 맞아떨어지는 거대한 무언가를 만들어냈다. 그리고 그 최초의 깨달음 너머에는 리쉰스에서 보낸 나의 어린 시절부터 시작해 내 평생의 경험에 녹아 있는 더 크고 전 지구적인 교훈이 있었다.

————

기후변화는 인류가 맞닥뜨린 가장 큰 도전이다. 모든 생명체가 그 영향을 받는다. 전체를 바라보는 것조차 벅찬 과제다. 해법을 찾으려 하면 누구라도 금세 불가능하다는 느낌부터 받을 것이다. 문제가 너무나 크다 보니 그저 고개를 돌리고 그 자체를 부정하려는 사람이 많다. 인류는 절대 변하지 않을 것이며 지구를 구하려는 노력은 아무 소용이 없다는, 우리 모두 다 끝장나고 말았다는 냉소적인 믿음을 담고 있는 경우에만 모든 기후 과학자가 입을 모아 외치는 지구의 현실을 받아들이는 이들이 있다. 분명히 말하건대, 외면하거나 포기하려는 사람들에게 쓸 시간이 나에게는 없다.

팻 리쉰스와 함께 약 2만 제곱미터 넓이의 보리밭을 수확하러

나무를 대신해 말하기

갔을 때, 제대로 해내기에는 작업이 너무 커 보였다. 물론 지금 우리 모두를 겨누고 있는 위협에 대항하는 일과 비교하면 곡식을 거두려 밭에 선 두 사람의 작업은 사소하기만 하다. 그러나 머리와 가슴으로 느끼기에 능력 밖의 일로 보이는 문제가 있을 때, 그 종착지가 얼마나 멀리 있느냐는 중요치 않다. 불가능한 일이란 없다. 그날 나는 일단 첫걸음을 떼는 법을 배웠다. 혼자든 함께든, 우리 능력의 한계는 생각했던 것보다 훨씬 멀리 있다는 것을 배웠다. 절망적인 상황이란 없다는 것을 배웠다.

식물, 동물, 곤충을 위해 내가 쏟은 모든 노력이 저마다 맞물리고 결합하고 불어났다는 것을 깨달은 그 빛나는 순간, 나는 팻 아저씨와 밭일하던 그날과 똑같은 힘이 차오르는 것을 느꼈다. 나는 다른 방향에서 접근하고 있었다. 어떻게 해야 닿을지 알 수 없는 목적지를 바라보는 대신에, 내 걸음이 목적지를 향해 가는지도 모르는 채로 계속 걸어왔다. 그러나 얻은 교훈은 동일했다. 아무리 작은 것이라도 긍정적인 행동이 우리를 더 큰 목표로 데려간다. 브레혼 후견 과정에서 내가 얻은 지식의 조각들처럼 자연계를 돕고 북돋우려는 노력 하나하나가 다른 어떤 행동에 못지않게 소중하다. 강하든 약하든, 우리 모두 기후변화를 막기 위해 행동해야 한다. 우리는 모두 다 한 가족에 속한 형제자매이며, 자연계는 우리가 함께 머무는 둥지이기 때문이다.

첫 깨달음을 얻은 후 몇 년 동안 나는 기후변화를 멈추기 위한 행동 방침을 개발했다. 내가 전 지구적인 생물학적 설계라 부르는 이 작업은 조각보를 만들듯이 자연계를 재건하려는 인간의 크고 작은 노력을 연결해 지구 전체를 뒤덮으려는 것이다. 이는 기후변화에 대한 궁극적인 해결책은 아니지만 이미 입은 피해를 수습하면서 그 해결책을 찾는 데 필요한 시간을 벌 수단, 우리의 파괴적인 행위에 진지하게 대처할 수 있을 만큼 오랜 기간 기후를 안정시킬 방안이다.

전 지구적인 생물학적 설계의 핵심 개념은 간단하다. 한 사람이 6년 동안 해마다 나무 한 그루를 심는다면 기후변화를 멈출 수 있다. 대기 중의 탄소를 목질에 끌어다 고정하고 반대로 산소 방울을 배출하는 그 멋진 분자기계를 늘려서 지구의 온도 상승을 멈추고 감당할 만한 수준으로 되돌리는 것이다. 나무들은 3억 년 전에도 이산화탄소 농도가 유독할 정도로 높은 환경을 인류가 살 수 있는 수준으로 바꾸어놓았다. 또 한 번 그 역할을 할 수 있다.

사실 그렇게 간단한 개념은 아니다. 나무 여섯 그루를 심을 공간이나 수단이 없는 사람은 어떻게 할 것인가? 내가 팻 리쉰스와 함께 하면서 배우고 생물학적 설계 개념을 머릿속으로 구상하면서 재확인했듯이, 각자 할 수 있고 믿는 바에 따라 첫걸음을 내디디면 된다.

도시의 고층 건물 발코니에 화분 하나를 내놓는 것처럼 소박한 행위도 개인 차원의 생물학적 설계일 수 있다. 예를 들어 박하 같은 식물은 목이 트이게 해주는 미세 입자를 내뿜는 이로운 식물이다. 새나 더 작은 생물에게도 그렇고, 우리가 사랑하고 아끼는 사람들에게도 똑같이 이롭다. 전 지구적 생물학적 설계의 진정한 목표는 모든 사람이 가능한 한 자기 자신과 가족에게, 새와 곤충에게, 야생 생물에게 가장 이로운 환경을 조성하고 보호하도록 이끄는 것이다. 이 개인 차원의 생물학적 설계가 이웃과 연결되면 기하급수적으로 확장된다. 한 사람 한 사람이 도토리처럼 작은 일을 시작하고 그것이 참나무로 자라기까지 직접 키우고 지키고 관리한다면, 우리가 그런 생각을 아주 거대한 규모로 한다면, 지구는 더 이상 우리의 탐욕 때문에 위태로워지지 않을 것이다. 이제 우리는 지구의 수호자이다. 이것은 모든 생명체를 위한 더 나은 세상을 이루고자 하는 꿈이다.

물론 이미 있는 숲도 모두 다 보호해야 한다. 해마다 각자 한 그루씩 나무를 심는 것도 괜찮은 일이기는 하지만 그러면서 아마존을 개벌하고 아한대림을 파괴한다면 긍정적 효과가 크게 퇴색될 것이다. 파괴를 중단하게 하는 데에는 나무의 탄소격리 및 산소 배출 관련 수치가 충분히 설득력 있는 논거가 되지만, 생물학적 설계 개념에는 또 다른 중대한 논거가 담겨 있다. 숲을 파괴하는 우리는 파괴하려는 대상에 대해 극히 일부분밖에 이해하지 못한다. 나는 과학자로 살아오면서 아주 많은 질문에 대한 답을 찾아냈지만, 지금 자연계에 대해 내가 알고 싶은 대상의 목록은 오타와대학교를 떠날때보다 더 길어졌다. 나무의 껍질과 잎, 뿌리에서, 혹은 식물 스스로공기 중에 뿜어내는 물질에서 내가 발견한 모든 약 성분은 아직 밝혀지지 않은 다른 약 성분의 존재를 암시하는 징후였다. 자연계와인류의 생존 사이에 놓인 보이지 않거나 있음 직하지 않은 연관성을 마주할 때마다 나는 우리가 생명을 지키기 위해 기대고 있는 모든 것에 대해 아주 조금밖에 알지 못한다는 확신이 강해졌다. 우리는 아직도 땅속의 물이 어떻게 나무 꼭대기에 다다르는지, 식물이 어떻게 물리적 법칙에 반해 물을 끌어올리는지 설명하지 못한다. 이런 기본적인 원리조차 우리의 이해 범위를 벗어나 있는 상황에서 어떻게 숲을 베어낼 수 있는가? 얼마나 오만하고 탐욕스러운, 근시안적인 행동인가 말이다.

숲을 지키고 그럼으로써 기후변화와 싸울 방법은 생각보다 훨씬 더 다양하다. 넓은 범위에서는 정부와 산업계에 대항하기 위해 연대할 수 있고, 숲을 파괴하려는 조짐이 나타나는지 지켜보고 맞서 싸울 수 있다. 나는 이런 활동에 많이 참여했다. 우리는 심지어 다국적기업과 국제기구, 정부와도 싸워서 이겼다. 예를 들어, 나는 레드테일의친구들Friends of the Red Tail이라는 단체와 함께 캐나다 동부 해안에 위치한 존강의 상류 매카이브룩의 물길을 따라 늘어선 픽토 카운티의 드넓은 성숙림을 보호하는 활동을 했다. 또한 오타와시의 주요 생물학적 설계안을 작성했고, 국내외의 여러 환경단체에서 과학 자문을 맡았다.

더욱 좁게는 자기가 사는 동네와 지역의 수호자나 관리자 역할을 맡을 수 있는데, 이는 매니토바주 위니펙에서 큰 효과를 발휘한 방법이다. 위니펙 주민들은 느릅나무, 울무스 아메리카나Ulmus americana를 보호하기 위해서 미국느릅나무좀, 휠루르고피누스 루피페스Hylurgopinus rufipes를 잡는 노란 방충 덫을 교체하는 작업에 함께

나무를 대신해 말하기

했다. 이 딱정벌레는 번식하지 않는 시기에 우리가 줄이려고 애쓰고 있는 치명적이고 공격적인 병원성 균류인 오피오스토마 울미 *Ophiostoma ulmi*를 퍼트린다. 위니펙에서와 같은 이러한 노력은 다시 각성을 일으키는 불씨가 되어 사람들이 더 많은 활동에 나서도록 자극한다. 자신이 다니는 거리에 큰 나무가 있다면 지역 의회에 그 나무를 소중히 여기는 주민이 있다는 사실을 분명히 밝히자. 종류를 불문하고 투표는 숲을 아끼는 인물을 더 큰 권력과 권한이 있는 지위로 보낼 기회이다.

이 글을 쓰고 있는 지금, 지구상에 존재하는 80억 인구 중에서 우리는 극소수에 불과하다. 나무로 하여금 대기 중 이산화탄소를 충분히 흡수케 해 기후변화를 멈추려면 이미 지켜낸 숲에 더해 1인당 6그루라는 내 계산에 따라 대략 480억 그루의 나무를 더 심어야 한다. 480억 그루는 달성하기에 너무나 크게 느껴질 수 있지만, 이 일을 해내는 방법은 간단하다. 그저 첫걸음을 떼고 계속해나가는 것이다.

어머니나무

들판을 걷고 있다고 상상해보자. 해가 떠 있지만 너무 뜨겁지는 않다. 발밑으로 한데 섞여 자라난 포아풀과 야생화, 고사리, 그 밖에 여러 식물이 부드럽게 밟힌다. 드문드문 흙이 드러난 맨바닥을 지날 때마다 그윽한 흙냄새가 콧속으로 파고든다. 그런 흙바닥 중 하나를 막 건너려는 찰나, 주머니에서 도토리 한 알이 굴러떨어진다.

잃어버린 이 열매 한 알에 운명이 미소 짓는다. 깍정이와 겉껍질이 떨어져 나가고, 안에 있던 씨앗은 포근한 안식처를 찾는다. 며칠, 몇 주, 어쩌면 몇 달이 지난 후에 속껍질을 가르며 솟은 초록색 싹이 흙을 뚫고 올라와 도톰한 잎 두 장을 내밀어 햇빛과 이산화탄소를 빨아들여 에너지와 섬유질로 바꾼다. 유목을 거쳐 성목이 되도록 자라고 또 자란다. 하늘에 닿을 만큼 높이 솟아오르고 널리 뻗어나가 근방에서 가장 키가 큰 생명체가 된다.

북에서 남으로, 남에서 북으로 이동하는 철새들이 그 높다란 나무에 내려앉아 한숨 돌리며 기력을 보충한다. 이 방문자들의 깃털에는 환원형 비타민D를 함유한 기름이 뒤덮여 있다. 햇빛이 이 기름에 닿으면 분자의 2차 결합이 깨어지며 비타민D가 완전히 활성화된 형태로 변한다. 이제 충분히 자란 참나무에 내려앉은 새들은 깃털을 다듬으면서 질병을 이기고 생존 가능성이 높은 알을 더 많이 낳을 수 있게 해 주는 비타민을 섭취한다. 그러는 사이에 새의 깃털 속에 묻혀 있거나 발밑에 붙어 있던 씨앗들이 떨어져 내린다. 배설물에도 씨앗이 약간씩 섞여 나온다.

옛날 옛적 도토리가 그랬듯이, 참나무 그늘 아래로 떨어진 씨앗 중 일부가 싹을 틔운다. 시간이 흐르며 나무에서 떨어지는 잎으로부터 부식산이 풍부한 부엽토가 생성되어, 새로 나온 유목들이 뿌리로 물과 양분을 흡수하도록 돕는다. 본체가 튼튼하고 조건이 맞는 경우에 참나무는 뿌리를 통해 주변에 있는 식물, 특히 자기 자손들에게 마치 모유 수유를 하듯 탄소와 산소가 함유된 양분을 전달한다. 모든 식물이 그 양분을 받을 수 있는 것은 아니지만 전달 범위가 넓다. 다른 나무들뿐 아니라 양치류, 지의류, 이끼류까지도 너그러운 참나무의 혜택을 함께 받는다. 그 그늘에서 수많은 나무가 번성하며 다음 세대를 기다린다. 그런 나무 한 그루당 40종 정도의 곤충이 깃들인다. 참나무는 대도시로서, 300년에 걸쳐 성목으로 자라나는 동시에 새로운 원시림을 키워낸다.

간단히 말해, 다양한 종의 성장에 필요한 특정 조건을 갖추는 능력이 나무의 DNA에 새겨져 있다. 때가 되면 숲 하나를 조성해낼 생물학적 설계가 여기, 한 알의 씨앗이 품고 있는 유전물질 속에 새겨져 있는 것이다. 물론 이 긴 과정을 내가 직접 지켜볼 수는 없었다. 나무 한 그루가 주위를 둘러싼 숲을 어떻게 유지하고 때로 키워내기도 하는지 이해하기 위해서는 현재의 숲 자체에서부터 그간의 여정을 거슬러 올라가 보아야 했다.

———

1995년, 나는 다가올 새천년을 기념하여 캐나다에도 도움이 되고 나무에 대한 대중의 관심도 크게 북돋울 만한 무언가를 하기로 마음먹었다. 그해 여름에 크리스천과 나는 딸 에리카와 그 애의 친구 로라와 함께 프린스에드워드섬에 있는 우리 소유의 땅에 갔다. 가는 도중에 두 시간 반에 걸쳐 그랜드폴스에서 미러미시에 이르는 뉴브런즈윅주 중부 지대를 지나는 여정이 있었다. 고속도로를 따라 나무가 늘어서 있어서, 그 길을 지나는 내내 거대한 원시림 지대에 홀로 뻗은 도로를 통과하는 기분을 느끼게 된다. 그렇지만 뉴브런즈윅은 임업의 역사가 길고 그 지위도 확고한 곳이다. 원시림은 환상이다.

이동하는 내내 로라가 나무를 보며 경탄했다. 신이 난 모습이 예쁘기는 했지만 그 감동은 거짓에 기반한 것이었다. 그래서 나는 말했다. "로라, 표지만 보고 책을 다 알 수는 없으니까 잠깐 차에서 내려 걸어보자꾸나."

우리는 차를 세우고 우르르 내렸다. 늘어선 나무 사이로 들어가 30미터 정도 걸으니 도로변 가로수 너머에 있던 것이 드러났다. 눈

나무를 대신해 말하기

에 보이는 제일 먼 곳까지 깔끔하게 잘려 나간 풍경이었다. 마치 달 표면을 걷는 듯했다.

사실을 알고 속상해하는 로라의 얼굴을 보니 내 안의 고통과 분노가 되살아났다. 바로 그 자리에서 나는 캐나다의 숲에 건강한 유전체를 되돌려놓는 활동을 하기로 마음먹었다. 새천년을 기념하기에 충분히 가치 있는 일일뿐더러 성공한다면 그 결실을 영원히 남길 수 있었다.

나중에 우리가 새천년프로젝트Millennium Project라고 이름 붙인 그 일은 내가 아는 한 북미 지역에서 가장 큰 규모로 진행된 나무 심기 프로젝트이다. 크리스천과 나는 참가자 4500명에게 씨앗과 묘목 총 75만 개를 보냈다. 모두 농장에서 번식시킨 스물두 가지 희귀 토착종으로, 휴면에서 깨어난 상태로 기본 정보와 원산지, 재배 방법을 동봉해 몇 년에 걸쳐 우편으로 발송했다. 유콘Yukon 지역에 보낸 개오동나무 한 그루에 관해서는 수년 동안 해마다 소식이 날아왔다. 그 나무는 매년 여름철에 성장했는데, 정원에 눈이 쌓이는 높이 정도로만 자라서 나무라기보다는 덤불 같은 형태를 띠었다. 이렇게 낮게 자라면 나무가 생존할 가능성이 커지기 때문에 북위도 지역의 나무들은 이런 경우가 많다.

새천년프로젝트의 목표 중 하나는 가능한 한 가장 우수한 유전물질을 가진 나무를 골라 보내는 것이었다. 크리스천과 나는 농장을 구입한 순간부터 이런 나무를 눈여겨봐 왔지만, 프로젝트로 인해 그 목적의식이 더 강렬해졌다. 우리는 더 자주 탐사에 나섰고 그러는 사이에 나는 점점 선명해지는 깨달음을 하나 얻었다.

정말 멋진 나무를 찾고 보면 언제나 주변 환경이 건강했고, 그 건강한 지대에 속한 모든 것이 그 나무에 기대고 있는 듯한 느낌이 들었다. 그런 나무는 대체로 상당히 컸고, 주위 땅에서 흙냄새와 생명력, 활기가 퍼져 나왔다. 그 큰 나무와 주위에서 자라는 나무의 껍질에는 지의류가 피어 있기 마련이었다. 공기가 나쁜 곳에서는 지의류가 자라지 않기 때문에, 이것만 봐도 주변 공기가 얼마나 좋은지 알 수 있다. 나무 그늘에서는 계절에 따라 다른 풀이 돋아 올랐다. 봄에는 알뿌리, 알줄기, 덩이줄기 식물이 둥근 잎을 지닌 노루귀, 헤파치카 아메리카나*Hepatica americana*와 연령초속* 식물들처럼 잎을 둘러 추운 날씨를 견디는 억센 늘푸른식물과 함께 솟아 나오며 양호한 토질을 보여주었다. 여름에는 다년생, 일년생, 이년생 식물이 차례차례 뒤따라 나오고, 가을이 되면 균사체로부터 버섯이 잔뜩 돋아났다. 생장기 내내 동물과 곤충들이 바삐 움직였다. 나무 주위에 엄청난 나비 떼가 날아들었다가 빠져나갔다. 바닥에 난 구멍들이 쥐와 작은 포유류의 존재를 일러주었다. 저녁 무렵이면 어둠 속으로 날아가는 박쥐의 딸깍대는 소리가 맴돌았다.

오랜 기간, 때로는 몇 주에 걸쳐 매일 찾아가 지켜보다 보면 이런 나무가 숲 전체의 활동과 활력의 구심점이라는 사실이 뚜렷이

---

*   백합목에 속하는 여러해살이식물군으로, 해가 직접 닿지 않는 숲속에서 주로 자란다. 아시아와 북미 등지에 50여 종이 분포한다.

나무를 대신해 말하기

드러났다. 숲속 생명의 진원지가 되는 이런 나무를 나는 '진원지나무epicentre trees'라고 부르기 시작했다. 그러다 이들이 주위 환경에 미치는 영향을 더 잘 알게 되고서는 이름을 바꾸었다. 이제는 '어머니나무mother trees'라 부른다.

어떤 숲이든 어머니나무가 그 숲을 주도한다. 성목이 되면 이런 나무는 필수아미노산 22종과 필수지방산 3종, 식물단백질, 복합당을 단일 성분 또는 복합적인 중합체 형태로 자연계에 공급한다. 이 성분들은 곤충에서부터 꽃가루 매개 생물, 조류鳥類, 크고 작은 포유류에 이르기까지 자연의 모든 생물이 번식력을 유지하게 해준다.

어머니나무는 봄부터 천연 타감작용물질allelochemical*이라는 무기를 생성하여 자연히 흙에 스며들게끔 흘려보내서 자기 영역을 보호한다. 이렇게 해서 나무는 건강을 지키는 데에 필요한 광물질을 머금도록 토양을 손질할 수 있다. 성숙한 어머니나무는 다른 생물을 불러들이거나 막는 여러 가지 미세 입자를 수관 주위의 공기 속에 퍼트린다. 그리고 수관의 품 안에 있는 다른 나무들을 보호하고 영양을 공급한다. 어머니나무는 우리가 숲이라 부르는 공동체의 지도자이다. 그리고 전 지구에서 숲은 생명을 의미한다.

일본의 마쓰나가 가쓰히코 박사와 그 연구팀이 확증했듯이 어머니나무는 바다에도 영향을 미친다. 가을에 떨어지는 나뭇잎에는 풀브산이라는, 입자가 상당히 큰 복합산이 들어 있다. 나뭇잎이 부

* 다른 식물의 발아나 생장에 영향을 끼치는 물질.

식될 때 이 풀브산이 흙의 물기에 녹아들어 철분과 결합할 수 있게 된다. 이 과정을 킬레이트화라 한다. 철을 함유한 무거운 풀브산은 이제 여행할 준비를 마치고 어머니나무의 품을 떠나 바다로 향한다. 바다에 도착하면 철분이 떨어져 나간다. 식물성 플랑크톤 같은 조류들이 이 철분을 먹이 삼아 굶주린 배를 채운다. 철분은 조류의 몸체를 형성하는 질소고정효소$_{nitrogenase}$를 활성화해 조류의 성장과 분열을 돕는다. 이러한 일련의 관계를 바탕으로 바다에 영양이 공급된다. 이로써 물고기가 먹이를 얻고 고래와 수달 같은 해양 포유류가 건강하게 살아간다.

어머니나무는 봄이 오면 꽃가루를 생성하고 대기 중에 미세 입자를 내뿜기 시작한다. 그 미세 입자가 따뜻해지는 공기를 타고 오르다 수증기와 만나 뒤섞인다. 우리를 둘러싸고 있는 기상 유형이 여기서 생성된다. 인류는 넉넉한 어머니나무에서 비롯한 풍부한 빗물을 바탕으로 번성한다.

나는 북부 지역의 숲에서 이러한 유기적 구조를 처음 관찰했지만 곧 모든 숲이 이런 기반을 갖고 있다는 사실을 알아냈다. 아마존에서는 브라질호두나무, 베르톨레치아 엑셀사$_{Bertholletia \, excelsa}$가 어머니나무의 지위를 차지하고 주위의 모든 생물종이 건강히 살아갈 수 있도록 구심점이 되어준다. 중국에서는 히커리 품종인 카뤄아 시넨시스$_{Carya \, sinensis}$가 숲을 길러내는 역할을 맡는다. 견과류, 콩류, 도토리류를 생산하는 종이 항상 어머니나무가 되는데, 1차 단백질 공급원인 그 열매에 온갖 동물이 이끌리기 때문이다. 어머니나무는 지구상의 모든 숲에서 나타나는 공통적인 특성이다.

당연히 고대 아일랜드 숲을 떠받친 것도 어머니나무였다. 드루이드들은 어머니나무에 관한 모든 것을 알고 있었다. 리쉰스에 홀로 선 물푸레나무에 넬리 할머니는 같은 어머니 입장에서 말을 건넸고, 그런 지혜의 자취가 내게도 스며들었다. 리쉰스에는 내가 과학계에서 일하는 동안 얻은 지식의 상당 부분이 이런저런 형태로 이미 존재했지만, 아일랜드에는 진정한 지혜를 생생히 이어나가도록 도와줄 나무가 없었다. 북미에 와서 나무와 함께 지내면서 나는 내가 배운 지식을 맥락 위에서 보게 해주는 나무의 커다란 혜택을 누릴 수 있게 되었다.

어머니나무에 담긴 유전 정보는 현재 가장 중요한 살아 있는 도서관일 것이다. 나는 새천년프로젝트를 위해 찾아낸 나무들을 통해 그러한 진실을 이미 감지했지만, 그 생각이 진정 확고해진 것은 몇 년이 지난 후 아일랜드에 돌아갔을 때였다.

나는 한때 아일랜드의 마지막 상급왕이 소유했던 고대 숲에서 홀로 살아남은 브리안 보루마Brian Bóruma * 참나무를 보러 클레어주County Clare를 찾았다. 퀘르쿠스 로부르Quercus robur종으로, 아마 1500살은 되었을 그 나무는 다가가는 동안 보는 사람의 시야를 완전히 지배한다. 브리안 보루마 상급왕이 말을 탄 수하 1000명과 함께 그 나

---

*　11세기 초 최초로 아일랜드 전역을 장악한 상급왕의 이름. 아일랜드 어로는 브리안 보루마로, 영어으로는 브리안 보루Brian Boru로 표기한다.

무의 수관 아래에 몸을 숨긴 적이 있다고 한다. 1000년이 지나 그 자리에 앉아 있자니 순전히 나무의 크기만으로도 마음이 울렁거렸다. 의심할 여지없이, 브리안 보루마 참나무가 그 지역의 어머니나무라는 것을 알 수 있었다.

아일랜드 각지에 통나무 도로가 깔렸던 시기가 있는데, 그 도로에 쓰인 통나무를 분석한 수목학적 연구를 통해서 한때 아일랜드에 브리안 보루마 참나무 같은 나무가 흔했다는 사실이 밝혀졌다. 고대 드루이드의 숲을 밀어버린 개벌 작업 때문에 그 많던 나무가 한 그루만 빼고 다 사라지고 말았다. 수천수만 년에 걸친 삶을 통해 얻어낸 지식도 함께 사라졌다. 도토리 한 알로 원시림을 조성하는 방법에 관한 지식이. 우리의 생명과 지구를 지키기 위해 필요할지도 모를 지식이.

캐나다 북부 아한대림에는 그 잃어버린 도서관의 북미 대륙판이 아직 남아 있다. 미래 세대를 위해 아한대림을 보호하는 일이 이제 곧 내 인생의 거대한 사명이 될 것이다.

나무를 대신해 말하기

행동하는 마음

2003년 『아메리카 수목원_Arboretum America_』을 출간한 후 온타리오 주 선더베이에 있는 레이크헤드대학교로부터 토착 삼림과 대안적 숲 이용에 관한 정부 주관 회의에서 기조 강연을 맡아달라는 요청을 받았다. 처음에 들은 설명에 따르면, 목재만 잔뜩 얻어내는 수준을 넘어서 인류가 숲에서 얻을 수 있는 수많은 것을 조명하려는 취지로 만든 자리였다. 캐나다 북부 전역의 선주민 대표들과 학자, 주요 목재 기업 인사, 그린피스와 시에라클럽 같은 환경운동 단체 관계자 등이 참석할 예정이었다. 서로 다른 의도를 지닌 여러 집단이 뒤섞여 있었지만 전반적인 목적은 뚜렷했다. 새롭거나 주목받지 않았던 방식으로 숲에서 이윤을 창출할 방안을 살펴보자는 것이었다.

숲은 신성한 장소이다. 나는 내 온 마음을 다해 그렇게 믿는다. 그 증거를 내가 몸으로 느꼈고, 장담하건대 마음을 열고 숲에 발을 들여본 사람이라면 누구라도 그럴 것이다. 그러나 신성한 장소라고 해서 숲으로부터 이득을, 심지어 금전적 이익까지도 얻으려는 사람들의 생각 자체를 거부하지는 않는다. 우리 모두 나무가 필요하다. 종이에도, 집에도, 생활 속에도 나무가 쓰인다. 숲에서 얻을 수 있는 약물은 자연이 우리에게 주는 것 중에서 산소 다음으로 제일 귀한 선물이다. 자연의 너그러움에 기대는 것을 두려워할 필요는 없지만 그 기적에 경의를 표할 수 있을 정도로는 충분히 이해해야 한다.

연설을 몇 시간 앞두고, 나는 레이니강선주민족Rainy River First Nations 출신 여성 약사와 함께 커피를 마셨다. 그 약사가 자기 이야기를 들려주었다. 열일곱 살 때 하나뿐인 첫아이를 출산한 다음 강제로 불임 시술을 받았다고 했다. 표면에 둥근 물방울이 맺힌 차가운 커피잔을 바라보며 앉은 채였다. 꺼칠한 얼굴을 타고 눈물이 흐르는데도 그이는 그 사실을 모르는 듯했다. 흘러내린 눈물이 입술과 뺨으로 모여들었다. 자신이 당한 일을 떠올리면 그 자리에 얼어붙어 쉽게 떨쳐낼 수 없을 정도로 정신적 외상이 큰 상태였다. 그런 사람이 용기 내 나를 일깨웠다. 캐나다, 특히 북부 지역에 사는 선주민들의 문화가 너무나도 많이 사라지고 말았다.

나는 수많은 청중 앞에 마련된 연단에 올랐다. 함께 이야기 나누던 그 약사의 모습이 머릿속에 또렷이 남아서, 학자와 목재 업자, 환경운동가보다 앞서 선주민들을 향하여 이렇게 강연을 시작했다. "북미 선주민들에게는 전설 속의 정령 위나보조Winabojo*가 전해준

* 오지브웨Ojibwe족을 비롯한 북미의 여러 선주민족이 공유하는 전설 속에 등장하는 존재로, 나나보조Nanabozho라고도 불린다. 장난스럽지만 해를 끼치지는 않으며 동물로 형상화되는 경우도 종종 있다.

신성한 나무가 두 가지 있었습니다. 자작나무와 삼나무였죠. 해마다 6월이나 7월이면 살아 있는 자작나무에서 껍질을 잔뜩 얻었습니다. 벗겨낸 껍질은 모아서 보관해 두었어요. 컵이나 주전자 같은 살림 도구를 만드는 데 쓰는 재료였거든요. 그 껍질을 불에 쬐고 늘여서 접시, 상자, 관, 천막, 저장용 바구니, 조리도구, 깔때기와 원뿔통, 고기 주머니, 부채, 횃불, 촛불, 불쏘시개, 인형, 썰매 그리고 여러분이 잘 아시는 자작나무 카누를 만들었습니다. 옛날 옛적에, 여러분의 문화는 전 세계에 퍼졌습니다."

이어서 자작나무의 약효와 자작나무 목재를 참피나무 끈으로 묶어 외과수술이나 골절 치료에 부목으로 활용하는 방법을 설명했다. 내가 하는 말이 북부 지역 수백 개 언어로 동시통역되었다. 독특한 선주민 언어가 사방에서 폭포처럼 쏟아져 나왔다. 회의장 뒤에 줄지어 있던 약사들이 자세를 고쳐 앉고 목재 업자들은 귀를 기울였다. 나는 이렇게 강연을 끝맺었다. "북쪽 지역의 여러분, 위나보조를 기억하세요. 이것은 여러분의 문화입니다."

박수를 받으며 연단에서 내려와 약사들이 비워둔 내 자리를 찾아 회의장 뒤편으로 향했다. 회의가 모두 끝나고 국제연합 대표의 짧은 연설만 남아 있었다. 나는 허드슨만에서 온 덩치 큰 약사 옆에 자리를 잡고 기다렸다.

국제연합 대표로 참석한 이가 연단에 올라가 연설을 시작했다. 솔직히 나는 연설을 듣는 것보다 사람 구경하느라 더 바빴다. 연사가 관료적인 어조로 읊는 선언문이 내 귀에 꽂히기 전까지는 말이다. 나는 허드슨만에서 온 거인의 옆구리를 팔꿈치로 찌르며 물었다. "제가 제대로 들은 건가요? 저 사람이 아한대림의 50퍼센트를 개벌할 계획이라고 말한 게 맞아요?"

내 옆에 나란히 앉은 이는 어두운 모습으로 "옙" 하고 짧게 답하며 내가 제대로 들었다고 확인해주었다.

방금 내가 숲이 지닌 약효에 관해서, 또 그 모든 나무를 베어내지 않고도 더 많은 수익을 낼 방법에 관해서 이야기했는데, 뒤이어 연단에 오른 이 사람은 아한대림을 50퍼센트나 밀어낼 거라고 말하고 있었다. 아마존만큼 크고 독특하고 대체 불가능한 모습을 이루기까지 3만 년이나 걸린 숲을 말이다. 따뜻한 바닷물과 찬 바닷물의 순환을 그 숲이 관장한다. 이 흐름에 따라 지구의 계절별 기상 유형이 좌우된다. 대표가 설명하는 계획은 내가 보기에 대량 학살이었다. 그러자 이런 생각이 들었다. 어떤 일이 생기든 상관없어. 저기로 올라가야겠어.

회의장 앞쪽으로 걸어가 다시 연단에 올랐다. 국제연합 대표의 마이크를 가로채 청중에게 이렇게 말했다. "지금 말씀하시는 내용은 대량 학살입니다. 여기 계신 여러분은 모두 북부 지역에서 오셨지요. 이 계획은 여러분을 죽을 지경까지 내몰 겁니다. 새와 물고기, 해양 포유류 등 모든 이주 동물에 대한 대량 학살이기도 합니다. 아한대림 체계는 성실한 세계의 일꾼이에요. 대체할 수 없습니다. 아한대를 개간하면 물길과 호수를 붙들어 두고 툰드라 영구동토층의 취약점을 덮어주는 물밑페놀benthic phenol이 노출될 것입니다. 호수와

나무를 대신해 말하기

강, 늪지 아래에서 유기물이 수압을 받으면서 분해되는 층인 이 페놀성 식물 무덤은 반드시 물 밑바닥에 얼어 있어야만 해요. 그렇지 않으면 분해 과정에서 나오는 이산화탄소와 메탄으로 대기가 가득 찰 겁니다."

계속해서 나는 아한대에 사는 사람들이야말로 지구의 진정한 관리자라고 주장했다. 그러니 그 밖의 우리들까지 돌보는 임무를 수행하는 데 대한 대가를 받아야 한다고 말했다. 세계은행이 대출금을 마련해 이 일에 개입하는 방안도 제시했다. 아한대림 체계가 온전히 유지된다면 기후변화에 맞서 싸울 기회가 생긴다.

나는 얼마나 화가 치밀었던지 발언을 하는 사이 회의에 참석 중이던 북미 전역의 약사들이 조용히 무대로 올라와 내 뒤에 넓고 둥글게 모여 서는 것을 눈치채지도 못했다. 말을 마치자 한 여성 약사가 다가와 내게서 마이크를 가져가더니 이렇게 말했다. "다이애나의 말이 곧 우리가 할 말입니다."

그 발언 후, 모든 참석자가 숨을 멈추기라도 한 듯이 회의장에는 일촉즉발의 침묵이 감돌았다. 주최 측 표정을 보니 내게 엄청나게 화가 났다는 걸 알 수 있었다. 집으로 돌아가는 내내 나는 그 발언으로 피어난 불꽃을 마음에 품고 있었다. 비행기에서 내리자마자 크리스천에게 말했다. "젠장, 우리 책 한 권 더 써야겠어요. 카메라 준비해둬요. 아한대로 갈 거예요."

나중에 공개된 회의 기록에는 기조 강연 시간에 했던 발표 내용만 남아 있었다. 뒤에 한 내 발언은 지워졌지만 그 자리에 있던 선주민들은 지금도 그 일을 기억하고 있다.

———

내가 사회운동에 뛰어들게 된 계기는 온타리오 북부의 그 삼림 회의가 아니었다. 리쉰스에서 보낸 어린 시절부터 나는 가능하면 무엇이든 나누면 좋지만 그중에서도 특히 지식을 자유롭게 나누고 항상 자신을 둘러싼 세상을 개선할 방법을 찾으라고 배웠다. 온 세계의 성모 마리아 같은 이들이 베푸는 그런 자선을 실천할만한 돈을 가진 적은 없었다. 그 대신, 내 앞에 다가온 가치 있는 대의를 옹호하고 마음 깊이 와닿는 문제에 대한 인식을 확산하는 데에 내가 가진 과학적 지식과 끌어모을 수 있는 모든 기력을 쏟아부었다.

1990년대 초에는 구 유고슬라비아 전쟁 피해 여성을 위한 기금을 마련하려고 보스니아산 헬레보루스Helleborus*를 홍보하고 판매했다. 그 수익금이 국경없는의사회에서 수행한 1만 5000건의 수술과 붕대 및 심전도계 구입에, 그리고 투즐라시에 피난처를 짓는 데에 쓰였다. 그전에는 메릭빌의 공원 바닥에 주저앉아 농지 주위에 화학약품 없는 통행로를 두도록 법제화하여 꽃가루 매개 생물이 살아갈 야생 영역을 확보할 것을 요구하며 싸웠다. 그리고 크리스천과 함께 긴부리마도요, 누메니우스 아메리카누스Numenius americanus 같은 멸종위기종이 안전히 머물 수 있는 하안 지역의 보호를 강화하

* 유럽산 미나리아재빗과에 속하는 다년생 늘푸른식물.

는 방향으로 프린스에드워드섬의 환경보호법에 추가된 항목들을 개정하기 위해 싸웠다. 2년에 걸쳐 유전자 변형 식품이 미칠 잠재적이고 검증되지 않은 건강상의 위협을 논의했던 연방보건부 장관과의 간담회에도 참석해 발언했다. 새천년프로젝트 역시 활동가로서 진행한 일이다. 온타리오 전역의 학교, 도서관, 교회를 돕기 위한 활동을 펼쳤고 40년 넘게 참여해온 원예학회 강연에서는 매번 강연이 열리는 지역에서 위기 상태에 있는 나무와 식물의 목록을 뽑아 관련 정보를 청중에게 전해주면서 이렇게 말했다. "이 나무들은 여러분이 책임져야 합니다."

이처럼 더 나은 세상을 만들려는 노력은 내게 새삼스러운 일이 아니었지만, 그 삼림 회의를 겪은 후로는 새로운 방식으로 사고하고 행동하게 되었다. 지구상에서 가장 중요한 자연경관의 일부인 지역이 심각한 위험에 직면했다는 사실을 인지하자 시야가 넓어지면서 처음으로 내가 상상했던 것보다 훨씬 더 큰 도전에 뛰어들 수도 있겠다는 생각이 들었다. 실제로 그런 도전이 내 앞에 놓여 있었다. 크리스천과 나는 그 후 몇 년 동안 아한대 지역의 중요성을 널리 알리기 위한 새 책을 쓰는 일에 몰두했다.

우리가 함께 쓴 북부 삼림에 관한 책 『아한대 수목원: 지구의 생명줄Arboretum Borealis: A Lifeline of the Planet』과 나의 산문집 『지구의 숲The Global Forest』을 출간한 2010년까지도 나는 지구를 에워싼 이 중요한 숲 체계에 관한 인식을 개선하기 위해서 애쓰고 있었다. 이 두 책이 CBC 라디오 프로그램 〈더 커런트The Current〉의 관심을 끌어 진행자 애나

마리아 트레몬티와 특집 인터뷰를 하게 되었다. 한동안 나의 작업에 흥미를 보인 영상 제작자들이 있었지만 나는 매번 그 제안을 거절했다. 그날 라디오에서 내 이야기를 들은 위니펙의 다큐멘터리 제작자 제프 매카이는 차를 세우고 방송에 귀를 기울였다. 그런 다음 프린세스가에 있는 작업실로 달려가 제작팀에게 내 작업을 바탕으로 영화를 제작할 수 있을지 나와 의논해보자고 제안했다. 만나서 보니 매카이는 그동안 내게 접근한 영상 제작자들과 전혀 다른, 다소 거친 남자였다. 이 사람은 나와 함께 끝까지 가겠다는 생각이 들었다. 그가 캐나다인이라는 사실과 우리가 어떤 영화를 만들든 나의 새로운 터전인 캐나다에서 상영하게 되리라는 점도 중요했다. 결국 나는 영화 〈숲의 목소리: 사라진 나무의 지혜〉의 감독용 각본을 쓰게 되었다. 우리는 5년에 걸쳐 전 세계를 돌아다니며 영화를 찍었다. 또 1년 동안은 영화와 함께 선보인 calloftheforest.ca라는 나무 심기 애플리케이션을 제작했다. 이용자가 사는 지역에 심기 적합한 식물종을 알려주고 나무에 담긴 약 성분 정보를 제공하는 서비스였다.

촬영 초반에 알렉산드라 폴이라는 기자가 《위니펙프리프레스 *Winnipeg Free Press*》에 나에 관한 기사를 썼다. 알렉산드라는 환경운동가 소피아 라블라우스커스와 친구였다. 포플러강선주민족Poplar River First Nation 대표인 소피아는 약 10년 전에 위니펙 호수 동편에 위치한 약 8000제곱킬로미터에 달하는 원시 아한대림에 보호구역 지위를 받아냈다. 알렉산드라가 내게 말하길, 소피아가 몇 주 내로 근처에 사는 가족을 만나러 오는데 우리 집에 들러 차 한잔하며 대화하고 싶어 한다고 했다. 내가 좋다고 하니 그달 말, 영하 35도의 날씨에 소피아가 친구 여럿과 함께 찾아왔다. 우리는 다섯 시간 넘게 이야기를 나누었다.

그날 첫 만남에서 소피아는 내게 매니토바주와 온타리오주 사이에 있는 피마치오윈아키Pimachiowin Aki라는 거대한 원시 아한대림에 관해 이야기했다. 그 이름이 오지브웨어*로 '생명을 주는 땅'을 뜻한다고 하니, 그들은 나와 생각이 통하는 사람들이 틀림없었다. 포플러강선주민족은 자신들의 역사로 기록된 수천 년 동안 그 숲을 항상 지켜왔고, 약 8000제곱킬로미터 면적에 보호구역 지위를 받아 내고 나서는 피마치오윈아키 전역을 유네스코 세계유산으로 올리려고 수년째 애쓰고 있었다. 이미 파리에 있는 유네스코 사무국에 신청서를 제출했고 응답을 기다리는 중이었다. 그러한 지역이 있다는 사실과 선주민들이 기울여 온 노력에 대해 처음 알게 된 나는 소피아에게 내가 도울 일이 있으면 무엇이든 하겠다고 말했다. 직접 찾아가서 내 눈으로 살펴본다면 그 숲의 가치를 과학적으로 분석해 그들의 활동에 도움이 될 논문을 쓸 수 있을 거라고 했다.

헤어질 무렵 우리는 친한 사이가 되었다. 나는 그들이 진지하고 성실하게 노력하는 사람들이라는 걸 한눈에 알 수 있었고 믿음이 갔다. 그래서 나중에 알렉산드라로부터 유네스코 신청서가 반려

---

*   캐나다 선주민 부족인 오지브웨족이 쓰는 언어.

되었다는 소식을 듣고는 깜짝 놀랐다. 돌이켜보면 그렇게까지 놀랄 일은 아니었다. 신청서를 접수했던 그 기관을 감독하는 조직의 대표가 바로 수년 전에 아한대림의 절반을 깎아내겠다고 공언해 나를 매우 화나게 했던 그 사람이었다. 게다가 자연에 대한 인류의 무관심에 놀라지 않게 된 지도 오래된 터였다.

그래도 나는 그 사람들이 패배한 것이 전혀 아니며, 지금이야말로 자연을 위한 이 특별한 싸움을 벌이기에 알맞은 시기라는 걸 알고 있었다. 맞다. 우리는 그 어느 때보다 기후 재앙에 가까이 다가서 있다. 이런 상황에 직면해서도 지구상에는 여전히 무심하거나 심지어 현실을 부정하면서 그 대가를 기득권층에게 받아내는 사람이 허다한 것도 사실이다. 하지만 그와 동시에 자연계를 깊이 염려하고, 숲이 고대의 신성한 장소임을 깨닫고, 이윤과 '진보'를 쫓는 인류의 자멸적인 행동을 멈추기 위해 무언가 하고 싶어 하는 사람이 그 어느 때보다 많은 시대에 사는 행운을 누리고 있기도 하다.

나는 켈트족의 교육을 받을 수 있는 시기에 꼭 맞게 태어나는 대단한 행운을 누렸다. 하지만 졸업 후 북미로 떠나기 전까지 몇 년에 걸쳐 나의 선생님들이 세상을 떠나는 모습을, 그리고 선생님들의 곁에 나 외에 아무도 남지 않은 상태로 그 전통의 불씨가 점차 사그라드는 과정을 지켜보았다. 나는 자연을 영적으로 바라보는 관점을 간직한 채 학계에 들어섰지만 "과학과 신성함을 섞지 말라"는 말을 들으며 거기서는 그러한 관점이 환영받지 못한다는 사실을 깨달았다. 학계에서 과학자란 삼림지대 문화에 관한 선주민의 지식을 믿기보다는 더 잘 알아내야 하는 사람이라고 했다. 이러한 태도에 더해 여러 가지 이유로 나는 과학 및 교육 기관으로부터 밀려났다. 내가 배운 것, 항상 알고 있던 것, 말해야 할 것을 함께 나눌 수 있는 수많은 청중을 만나게 된 것은 오랜 기간 일했던 그곳을 떠난 후였다. 그래도 이제는 숲의 영적, 과학적 가치에 대한 믿음을 우리 문화의 변두리로 밀어두지 않아도 된다는 것을 안다. 기후에 대한 청년들의 염려와 어린이들의 불안이 커졌다. 그만큼 관심이 높아졌고 사람들도 준비되어 있으니 대중적인 운동을 일으킬 수 있다. 행동하기에 너무 늦은 것도 아니다. 이 모든 조건에 우리는 깊이 감사해야 한다.

〈숲의 목소리〉의 일부를 소피아와 함께 피마치오윈아키에서 촬영하기로 했다. 나는 촬영팀과 함께 위니펙으로 날아가 같은 이름을 지닌 호수의 북쪽으로 이동했다. 거기서 블러드베인강 어귀의 한 지점까지, 서쪽에서 동쪽으로 호수를 건너야 했다. 위니펙 호수는 아주 얕은데 바람이 불면 대단히 높은 파도가 인다. 무사히 건너려면 조건이 잘 맞아야 한다. 블러드베인선주민족 추장 윌리엄 영이 우리를 커다란 배에 태웠다. 배에 타고 보니 머리 위로 검독수리들이 선회하고 있었다. 호수 위를 미끄러져 지나가는 동안 검독수리가 일부는 오른쪽, 일부는 왼쪽으로 무리 지어 따라왔다. 검독수리는 바로 아래에서 보면 어마어마하게 커 보인다.

머무는 동안 묵기로 한 숙소에 도착해 짐을 내렸다. 강과 호수가 만나는 지점이었다. 맑고 티 없이 아름다운 블러드베인 강물은 마시기에도 안전했다. 이 점을 굳이 언급해야 할 정도로 그런 물이 드물다는 사실이 슬프다. 검독수리에 더해 흰머리독수리도 우리 머리 위를 선회하고 오르내렸다. 이따금 원하는 것을 찾아 아래로 급강하하기도 했다. 강에는 물고기와 비버, 수달이 가득했고 촬영 중에 새끼들이 내 발 주위에서 놀았다. 공기는 깨끗하고 신선해, 들이마시면 마치 혀에서 톡톡 튀는 샴페인 거품을 마신 듯했다.

강 양쪽으로 선주민들이 5000년 동안 손대지 않고 자발적으로 보호해온 숲이 펼쳐져 있었다. 지구상의 진정한 북방 원시 아한대림 그 자체로서 생물다양성이 믿을 수 없을 만큼 풍부했다. 숲 바닥에는 지의류가 가득 덮여 있었다. 두께가 30센티미터쯤 되어 보이는 그 융단 위를 걸으면 뽀득뽀득 소리가 났다. 지의류는 오래된 나무 위로도 타고 올라와 숲의 화학적 대기 정화 능력을 배가했다. 올빼미가 무수히 쏟아져 나왔다. 그리고 덩치 큰 동물들이 내는 소리가 사방에서 울려 퍼졌다. 아마 곰도 있었을 것이다.

그날 밤 나는 잠을 잘 수가 없었다. 흥분 상태이기는 했지만, 잠을 못 잔 것은 그 때문이 아니라 숙소 안에서 느껴지는 보이지 않는 존재감 때문이었다. 시계를 지켜보다가 아침 여섯 시가 되자 더는 침대 안에 머물 이유가 없다고 판단했다. 수면에 피어오르는 물안개를 보러 강변으로 산책하러 가야겠다고 생각하며 자리에서 일어났다.

옷을 입고 밖으로 나갔다. 해가 막 떠오르는 참이었다. 곧바로 엄청난 새 떼가 하늘을 뒤덮었다. 날갯짓에 뜨개질바늘 수천 개가 맞부딪치는 것 같은 소리가 났다. 새들은 내 앞에 보이는 강가의 풀밭 위에 감도는 구름 사이로 내려앉았다. 빛이 비치고 나서 보니 붉은어깨검정새였다. 그렇게 많은 새가 한자리에 모여 있으려면 뭔가 먹을 게 있어야 했다. 새들이 내려앉은 자리에 있는 식물이 무엇인지 알아내려고 가까운 강가로 다가갔더니 거기에 줄풀이 있었다. "쟤들이 줄풀을 먹고 있어요!" 나는 누구라도 이 광경을 함께 봐주었으면 하고 소리쳤다. "새들이 줄풀을 먹고 있다고요!"

나는 음향 감독 노먼 두거스를 데리러 숙소로 돌아갔다. 진행 중인 3차원 음향 작업에 그 새소리를 담았으면 했다. 두거스가 일어나 장비를 챙겨 강가로 오기까지 한 시간 반이 걸렸다. 그때는 이미 새들이 절반쯤 떠난 후였다. 강가에 카누가 있길래 두거스에게 새들이 내려앉은 곳으로 데려다 달라고 했다. 해부용으로 온전한 줄풀 표본을 얻고 싶었다. 나는 카누 바깥으로 팔을 뻗어서 우리 선장 두거스가 카누의 노로 파낸 줄풀 한 포기를 다치지 않게 감싸 안은 뒤 다시 자리에 앉았다. 숙소로 가서 이 식물을 샅샅이 해부해 사진과 설명을 담은 문서로 남길 작정이었다.

실제로 그 식물은 지자니아*Zizania*속에 해당하는 줄풀로 북미에서는 찾아볼 수 없는 종류였다. 키가 2미터 정도 되었지만 강가 풀밭에서 가장 큰 식물은 아니었다. 맨 위의 이삭은 마디로 나뉜 형태였는데 내가 알기로 이삭이 그런 구조로 되어 있으면 하늘을 가로지르는 태양의 움직임에 따라 회전할 수 있었다. 그 식물은 교잡되거나 교배된 적 없이 5000년 동안 현지 선주민들의 양식이 되었다.

그야말로 보물이었다. 나는 그 식물을 줄풀의 변종으로 보고 지자니아 아쿠아티카 버라이어티 앙구스티폴리아*Zizania aquatica var. angustifolia*라는 이름을 붙여 식별했다. 진정한 과학적 발견이었다.

나는 그 종이 존재한다는 사실을 바탕으로 그 지역의 중요성을 호소했다. 그 줄풀은 자연의 보물이며, 1000년 동안 그것을 지켜온 오지브웨족 문화의 살아 있는 기념물이라고 주장했다. 또한 피마치오윈아키에 있는 숲의 의의에 대해서도 자세히 설명했다. 북방 원시 아한대림의 성장 및 교체 과정은 과학적으로 아주 상세하게 연구된 적 없었다. 일례로 내 눈으로 보았던 것과 같은 형태로 지의류와 결합해 자라는 변형균류myxomycete, 즉 점균류의 존재가 기록된 적이 없다. 원시종인 점균류는 잎의 기공을 여닫는 방식이나 T세포가 면역 체계의 화학적 요청에 반응하는 방식과 마찬가지로 계산에 의한 호출 명령을 사용하는 것으로 나타나 의학적으로 중요해졌다. 자판의 버튼을 누르는 기계적 방식이 아니라 화학적 반응으로 이런 작용을 하는 것이다. 추운 겨울이 다가오면 점균류는 생존을 위해 아직 밝혀지지 않은 모종의 방법으로 모여서 함께 움직인다. 과학적으로 그 집단적 움직임은 여전히 수수께끼로 남아 있다.

블러드베인과 포플러강의 선주민족들이 소피아와 함께 이미 기울이고 있던 노력에 나의 호소가 더해졌다. 2018년 8월, 피마치오윈아키는 유네스코 세계유산으로 지정되었다. 세계유산 중에서도 흔치 않게 자연적 중요성과 문화적 중요성 모두를 인정받은 사례였다. 소피아의 노력은 결국 덴마크 면적에 맞먹는 약 3만 제곱킬로미터에 달하는 상상할 수 없을 만치 아름다운 아한대림을 보호구역으로 지정하는 것으로 끝이 났다. 피마치오윈아키는 현재 그 어느 곳보다도 넓은 보호구역이다.

우리 모두 뒷다리에 힘을 실어 크게 휘둘러야 한다. 이룰 수 없을 것만 같은 목표를 향해 첫발을 내딛고, 언젠가는 닿을 것이라고 진심으로 믿으며 용기를 내야 한다. 우리는 모두 다 어마어마한 용기를 지니고 있다. 한 사람 한 사람이 놀라운 일을 해낼 수 있다. 피마치오윈아키는 우리가 스스로를 믿고 불가능한 일을 이루기 위해 계속 나아갔을 때 무엇을 이룰 수 있는지 보여주는 살아 있는 증거이다.

———

진행 중인 기후변화를 멈추는 것이 불가능해 보일 수 있다. 근래 연구에 의하면 2019년을 기준으로 지구 기온 상승을 멈출 수 있는 기한이 10년밖에 남지 않았다고 한다. 더 오래 방치하면 그때는 이미 늦을 것이다. 자연계가 불안정해지면 인류가 이룩한 제도도 혼란에 빠질 것이며 나무가 우리에게 준 엄청난 선물이 허공으로 흩어져버리고 말 것이다. 그러나 나는 내 삶과 일을 통해서 눈에 보이는 것만큼 끔찍하고 손쓸 수 없는 일이란 없으며 자연계가 지닌 재생력과 회복력은 우리의 이해 범위를 훨씬 뛰어넘는다는 사실을 깨달았다.

지금까지 몇 쪽에 걸쳐 전 세계의 숲과 우리의 행성 그리고 우리 자신을 지키기 위해 모두가 실천할 수 있는 방안을 제시했다. 그 방안은 복잡하지 않다. 아직 남아 있는 것을 지키고, 해마다 한 그루씩 6년 동안 토착종 나무를 심는 간단한 일이다. 우리는 그 목표를 이룰 수 있을뿐더러 자신을 위해서만이 아니라 뒤에 올 모든 어린이를 위해 그 일을 해내야 한다. 나는 그 미래 세대를 위한 연구에 평생을 바쳤다. 그리고 목표를 이루었을 때 우리는 건강하고 안정적인 기후를 지키는 수준을 훨씬 뛰어넘을 정도로 광범위한 보상을 받게 될 것이다.

자연에는 우리 모두가 다 아는 신이 있다. 큰 숲이든 작은 숲이든 그 안으로 걸어 들어간 사람은 들어갈 때보다 더 차분해진 상태로 나오게 된다. 그 위엄을 경험하고 나면 절대 예전의 상태로 돌아가지 않는다. 거기서 나오면 자기에게 무언가 대단한 일이 일어났음을 깨닫게 된다. 그 신성한 경험을 과학으로 어느 정도 설명할 수 있다. 숲에서는 실제로 행복한 기분을 느끼게 하고 면역 체계를 통해 뇌에 영향을 미치는 알파 및 베타 피넨pinene이라는 성분이 생성된다. 그 피넨이 나무에서 빠져나와 공기 중에 떠돌다 우리 몸에 흡수된다. 우리를 전체에 속하는 일부로서 단단히 결합시키고, 경건한 태도로 주위를 바라보게 해준다. 가볍게 숲을 거닐면 마음이 평온해지고 상상력과 창의력이 피어오른다. 나는 이것이 기적이며 자연계에는 우리가 발견할 또 다른 기적이 무수히 남아 있다고 생각한다.

우리는 그 기적에 기뻐할 것이다. 우리는 숲과 우리의 행성을 지

킬 것이다. 숲은 그런 식으로 우리에게 방법을 일러주고 있다. 우리
는 그저 듣고 기억하기만 하면 된다.

2부

켈트 문자에 담긴 나무들

이 책에서 내가 브레혼 후견 과정과 과학자로서의 삶을 통해 일구어낸 또 하나의 결실을 독자 여러분에게 전하려 한다. 바로 오검문자에 대한 주석이다. 유럽 최초의 글자인 오검문자는 모두 나무와 나무의 중요한 공영식물companion plant *의 이름에 따라 지어졌다. 고대 켈트족의 기록에 따르면, 이 글자는 우주의 노래가 내린 명에 따라 오그마라는 젊은이가 지은 것이라 한다. 켈트족, 특히 아일랜드인이 이루었던 삼림 문화가 낳은 보물이다. 오검문자가 있었기에 유명한 『켈즈의 서Book of Kells』가 탄생했다. 아일랜드의 문자 생활은 이 글자들로부터 시작되었다. 차를 뜻하는 'car'와 병원을 뜻하는 'hospital'과 같이 오늘날에도 흔히 쓰이는 영어 단어가 그 고대 언어에서 나왔다. 그렇지만 오검문자에서 정말로 주목할 부분은 그 이면에 숲과 인간이 얼마나 친밀한 관계인지 고찰하게 만드는, 말하

---

*   서로 또는 한쪽이 다른 한쪽의 생육을 촉진하는 관계에 있는 식물.

자면 숲의 부활을 지향하는 철학이 담겨 있다는 점이다.

글자를 살펴보기에 앞서, 독자 여러분이 나를 위해 간단한 행동을 하나 해주었으면 한다. 어둡고 흐린 겨울날이 지나고 나서, 또는 오랜 우기가 끝난 뒤에 햇볕을 쬐러 밖으로 나가보자. 똑바로 서서 손바닥이 위로 가도록 팔을 벌려보자. 머리도 위로 젖혀 햇빛이 얼굴과 손, 몸 전체에 내리쬐게 하자. 피부에 닿는 태양을 느껴보자. 이렇게 해서 나무가 되어보는 것이다. 수관에 매달려 있는 잎들처럼 햇빛을 향해 팔을 뻗으며 마치 나무처럼 움직여 보자.

햇빛이 비치는 곳에 서서 나무처럼 되어보라는 가르침은 내가 어린 시절 리쉰스에서 받은 것이다. 한번 해보면, 태양의 단파장 에너지가 피부 위에서 춤추는 듯한 느낌을 받을 것이다. 고대 켈트 세계에는 이 춤을 부르는 이름이 있다. 우주의 노래, **쿄얼터 너 크뤼녜** Ceolta na Cruinne이다. 이것은 실재한다. 몸으로 직접 느낄 수 있다. 젊은 오그마가 노래와 이야기, 약물과 믿음, 사람과 숲을 하나로 엮어낸 이 글자를 만들기 전에 고대 켈트족이 듣던 노래이다.

A

소나무, 알름

╋

켈트 세계의 물가에 늘어선 거대한 존재. 그들은 소나무였다. 이 침엽수는 저물녘 하늘과 비슷한 색의 껍질을 둘렀고, 뾰족한 초록 바늘이 돋은 듯한 잎으로 하늘을 떠다니던 구름 뭉치를 잡아챘다. 나이 들어 약해진 나무가 그 바늘을 바닥에 흩뿌리면 잎이 부식되며 흘러나오는 씁쓸한 산 성분이 흙 속으로 스며들었다.

지금은 흔치 않지만, 이 소나무에는 더 작은 동반자가 있었다. 소나무 그늘에서 자라던 이 나무는 껍질이 붉은 낙엽수로, 딸기나무라 불리는 아르부투스 우네도*Arbutus unedo*였다. 두 나무는 물가를 따라 함께 자라났고 거기서 떨어져 내린 나뭇잎이 부식토 속으로 섞여 들어갔다. 가을에는 딸기나무에 크림색 방울 같은 열매가 맺혔다가 점차 붉고 올록볼록하게 익어갔다. 딸기는 드루이드 의사들에게는 고급 과일이었고 아랍인과 그리스인에게도 알려져 있었다.

약한 방부성이 있는 구주소나무, 피누스 쉴베스트리스*Pinus sylvestris*는 켈트인의 부엌에서 사랑받는 존재였다. 악취를 막아주어 버터와 우유를 안전하게 보관할 수 있게 해주었다. 구주소나무로 만든 가재도구는 가벼워서 손목이 약한 사람도 쓰기 편했다. 씻기 쉽고 항상 신선한 향이 났다. 켈트 가정의 안주인, 바너티bean an tí들은 이 나무를 데일déil이라 불렀다. 도공의 물레도 이 나무로 만들었다.

켈트족의 구전 역사에 따르면 소나무에 이름이 붙은 것은 기독교가 탄생하기 수천 년 전이었다. 켈트족은 해안과 호수, 강변을 따라 난 소나무 숲을 이정표 삼아 이동했다. 물길을 고속도로 삼아 작은 배 커라흐curach를 타거나 더 큰 선박인 보드bád의 노를 저으며 최소한의 노력으로 각 지점을 건너다녔다. 신선하고 향기로운 소나무 잎은 켈트족의 언어와 기억 속에서 항상 그들을 기다리고 있었다.

기억이 언어로 넘어갈 무렵 켈트 사람들에게 새로운 발상이 떠올랐으니, 그건 바로 글쓰기였다. 서면으로 의사소통을 한다는 그런 생각이 인도에서 건너온 산스크리트어를 접한 켈트인 사이에 퍼져나가고 있었다. 글쓰기는 켈토이Keltoi*족의 뛰어난 구전 문화를 한 단계 더 나아가게 했다. 기록된 말은 변화와 진화의 발판이다. 말을 글로 쓸 수 있다는 생각이 켈트족에게 폭우처럼 쏟아져, 아일랜드의 메마른 시적 토양을 적시고 싹을 틔웠다.

전설에 따르면 오그마라는 젊은이가 오검문자를 만들 때 자연의 부름이 있었다고 한다. 상상이란, 심지어 과학적 상상조차도 자연에서 기원하는 것이기 때문이다. 주위를 둘러보던 젊은 오그마의

* 그리스어로 켈트.

시선을 사로잡은 것은 드루이드가 신성시하던 생명체, 고대의 숲이었다.

그렇게 숲의 글자가 탄생했다. 이 새로운 글자에는 숲과 수천 년간 이어져온 구전 문화의 철학이 담겼다. 글로 쓰인 말은 사소하지 않다. 그 안에 사상이 보존된다. 글자를 탄생시킨 문화를 새로운 형태로 기록하는 것이다. 켈트족은 그 글자로 서양에서 두 번째로 오래된 문자언어를 만들어냈다.

최초의 오검문자는 봄철에 거둬들이는 사시나무와 개암나무의 길고 네모난 겉껍질에 쓰였다. 습기를 머금은 봄철의 나무껍질은 자연스럽게 안쪽으로 말려들었고, 내부의 세포에 물감 재료로 쓰이는 우유의 단백질 수송체인 카세인casein과 비슷한 단백질이 들어차 있어 축축하고 끈적였다. 껍질 표면에 글씨를 쓸 수 있었고 마른 채로 형태를 유지하는 한 그 글은 완벽히 보존되었다.

글쓰기의 다음 시대는 네모지게 잘린 커다란 사각형 돌 위에서 펼쳐졌다. 전원 지대에 기념비 같은 모습으로 서 있는 그 돌들은 실제로도 그러한 역할을 했을 것이다. 내가 아일랜드에서 지낸 어린 시절에 이런 돌은 언덕과 산을 가로지르는 옛 오솔길의 표지석으로도 쓰였다. 살아남은 아일랜드 농촌 공동체에서는 과거에 이 오검비석이 얼마나 중요했는지 잘 알고 있었다. 공동의 유산이었던 그 돌은 어떤 식으로든 손을 타는 일이 없었다. 그 돌이 서 있는 들판은 양이나 소를 방목하는 데만 쓰였다.

그 돌들의 표면에 철기와 청동기로 판 오검문자가 새겨져 있었다. 켈트족은 금속 가공 실력이 뛰어났고 디자인에도 열정을 기울였다. 수천 년이 넘도록 풍화되었어도 여전히 돌에 손을 대고 손가락으로 짚어나가면 글자를 읽을 수 있다.

켈트족에게는 구주소나무가 엄청나게 중요했다. 오그마가 그 나무, 즉 **알름**Ailm을 A로 지정한 것은 분명 첫 번째 글자의 지위를 그 신성한 나무에 부여하려는 뜻이었을 테다. 오검문자 A는* 세로줄 하나에 가로줄 하나가 교차하는 단순한 십자 모양이다. 아일랜드어에서는 A로 두 가지 소리를 표현하는데, 하나는 단음이고 또 하나는 **파더**fada라는 악센트 표시가 붙는 장음이다. **파더**는 시인이나 음유시인들이 즐겨 쓰는 소리였다.

구주소나무의 약효에 관한 지식은 사라졌다. 그 빈자리를 채우며 우리에게 전해 내려온 것은 소중히 지켜온 기억뿐이다. 드루이드 의사들은 건강을 유지하는 데에 늘푸른나무인 소나무가 꼭 필요하다고 생각했다. 호흡을 원활히 하고 폐에서 감기와 독감의 독성을 제거하려면 소나무 숲을 산책하도록 했다. 감기나 독감에 걸린 사람에게는 우선 우유에 양파를, 가능하면 야생 양파를 넣어서 끓여 마시고 리넨 이불을 덮은 채 만 하루 동안 땀을 내도록 했다. 그런 다음 기운이 돌아오면 소나무 숲을 걷도록 했다. 이러한 산림욕의 유용성이 최근 임상 실험을 통해 입증되었다.

* 오검문자와 로마자의 체계는 각각 다르지만, 현대 아일랜드어가 로마자를 차용하고 있으므로 오검문자상에서 로마자의 A에 대응하는 글자라는 뜻으로 쓴 표현이다.

소나무의 수관은 바늘잎으로 뒤덮여 있는데, 기온이 오르면 여기서 피넨이라는 생화학물질이 담긴 대기 중 미세 입자 복합체가 생성된다. 공중으로 떠오른 피넨은 좌선성 회전을 한다(좌선성이란 왼쪽으로만 도는 연처럼 움직이는 성질이다). 이런 형태의 분자는 피부와 폐 표면에서 쉽게 흡수되며 인간의 면역 체계를 향상한다는 사실이 최근 확인되었다. 20분 동안의 소나무 숲 산책으로 얻는 이로운 효과가 면역 체계의 기억 속에 30일 정도 보존된다.

나무를 대신해 말하기

B

자작나무, 베허

ㅏ

 아일랜드에 살던 학생 시절에 밴트리로 내려가는 큰길을 걸어
본 적이 있다. 킬라니 호수를 돌아다니며 봄에 뭐가 나는지 살펴볼
참이었다. 돋보기, 수집 가방, 햄 샌드위치, 차를 담은 보온병을 챙
겨 길을 나섰다. 작고 아늑한 푸른 계곡이 시선을 사로잡았다. 계곡
에 외따로 선 커다란 구주소나무 근처에 열렬히 햇빛을 쫓으며 하
얗게 빛나는 아름다운 자작나무가 늘어서 있었다. 그 나무들 속에
나를 부르는 무언가가 있었다.

 나는 울타리를 기어 넘고 보온병으로 블랙베리 덤불을 헤치며
나아갔다. 구주소나무가 취한 듯 기대고 있는 거대한 바위를 목표
로 새가 날듯이 이동했다. 바위에 도착해 보온병을 내려놓으려는데
그 위에 깔린 초록색 식탁보가 눈에 띄었다. 깜짝 놀라 그 초록 부위
를 빤히 들여다보았다. 내가 아일랜드에서 처음으로 처녀이끼, 휘
메노필룸*Hymenophyllum*을 발견한 순간이었다.

 그날, 식탁보처럼 얇은 막을 형성하며 바위를 뒤덮은 처녀이끼

에 더해 아일랜드 토종 자작나무도 처음으로 보았다. 베툴라 푸베센스Betula pubescens, 보통 털자작나무라 부르는 이 나무는 내쫓긴 지 500년 만에 뜻밖의 공간으로 돌아와 다시 모습을 드러내려는 참이었다. 켈트족의 세계에서 자작나무는 귀부인의 나무로 알려지며 높이 평가받았다. 자작나무의 표면은 분칠한 듯 하얗게 빛나는 겉껍질로 뒤덮여 있다. 그 겉껍질은 한낮에는 햇빛을 반사하지만, 밤에 굴절된 채 비쳐드는 달빛을 받으면 은백색으로 빛난다. 바로 이 반사광으로 인해 **베히얄**beith gheal 즉 어룽지는 자작나무라는 고대의 이름이 붙었다. 이 반사광은 격식을 갖춘 야회복처럼 바닥까지 길게 흘러내린다.

켈트 여성들은 존중받았다. **그러**grá 즉 사랑이 여성에게 쏟아졌다. 그러는 특히 집 주위에서 넘쳐났다. 나무에 여성의 이름을 붙이는 경우가 많았고 장소, 우물 그리고 8월에 있는 성모승천대축일Lady's day* 같은 기념일에도 그러했다. **반리언**Bean ríon 즉 왕비나 여왕에서부터 **반루이**bean luí 즉 첩에 이르기까지 켈트족의 모든 여성이 존중받았다. 여성도 남성도 코나흐타Connachta의 해적 메브Medb 여왕의 대범함을 절대 잊지 않았다. 아름답기로도 유명한 메브 여왕은 대서양과 맞닿은 서부 해안가에서 대규모 해군을 이끌었다. 여왕이 약탈한 것 중에는 강렬한 성적 욕구의 희생양이 된 기이한 남성도 끼어 있었다. 켈트 세계 전역에서 메브 여왕의 이야기는 호메로스

---

*   성모 마리아의 승천을 기념하는 가톨릭교의 축일로, 8월 15일이다.

의 일리아드에 맞먹었으며 지금도 그러하다.

귀부인의 나무, 자작나무는 예수가 태어나기 훨씬 전부터 베허 Beith로 불리었다. 켈트족의 구전 문화에서 베허는 몸과 마음, 영혼의 세 갈래에서 삶의 의미를 촉발하는 신성한 단어였다. 베허란 시간 이 흘러도 변하지 않고 신비로운 상태로 존재하는 것을 뜻한다. 베 허와 관련된 고대 켈트족의 경구가 있는데, 이 경구는 세계의 주요 종교 어디에서나 나타난다. '안 테 어 비 아거스 아테An te a bhí agus ata' 즉 '전에도 있었고 앞으로도 그러할 사람'. 인류의 탄생에 신성성을 부여하는 구절이다. 아일랜드의 자작나무에는 이 선물 같은 기억이 담겨 있다.

자연의 밑바탕에는 삶과 그 의미에 대한 영원한 질문이 존재한 다. 올루나 즉 교육받은 드루이드 엘리트 계층의 남성 및 여성 학자 들은 이 질문을 진지하게 받아들였다. 삶에 대한 철학이 그 선택받 은 가문을 통해 대대로 이어져 내려왔다. 단어가 이리저리 뒤섞이 면서 그 의미가 변했고 수수께끼의 체를 거치며 뒤집혔다. 음유시 인들이 단어를 걸러내어 시와 노래라는 크림으로 만들었다. 타라의 왕실은 그 크림을 굳혀 음유시의 리듬에 맞는 단순한 버터로 만들 어 시간의 시험을 견디게 했다.

켈트족은 자작나무를 베허라 하고 오검문자의 B 자를 부여했다. 이 글자는 세로선 긋기로 시작한다. 두 번째 선은 이 선의 가운데에 서 오른쪽으로 짧게 긋는다. 북미의 자작나무 껍질로 만든 카누에 서 켈트족의 커라흐까지, 북쪽의 해양 국가는 모두 자작나무를 폭

넓게 활용했다.

　드루이드 의사들은 자작나무의 약효를 알고 있었다. 다 자란 자작나무 잎에 끓인 우물물을 부어 만든 약차는 고대의 요로감염증 치료제이다. 이 연한 이뇨성 차는 남녀 모두의 요로에 있는 섬세한 조직에 가벼운 소독 작용을 하는 것으로 여겨진다. 북극 아래로 왕관처럼 둥글게 펼쳐진 아한대림 전역의 선주민들 또한 이 차를 약으로 썼으며 지금도 여전히 활용하고 있다.

　자작나무의 가장 놀랄만한 면모는 현대에 와서 발견된다. 한때 모두의 것이던 나무가 이제는 다국적기업의 손안에 있다. 자작나무 추출물을 증기 증류하면 만들어지는 것이 바로 '아스피린' 정제이다. 이 작고 하얀 알약은 약국에서 하루에 무려 1400만 개씩 팔려나간다. 통증을 덜고 열을 내리고 염증을 없애는 데에 쓰이는 약이다. 평상시 체내 혈액순환을 원활히 하는 항응고제 역할도 하는 것으로 밝혀졌다.

　하지만 자작나무에는 아직 밝혀내야 할 생화학적 약효가 많이 남아 있으며, 그중 한 가지가 최근에 발견되어 모두를 놀라게 했다. 자작나무는 어두운 밤이면 성장 조절 작용을 하는 식물 화학물질을 생성한다. 베툴린산betulinic acid이라는 이 작은 보석이 그러한 성장 조절제인 것으로 드러났다. 이 물질은 인체의 흑색종 세포가 스스로 죽도록 유도한다. 나무를 대기 상태로 전환해 햇빛이나 달빛의 상태가 나아질 때까지 성장을 제어하는 효능이 있는데 이것이 암의 발육도 억제한다.

자작나무에는 충치 유발 세균을 억제하는 자일리톨이라는 특이한 당 성분도 약간 들어 있다. 충치를 유발하는 세균은 어린이에게 발생하는 귓병의 원인이 되기도 한다. 이제 치아 건강을 위해 씹는 껌에 자일리톨이 첨가되고 있다.

내가 발견했던 늘 푸른 보물창고는 여전히 내 조상들의 땅 킬라니에 서 있다. 계곡을 다시 찾아가면 분명 드러나지 않은 또 다른 보석이 나를 기다리고 있을 것이다. 자연은 이처럼 온통 놀라움으로 가득하다.

C

개암나무, 콜

ㅋ

케리주 켄메어 근처의 절벽 위에 오설리번 일족의 고대 성 아르데아가 있다. 오설리번 일족은 외눈을 뜻하는 수울 어버인Súil Amháin 이라는 해적왕의 이름을 이어받은 해적이었다. 아르데아성이 서 있는 곳은 길게는 1.6킬로미터 넘게 뻗어나가는 숨은 동굴이 늘어선 토끼굴 지형 위다. 어릴 적에 그 토끼굴 어딘가에서 스페인 금괴가 발견되었다는 소문이 돌았다. 오설리번 일족의 마지막 후예인 내 사촌 윌리엄이 그 보물을 자기가 갖기로 마음먹은 적이 있었다.

콜로어collóir 즉 수맥 탐사자이던 윌리엄은 자신이 수맥을 찾아내는 능력에 못지않게 금과 은의 존재 여부도 감지할 수 있다는 사실을 막 깨달은 참이었다. 그는 **콜**Coll, 즉 개암나무를 가지고 성으로 가서 와이 자 모양으로 벌어진 나뭇가지를 허리 높이 정도로 잘라 다듬었다. 현장에 함께 있었던 나는 윌리엄이 걸어 다니는 동안에 **슬랏콜**slat choill, 즉 개암나무 수맥 탐지봉이 저절로 꼬이며 그의 손을 강하게 잡아당기는 광경을 지켜보았다. 날이 저물 무렵, 윌리엄 오설리번은 성 아래에 자기 몫의 금이나 은은 하나도 없고 그저 물줄기만 흐를 따름이라는 사실을 깨달았다.

개암나무는 특이한 이력을 갖고 있다. 마지막 빙하기가 오자 대지는 휴식기에 접어들었다. 빙하의 이동에 따라 내린 서리로 바위 표면에서 다량의 영양소가 한가득 떨어져 나왔다. 얼음이 걷히고 나자 대지는 새로 태어난 듯 신선했다. 그 땅에 최초의 숲을 이루기에 꼭 알맞았던 식물이 바로 키 작은 개암나무다.

과학자들은 마지막 빙하기 직후에 해당하는 토층의 중심부에서 표본을 채취해왔다. 어디서 채취했든 간에 이런 표본에는 흙 표면에서 유입된 듯한 어마어마한 양의 개암나무 꽃가루가 섞여 있다. 이 최초의 꽃가루가 생겨난 이유는 가혹한 기후로 인해 나무가 번식에 대한 압박을 받은 탓일 수 있는데, 그 밖에 다른 요인은 밝혀지지 않은 상태다. 현재 지구상에는 마지막 빙하기 끝 무렵에 맞먹을 정도로 많은 꽃가루가 방출되고 있다. 이 현상을 어떻게 바라볼지는 각자의 몫이다.

켈트족은 개암을 즐겨 먹었다. 개암은 아일랜드에서 튀르키예에 이르는 켈트 문명 전역에서 사랑받는 간식이었다. 훨씬 더 멀리 떨어진 중국과 일본에서도 개암을 즐겼다. 켈트족 농부는 목초와 개암을 섞어 심는 정교한 2단계 경작법을 썼다. 목초로 가득한 들판에서 개암나무는 뿌리로 양분을 거침없이 흡수한다. 동시에 목초가 바람에 쓰러지지 않게 막아주는 울타리 역할을 한다. 그러면 목초 수확량이 늘고 개암나무의 열매도 더 튼실해져 서로에게 도움이 되었다. 수확은 목초부터였다. 농부들은 먼저 목초를 베어서 말려두고, 뒤이어 잘 익은 개암을 걷어 모았다.

고대 문명 어디에나 개암나무가 따라다녔다. 그리스인들은 새로 난 개암나무 껍질을 벗겨 그 위에 글을 썼다. 여러 언어를 거쳐서 현재 '프로토콜protocol(초안, 규약)'이 된 프로토콜렌protokollen이라는 단어는 기록용으로 쓰는 파피루스 두루마리의 맨 앞 장을 가리키는 말이다.

시추기나 다이아몬드 날이 달린 굴착기가 나오기 전까지는 지하수를 찾으려면 오직 본능에 의지해야 했다. 어느 공동체에서든 이 감각을 타고난 사람은 대단히 귀중한 존재였다. 온타리오에서 내가 쓰는 우물물은 수맥 탐사자이면서 마침 우물 시추까지 하던 사람이 발견했다. 우리는 그가 분당, 시간당 최대 유량을 추산해 뚫어준 우물 주위에 집을 지었다.

이 캐나다인 수맥 탐사자가 일하는 방식은 내 사촌 윌리엄이 하던 것과 똑같았다. 현지에서 자란 개암나무 가지 중 와이 자 모양인 부분을 허리 높이만큼 잘랐다. 그런 다음 와이 자의 아랫부분이 바닥을 향하게 하고 위쪽에 갈라진 가지 두 개를 양손에 하나씩 단단히 쥔 채 걸음을 뗐다. 꽤 넓은 면적을 이리저리 걸어 다니던 수맥 탐사자는 어느 순간 진동을 느꼈다. 이 반응에 고무된 그는 개암나무 막대가 마구 흔들릴 때까지 진동을 따라갔다. 그런 다음 엄지손가락으로 모자를 밀어 올리며 미소 지었다. "물을 찾은 것 같아요! 여기를 뚫어보세요. 좋아요. 아주 좋습니다."

개암나무, 콜은 식품으로서 지닌 가치와 물을 감지하는 기이한 신통력으로 인해 신성한 나무 즉 **빌레**의 전당에 모셔졌으며, 오검 문자에서는 C 자로 지정되었다. 세로줄 하나에 왼쪽으로 평행하게 가로줄 네 개를 그어 썼다. C 자는 고대 아일랜드어의 구어체에 아주 많이 쓰였다. C 자 위에 점을 하나 찍으면 러시아어처럼 더 강하고 날카로운 발음으로 바뀌는데, 시와 음유시의 운율을 강조할 때 유용했다.

드루이드 의사들은 개암나무를 약재로 소중히 여겼을 뿐 아니라, 그 열매도 늘 건강에 이로운 것으로 여겼다. 브레혼법 아래에서 개암은 물이나 공기와 마찬가지로 사회의 모든 구성원이 동등하게 공유하는 공공 보건 식품으로, 지위가 높든 낮든 누구나 거둘 권리가 있었다.

한때는 개암나무의 약효가 전 세계적으로 널리 알려져 있었다. 아시아에서는 더 큰 개암나무인 코릴루스 콜루르나*Corylus colurna*의 다 자란 잎을 말려 피웠다. 북미 선주민들은 자생종인 부리 모양의 개암나무, 코릴루스 코르누타*Corylus cornuta*를 유아가 젖니가 올라와 열이 날 때 그 증세를 잡는 데 썼다. 그들은 외로움을 치유할 때 쓰는 약물을 제조할 때도 이 나무를 넣었다.

최근 몇십 년 사이에 전 세계에 분포하는 여러 개암나무종으로부터 강력한 약효를 지닌 파클리탁셀paclitaxel이라는 의학적 생화학 물질이 추출되었다. 파클리탁셀은 암세포의 성장세를 막는 증식 억제제로서, 현재 암 치료에 쓰이고 있다.

아일랜드에서 유럽, 중동, 아시아를 거쳐 북미에 이르기까지 고대 여러 지역의 의술에서 개암나무에 관한 정보를 얻을 수 있다. 이는 생물다양성을 절묘하게 드러내는 지점이다. 개암나무가 없었다면 우리는 암을 치료할 중요한 무기를 얻어낼 수 없었을 것이다.

D

참나무, 다알

ㅋ

참나무는 켈트족이 가장 사랑하는 나무다. 어린 시절 내가 발견했던 것처럼 아일랜드의 토탄 습지에서는 이따금 소금물에 오래 절여진 참나무 덩어리가 튀어나오곤 한다. 모습을 드러낸 참나무 덩어리는 습지의 수분에 함유된 산 성분으로 인해 보석처럼 어두운 빛을 띤다. 수세기의 풍미가 담긴 이 무겁고 까만 습지 참나무는 조각가의 손에서 경이로운 작품으로 변화한다.

그리스어 및 산스크리트어와 관련 있는 아일랜드참나무의 게일어 이름 다알Dair은 형벌법하에 진행된 언어 개조를 용케 피했다. 그렇지만 참나무 자체, 퀘르쿠스 로부르는 영국계 아일랜드인의 영지에 표본으로 남겨진 경우를 제외하고는 거의 살아남지 못했다. 다알은 운이 좋은 편이었다. 500년간의 영국 점령기를 거치는 사이에 까다로운 발음과 엄격한 문법, 긍지와 시적 풍취의 절묘한 울림을 지닌 게일어도 칼을 맞았다. 하지만 다알은 영국인이 발음하기에 어렵지 않아 살아남았다.

한때 장엄한 숲에 우뚝 서 있던 아일랜드참나무는 드루이드 의사들의 진정한 러스lus 즉 약초였다. 비옥한 토양과 온대 우림 환경을 갖춘 아일랜드의 들판에서는 1000년 정도 살 수 있으며, 때에 따라 더 오래 살 수도 있다. 자라는 동안 참나무는 원줄기에서 수평으로 가지를 뻗어 그 끄트머리에 나뭇잎이 달린 수관을 형성한다. 나이가 들수록 수관도 늘어난다. 오래된 참나무 숲에서는 햇빛을 두고 수관 사이에 경쟁이 발생하기 때문에 나무는 해결책을 찾아야 한다. 나뭇가지를 길게 뻗다가 구부려 바닥에 기댄 다음, 햇빛을 받을 수 있는 열린 공간을 향해 다시 뻗어 올라가는 식으로 말이다. 도중에 가지가 바닥에 닿은 부위에서는 뿌리가 돋아나고, 이것이 부가적인 영양 공급 통로가 되어 나무의 성장을 돕는다.

오래된 참나무 가지의 주피와 피층 조직에서는 고운 퇴비 가루가 떨어져 나온다. 이것이 흙이 된다. 수평으로 뻗은 나뭇가지 위에 쌓이는 이 축축한 흙은 알맞은 조건에서 번성하는 희귀한 양치류와 이끼류를 불러 모은다. 여기에 명금songbird, 겨우살이개똥지빠귀 mistletoe thrush가 끈적한 씨앗을 매단 채 날아든다. 그리하여 겨우살이라 불리는 기생식물 비스쿰 알붐Viscum album이 자리를 잡는다. 겨우살이는 드루이드의 마법 약초, 드루얼러스drualus이다.

참나무에서 생성되는 고대 약물이 또 있다. 나이 든 참나무는 바람이 불면 더 무거워지는 수관의 무게를 견뎌야 한다. 바람에 휘휘 돌며 비틀리다 보면 수관에서 물이 배어 나온다. 드루이드 의사들은 이것을 검은 물, 즉 이시케 도브uisce dubh라 불렀다. 이 강력한 분자는 갈로타닌gallotannin이라는 중합체로, 지금도 특히 화상 병동을 중심으로 많이 쓰는 약물이다.

옛날에는 인간과 동물 모두 참나무에서 먹을거리를 얻었다. 참나뭇과에 속하는 600여 종 중 일부는 먹을 수 있는 도토리를 맺는다. 그 외 다른 수종에 맺히는 도토리는 단맛이 나도록 타닌tannin을 뺀 후 가루를 내거나 구워야 먹을 수 있다. 도토리를 먹는 전 세계 모든 문화권에서 기본적으로 이 방식을 썼다. 지금도 아랍 및 아시아계 식품점에 가면 식용 도토리를 찾아볼 수 있다.

식물학적으로 참나무는 식물계의 왕이다. 참나무 한 그루 한 그루가 곤충, 나비, 꽃가루 매개 생물이 몰려드는 중심지이다. 북미 선주민들은 참나무를 식물 성장의 지표로 삼았다. 참나무는 수명도, 태양에 대한 적응력도 어마어마하다. 나무 자체에 차광막이 있다. 바닥에 떨어진 잎에서도 광합성이 계속되어, 도토리의 뿌리 성장을 촉진하는 아브시스산abscisic acid이라는 호르몬이 방출된다.

드루이드와 참나무 사이의 사랑 이야기가 전설로 전해 내려온다. 참나무에는 시간의 흐름을 정확히 담은 수천 년의 연표가 새겨져 있다. 참나무는 신성한 나무, 빌레이며 그 이름 다알은 오검문자의 D 자로 지정되었다. 세로줄 하나에 가로줄 두 개를 왼쪽으로 평행하게 그어 쓴다.

드루이드 전설에 따르면 참나무는 지구의 고동치는 심장이며, 언젠가 사람들이 아일랜드의 클레어주에서부터 이 신성한 참나무 숲을 재건하는 날이 올 거라고 한다. 그 생각이 전 세계에 들불처럼 퍼질 것이라고 전설은 말한다.

아일랜드에서 브리안 보루마 참나무와 처음 마주한 날을 기억한다. 신들을 위한 이 거대한 나무 제단은 빙하가 지나간 언덕을 널리 뒤덮으며 세렝게티 평원의 사자왕처럼 늠름히 서 있다. 더없이 우아한 자태에 걸맞게 주위를 호령하는 대범한 기운이 서려 있다.

이 나무는 둥그런 물체를 살피듯 빙 둘러보아야 한다. 가까이 다가가 올려다보면 경이로운 자태가 드러난다. 머리 위를 온통 뒤덮은 수관에서 고유의 기운이 퍼져 나온다. 근처에 있는 언덕 위로 올라가 내려다보고 훑어보기까지 한 후에야 비로소 이것이 그 유명한 북미의 삼나무에 맞먹을 정도로 거대한 몸통을 지닌 한 그루의 나무라는 사실을 알 수 있다.

브리안 보루마 참나무를 지키는 존재는 개가 아니라 쇠로 된 커다란 코뚜레를 한 거대한 검은 황소라고 전해진다. 이 존재는 시오가sioga 즉 요정처럼 나무의 어두운 그림자를 보듬는다. 나무에 한 걸음 다가서면 황소가 머리를 숙이고 천둥 같은 발굽 소리를 내며 전속력으로 돌진한다. 으르렁대는 황소와 아름드리 참나무는 둘도 없는 친구이다.

브리안 보루마 참나무는 아일랜드 온대 우림에 마지막 남은 거대한 나무이다. 유럽 고대 숲의 모습을 보여주는 본보기다. 또한 복제하려는 나의 노력을 거부한 나무이기도 하다.

E

사시나무, 에바

자연은 희한한 일투성이다. 이를 겸허히 받아들인 켈트족은 혼란스러운 자연으로부터 몇 가지 규칙을 뽑아낼 수 있었다.

그 혼란 속에서 의지할만한 지표 중 하나가 사시나무였다. 켈트 세계에서 사시나무는 기상예보관이었다. 사람들은 밤낮으로 이 나무를 들여다보며 다가올 날씨의 징후를 읽었다. 달걀 모양을 한 사시나무 잎은 다른 낙엽수의 잎보다 더 얇고 투명하다. 다 자라면 마치 비단처럼 보드랍다. 유난히 긴 잎자루에 의지해 가지 끝에 돛처럼 매달리는 이 잎이 사시나무의 수관을 이룬다.

사시나무 잎에는 또한 잎자루와 맞닿는 끝부분에 괘종시계의 진자와 같이 자그마한 균형추 역할을 하는 분비샘glandular system 한 쌍이 있는 경우가 많다. 잎의 윗면은 매끈하고, 아랫면에는 고르지 않은 잎 둘레를 따라 미세한 털이 돋아나 있다. 그 때문에 바람이 불면 쉽게 펄럭인다. 아주 약한 산들바람에도 잎이 흔들릴 정도다.

사시나무의 학명은 포풀루스 트레물로이데스*Populus tremuloides*, 즉 떨리는 나무이다. 지구상의 어느 숲을 가나 사시나무 토착종에는 해당 지역 언어로 이와 비슷한 이름이 붙어 있다. 밤사이에 사시나무 잎이 바람에 흔들려 바스락대는 소리가 나면 다음 날에는 비가 내린다. 희끄무레한 아랫면이 보일 정도로 잎이 바람에 나풀거리면 강풍을 예상할 수 있다. 잎이 서걱거리며 맞부딪치는 소리가 들린다면 곧 소나기가 내릴 징조다.

켈트족은 이 떨리는 잎에 관한 지식에 더해 밤하늘의 풍경을 통해서도 단기간의 날씨를 예측했다. 달무리가 보이면 건조하던 공기가 습해지는 일시적 기상 변화가 일어날 것이라고 보았다. 달무리 안에 별이 들어가 있으면, 하나이건 둘이건 셋이건 그 별의 개수는 기상 변화가 지속되는 일수를 나타낸다. 켈트인에게는 이런 정보가 대단히 중요했다. 매일 식탁에서 밥을 먹으며 기상 현상에 관해 이야기했다. 오늘날이라고 다르지 않다. 농부의 운명은 여전히 하늘에 달려 있다.

켈트 세계에서는 어머니가 최우선이었으므로 사시나무는 항상 집 앞이나 밭 주위의 수로 같이 어머니 근처에 있었다. 아주 오래전에는 사시나무에 에바Eabha, 즉 이브라는 또 다른 이름이 있어 그 나무를 크란 에바crann eabhadh, 즉 이브의 나무라고 불렀다. 인류의 어머니 이브는 투덜이에 잔소리쟁이로도 알려져 있다. 나뭇잎이 부들부들 떨며 서로 부딪쳐 끊임없이 소리를 내는 탓에 사시나무는 크란 크라하허crann creathach, 즉 부들대는 나무라고도 불렸다. 날씨에 더욱 예민한 켈트족이 살던 아일랜드 남부에서는 뼈마디가 삐거덕대는 늙은 여성, 즉 **크남샬라**cnámhseala로 불리기도 했다고 한다. **크남샬라**는 시어머니나 장모를 몰래 험담하는 데 쓰기도 하는 단어였다.

드루이드 의사들은 사시나무의 약효를 잘 알았다. 나무의 모든 부위에서 대략 열네 가지 살리실산salicylic acid*이 생성된다. 사시나무를 활용한 치료법은 많이 사라졌지만, 그중 살아남은 한 가지를 지금도 양봉가들이 쓰고 있다. 꿀벌은 습도 때문에 성이 났거나 인간 피부의 아드레날린 냄새를 맡았을 때 침을 쏜다. 다 자란 사시나무 잎을 으깨면 살리실산이 나오는데, 이것을 초록색 붕대 삼아 벌에 쏘인 부위에 덮고 몇 분간 살짝 누르고 있으면 통증을 덜 수 있다.

사시나무를 활용한 가장 오래된 치료법은 캐나다 북부 아한대의 알곤킨크리Algonquin Cree족과 오지브웨족에게서 오늘날까지도 찾을 수 있다. 이들에게 사시나무는 비상시 굶주림을 해결하는 데 도움이 되는 식물이기도 하다. 이 장대한 지역에서 수렵 또는 사냥을 하다 곤경에 처할 경우 사시나무로 배를 채울 수 있다. 나무 몸통의 껍질을 벗기면 초록색 형성층이 드러난다. 멜론 맛이 나는 이 달콤한 나무속이 비상식량이 된다.

켈트인은 투덜이 사시나무 **에바**를 신성한 나무, 즉 **빌레**로 지정하고 오검문자의 E 자를 부여했다. 이 글자는 세로줄 하나에 평행한 가로줄 네 개를 질러서 쓴다.

---

*   시큼한 맛이 나는 무색의 바늘 모양 결정으로, 살균 작용을 해 의약
         품이나 방부제 등의 원료로 사용된다.

최근 몇 년 사이에 식물학자들이 미국에서 플라이스토세* 빙하기에서부터 지금까지 영양생식으로 살아남은 뿌리를 지닌 놀라운 사시나무 개체를 발견했다. 땅 밑에서 세포를 자가 복제해 거의 약 80만 제곱미터에 달하는 뿌리 덩어리를 생성해낸 이 사시나무는 160만 살로, 지구상에서 가장 오래된 생물체 중 하나이다.

아한대림에 갔을 때 나는 사시나무에 관한 또 다른 사실을 발견했다. 촬영을 쉬는 사이에 일행 몇 명과 함께 수정같이 맑고 마실 수 있는 물이 있는 곳에서 배낚시를 했다. 그러니까 다섯 명이 민물 꼬치고기를 낚으러 갔다는 말인데 나는 그저 낚는 시늉만 했다. 수면에서 겨우 2~3센티미터 이내에 미끼와 바늘을 드리우고는 혹시라도 물고기 근처에 닿지 않도록 주의 깊게 지켜보았다. 이 우스꽝스러운 행동이 눈에 안 띌 수가 없었으니, 특히 바로 옆에 있던 약사 소피아 라블라우스커스가 나를 보며 이따금 웃음을 터트리곤 했다.

갑자기 배 너머 저편에서 물 바깥으로 코만 내놓은 비버 한 마리가 푸른 잎이 달린 커다란 사시나무 가지를 끌며 상류로 헤엄쳐 왔다. 그러더니 그 사시나무를 은신처에 쑤셔 넣고는 사라졌다. "저게 우리가 쓰는 약이에요." 소피아가 말했다. "사시나무를 먹은 비버를 먹으면 감기와 독감을 전부 예방할 수 있어요. 우리 종족의 전통 의술이랍니다."

---

* 지질시대 중 신생대의 제4기 전반인 약 258만 년 전부터 약 1만 2000년 전까지를 가리킨다. 이 시기에는 지표면의 빙하가 확장과 축소를 반복하며 생물계의 변화를 촉진했고 인류의 조상이 나타났다.

F

오리나무, 페른

　매해 여름 리쉰스로 돌아가면, 버스에서 내려 팻 아저씨의 농장 마차에 타자마자 또각거리는 말발굽 소리와 세차게 흐르는 강물, 인동덩굴 향과 뒤섞여 코를 찌르는 동물 냄새에 나를 뒤덮고 있던 학교라는 막이 순식간에 떨어져 나갔다.

　나는 머크룸오트밀 포대 위에 앉아 여왕이 된 듯한 기분을 느끼며 어린 내 눈앞에 펼쳐진 풍경이 다 내 것인 양 둘러보았다. 마차는 고요히 늘어선 오리나무 사이를 지나 양 바퀴를 덜컹대며 나를 언덕 위로 실어 날랐다.

　바퀴라는 이 놀라운 발명품을 받아들여 자기 것으로 삼은 뒤로 고대 켈트족의 모든 것이 달라졌다. 켈트 사회에서 지식인에 맞먹는 지위에 있던 대장장이들은 바퀴를 개선할 방안을 연구했다. 달군 쇠를 나무 바퀴의 바깥쪽에 띠처럼 빙 둘러 덧대었다. 그 쇠가 식으면서 수축해 나무와 결합했다. 그러면 거기에 못을 좀 박아넣어 노면에 바퀴가 더 잘 붙도록 했다. 켈트족이 **커얼**carr이라고 부른 이 새로운 차량은 화물을 더 빨리 실어 나를 수 있었다. 이와 함께 통행량이라는 익숙한 골칫거리가 나타났는데, 이 현상은 곧바로 늘 그렇듯 비용이 관건인 도로 관리 문제로 이어졌다.

켈트 세계 전역에서 통행량이 늘어나면서 고속도로의 필요성이 커졌다. 길을 내려니 개울과 습지, 늪 같은 지대가 걸림돌이 되었다. 해법은 물가에 서식해 습기에도 썩지 않는 오리나무에 있었다. 균일하게 자라는 오리나무의 특성 또한 도로 및 고속도로 건설 목적에 완벽히 들어맞았다. 물가에서 자라는 오리나무 군락에서는 길이 40미터에 지름 90센티미터짜리 통나무가 나왔다. 도로의 바닥에 깔기 위해 필요한 나무토막의 길이는 4미터였다. 지역에 따라 참나무, 느릅나무, 개암나무, 주목도 사용했다. 나무의 둥근 표면을 자귀로 다듬어 썼다. 새 도로에서는 짐마차 두 대나 수레에서 진화한 또 다른 차량인 여객마차 두 대가 무리 없이 나란히 통행할 수 있었다.

이 도로망은 수킬로미터씩 뻗어나갔는데, 더 중요한 점은 실제로나 법적으로나 토대 보강이 가능할 경우에는 습지를 관통하기도 했다는 사실이다. 브레혼법은 그보다 더 오래된 법전인 **샤느허스 모어**Seanchus Mór와 마찬가지로 영토 내의 도로를 관리할 책임이 왕에게 있다고 명시하여 이 고속도로를 보호하도록 했다. 관리 부실로 인해 통행인이 해를 입으면 왕은 당사자나 가족에게 그 피해를 배상해야 했다. 하지만 통행인이 부주의하여 도로를 훼손한 경우에는 당사자나 그 가족이 왕이나 족장에게 복구에 드는 금액을 변상해야 했다.

또한 **샤느허스 모어**에는 도로가 강을 통과해야 할 경우 **드로허드**droichead라는 안전한 다리를 정교하게 건설하도록 명시되어 있다. 여기에는 배수관 설치에 관한 규정도 포함되어 있다.

아일랜드에는 고대에 건설한 다섯 개의 유명한 고속도로, 즉 슬라이트slíte가 지금까지 남아 있다. 유럽의 다른 지역에 있던 중요한 슬라이트 중 상당수는 이후 로마가 건설한 도로의 토대가 되었다. 아일랜드 북서쪽으로 난 **슬리 아설**Slí Asail은 타라에 있는 상급왕의 궁전을 향해 뻗어나갔다. **슬리 뮤들루어흐러**Slí Mudluachra는 타라를 북쪽과 남쪽으로 관통하며 나아갔다. 그런가 하면 남동쪽으로 난 **슬리 쿠얼런**Slí Cualan은 더블린을 통과했고 **슬리 다알라**Slí Dála는 타라에서 남서쪽으로 뻗어나갔다. 가장 유명한 슬라이트인 **슬리 모어**Slí Mór는 타라에서 골웨이까지 이르는 대형 고속도로로 대부분 모래언덕 위에 건설되었다. 빨간 머리칼을 휘날리며 빠르게 달리기를 즐겼던 마지막 상급왕의 딸 **니어우**Niamh 공주가 가장 좋아했던 길이다. 니어우 공주는 아일랜드 여성의 역량과 힘, 자부심의 전형이다.

고대 고속도로에 쓰인 오리나무, 알누스 글루치노사*Alnus glutinosa*는 유럽과 북아프리카, 아시아 여러 지역에 자생하는 나무다. 자작나뭇과에 속하는 이 나무는 봄이 내리는 특별한 상이다. 수꽃에는 방수 막이 있고, 가지를 자르면 피처럼 배어 나오는 타닌 성분이 가득하다. 공기와 접촉하면 흰 목질이 몇 분 만에 산화해 붉게 변하는데, 이런 특성 때문에 오리나무를 베면 불길하다는 미신이 생겼다. 하지만 바로 이 반응이 오리나무를 염료로 활용하는 화학적 기반이 된다. 매염제로 어떤 채소를 쓰느냐에 따라 노란색, 빨간색, 분홍색 또는 검은색, 녹색, 갈색을 낼 수 있다.

오리나무가 속한 자작나뭇과의 약효는 드루이드만이 아니라 전 세계 모든 문명에 알려져 널리 쓰였다. 오리나무, 알누스 글루치노사의 가장 오래된 활용법은 항균 및 통증 완화를 위한 구강세정제로 쓰는 것이다. 여기에는 나무껍질 바로 아래에 있는 단단하고 축축한 내부 형성층을 사용했다. 이 부위를 달인 물을 입에 머금고 몇 분 동안 입안을 헹군 후 뱉어내면 잇몸을 포함한 입안의 통증과 염증이 멎는다. 흥미롭게도 북미 선주민들은 이와 비슷하게 현지에서 자라는 오리나무종의 껍질을 달인 물을 화상으로 인해 화끈거리는 통증을 덜어내는 데에 썼다.

다 자란 오리나무 잎과 껍질을 섞어 달인 물은 켈트 세계 전역에서 진통제로 사용되었다. 무릎, 팔꿈치 같은 관절이나 손 등의 아픈 부위를 그 물로 씻은 다음 그대로 말리는 식이었다. 오리나무의 껍질과 어린잎을 넣어 만든 강장제를 마시기도 했다.

드루이드는 오리나무를 빌레 즉 신성한 나무로 보았다. 그래서 이 나무에 페른Fearn이라는 이름을 붙이고 이를 오검문자의 F 자로 지정했다. 이 글자는 세로줄 하나에 오른쪽으로 평행한 가로줄 세 개를 그어 썼다. 고대 드루이드에게 페른은 신성하고도 거룩한 물질인 물의 수호자이기도 했다.

G

아이비, 고르트

고대 삼림지대에서 자라난 아이비는 햇빛을 받으려고 다른 나무의 둥치를 발판으로 삼아 조용히 수직으로 기어오른다. 옛날에는 **고르트**Gort라 불렸던 이 다년생 목본식물의 일생은 참나무 둥치의 흙을 비집고 들어간 통통하고 빛나는 까만 씨앗에서 시작된다. 시간이 흘러 한 500년이 지나고 나면 그 씨앗에서 자라난 아이비가 참나무의 수관에 다다른다. 켈트 세계에서는 아이비, 헤데라 헬릭스*Hedera helix*를 악령을 막아주는 마법의 식물로 여겼다. 태양이 가장 낮게 뜨는 12월 즉 **미 너 놀러그**Mí na Nollag가 되면 이 마력을 집 안에 들이기 위해서 집마다 아이비의 푸른 잎으로 만든 장식물을 화덕 둘레에 걸어두었는데, 서양에는 지금까지도 이 풍습이 남아 있다.

12월 말에는 공연용으로 해진 옷을 입어서 짚투성이 아이들 즉 **클라마리**cleamairí라 불리던 놀이 패가 아이비로 분장하고 이 집 저 집 돌아다니며 연극, 노래, 시 낭송을 했다. 우리가 그렇듯이, 켈트인들 또한 새해를 원점에서 새롭게 시작하고 싶어 했다. 놀이 패의 구성원은 남성이 여성으로, 여성이 남성으로 변장하는데, 그 모습으로 친구나 친척을 속이는 데 성공하면 악령도 속이는 셈이 되었다. 하지만 누구에게든 정체를 들키는 경우, 그 사람은 지난해의 실수를 반복할 운명에 처한다.

그리스인들은 아이비를 술의 신 바쿠스의 상징물로 삼았다. 아이비가 과음에 도움이 되기 때문이었다. 잎에 독성이 있는데도 불구하고 어린 아이비 잎을 넣어 우린 포도주를 취기를 막는 약으로 썼다. 취하지 않은 척하는 그리스인의 이 수법을 이어받은 영국인들은 출입문 위와 선술집 간판에 커다란 아이비 덩굴을 그려 넣곤 했다.

아일랜드의 라힌우드에 가면 지금도 500살 먹은 거대한 참나무의 수관까지 뻗어 오른 아이비 덩굴을 볼 수 있다. 이 숲은 마지막 상급왕이 사냥하던 고대 삼림 중에서 아주 조금 살아남은 영역으로, 아일랜드의 드루이드들이 이주해 들어간 지역의 환경이 어땠는지, 어떠한 식물을 의술에 활용했는지 살펴볼 수 있는 유일한 공간이다. 멀리서 보면 이 오래된 나무들을 타고 올라간 아이비 줄기가 마치 근육처럼 보인다. 아이비에 뒤덮여도 그 힘을 잃지 않는다는 듯이, 나무마다 성장의 기운이 넘쳐난다. 어쩌면 아이비에서 생성되는 식물계의 생장호르몬인 옥신auxin이 참나무의 건강 유지에 도움을 주는 것일지도 모른다.

수평으로 돋아난 발톱 같은 공중 뿌리로 나무를 타고 오르는 아이비를 따라 나무 위쪽으로 시선을 옮기다 보면, 높이에 따라 아이

나무를 대신해 말하기

비의 잎 모양이 변하는 게 보일 것이다. 바닥에 제일 가까운 잎은 여러 갈래로 갈라져 있지만 위로 올라가면서 점차 갈래가 줄어든다. 제일 꼭대기에 돋아난 가장 어린 잎에는 작은 초록색 꽃송이가 달리고, 늦가을에 수정이 되면 잎과 마찬가지로 독성이 있는 까맣고 동그란 열매가 맺힌다.

여느 독성 식물이 그러하듯이 아이비에는 의료적 가치가 있다. 인삼과 같이 세포 수준에서 약효를 내기 때문에 파악하기 어려운 불가사의한 식물이다. 드루이드는 참나무 수관 부근에 달린 갈라지지 않은 아이비 잎을 갖가지 통증 치료에 썼지만 그 정확한 조제법은 유실되었다. 아이비 잎은 류머티즘성 통증을 덜기 위한 습포제로도 쓰였고, 잎에서 추출한 검은 나뭇진은 치과 치료에, 잎을 식초에 우린 용액은 치통을 완화하는 구강세정제로 쓰였다.

켈트족의 인삼이라고 할 수 있는 아이비는 나무가 아니라 나무와 비슷한 다년생 식물인데도 오검문자에서 한 자리를 얻어 **고르트**의 G 자를 부여받았다. **고르트**는 '밭'을 뜻하는데, 활용형인 **고르타**gorta로 쓰면 '기근과 굶주림'으로 의미가 변하는 아주 의미심장한 단어이다. 밭에서 키울 수 있는 식량과 기근이라는 재앙 사이의 미세한 균형이 켈트족의 삶을 좌우했다.

오검문자에서 G 자는 긴 세로줄 하나에다 왼쪽에서 오른쪽으로 기울어진 짧고 평행한 줄 두 개를 교차시켜 쓴다. 목구멍 뒤쪽에서 나오는 그 소리는 아일랜드어로 된 시와 노래에 풍미를 더한다. 해, 달, 별을 향해 60미터나 자라나는 **고르트**, 즉 아이비는 드루이드에게 약재로서 또 숲의 수호자로서 신성한 존재였다. 온대에 속하는 고대 삼림지대는 이 품종의 아이비가 자라는 유일한 공간인데도 그곳에는 여전히 톱질 소리가 그칠 줄을 모른다.

나무를 대신해 말하기

H

산사나무, 우호

ㅓ

고대 켈트인은 산사나무가 힘을 가져다 준다고 여겼다. 시오가 즉 요정, 다시 말해 너 드이네 마허na daoine maithe라 하는 선한 사람들의 세계로 들어가는 입구 중 하나라고 믿었다.

드루이드 학자들은 밤하늘과 태양계를 파악하고 있었으며 그 모든 특성을 수학으로 설명했다. 콜리니력Coligny calendar을 개발했고, 철을 연구해 지속 가능한 농업을 실행했다. 브레흔법이라는 공정한 법률에 기반한 민주주의를 발명하고 개선해나갔다. 입으로 전해 내려오던 문화를 오검문자로 기록했다. 그리고 성별에 상관없이 동등하게 교육했다.

드루이드의 신념 체계를 좌우하는 것은 아남anam 즉 영혼 개념과, 도처에서 나타나는 영적 지침을 뜻하는 아남하라anamchara 였다. 그들은 물에서부터 산, 풀, 짐승, 곤충에까지 이르는 삶의 세계가 영혼으로 가득 차 있다고 믿었다. 모든 생명이 이 영혼을 통해 연결되어 있으며, 그러므로 생명은 어떤 형태이든 간에 보호받아야 한다고 보았다.

아남은 거대한 의식의 장처럼 사후 세계에까지 펼쳐져 있었다. 요정들은 이 평행 세계에 살면서 자유로이 삶과 죽음을 드나들 수 있었다. 이름이 맥Mac 또는 오Ó로 시작하는 고대 켈트 가문 구성원이 죽음을 앞두고 있으면 요정들이 살아 있는 사람들에게 그 사실을 알려주었다. 반쉬 또는 밴시라 하는 요정 여인이 이 왕족들을 찾아가 **쿄울쉬**ceolsí 즉 매혹적인 음악을 들려주거나 **솔로시**solassí 즉 요정의 불빛을 비추어 죽음을 경고했다.

산사나무는 장미과, 로사세에Rosaceae에 속한다. 라틴어 학명은 크라타이구스 모노귀나이다. 드문드문 가시가 돋는 이 나무는 9미터까지 자랄 수 있다. 산사나무 목재는 분홍빛을 띠며 놀라울 정도로 단단하다. 5월이 되면 씁쓸한 향이 감도는 흰 꽃이 뭉텅이져 그득히 피어난다. 여기에 흔히 산사자haw라 부르는, 엄밀히 말해 작은 사과에 해당하는 타원형의 주홍빛 열매가 맺히고 서리가 내리고 나면 달게 익는다. 켈트의 농촌에서는 심장 건강에 특히 좋은 이 열매를 가을철 길거리 간식으로 삼았다.

고대에 약물로 쓰이던 산사나무의 마법은 지금도 수술실에서 그 효력을 발휘하고 있다. 쿠르타크라트Curtacrat, 크라타이구스 크러슬러Crataegus-Krussler, 에스버리카드Esbericard 등의 상표가 붙은 산사나무 추출물이 시중에 유통되고 있다. 이 약은 혈관확장제 역할을 하는 강심제로서, 인간의 심장 근육에 산소를 공급하는 전달 체계인 좌측 상행 관상동맥이라는 특정한 표적 부위에 작용한다. 산사나무 추출물은 관상동맥을 확장해 혈류량를 늘려주어 생명을 좌우하는 이 근육질 펌프에 산소를 공급한다.

고대 드루이드 의사들은 원인 불명의 허약 증세에 산사나무를 곧잘 활용했다. 오늘날 산사나무 추출물은 심근 약화, 동맥경화, 빠른맥을 동반하는 고혈압, 그리고 협심증에 동반되는 일부 병증에 처방된다.

다 자란 산사나무 잎에는 또 하나의 강력한 마력이 들어 있다. 나비 세계의 성장호르몬인 이 화합물은 산사나무 잎을 먹는 애벌레의 몸에 힘을 불어넣는다. 그 결과 성충이 된 나비의 개체 수가 증가하고 나비가 야생에서 식물을 수분시키고 교배시키는 능력 또한 증대한다.

드루이드 의사들은 관찰을 중시했다. 설명할 수 없는 일은 마법이라 불렀다. 드루이드의 관찰 결과는 시간의 시험을 이겨냈고 이제 생화학의 초석으로서 우리와 함께한다.

산사나무는 그 신성한 지위에 따라 **우흐**Huath라는 이름을 얻고 오검문자의 H 자가 되었다. 이 글자는 세로줄을 하나 긋고 그 가운데에서 왼쪽으로 가로줄을 하나 그어서 쓴다.

몇 년 전 어느 국제공항에서 내게 희한한 일이 일어났다. 조용히 탑승을 기다리며 앉아 있는데, 근처에 서서 동동거리는 어느 중국인 여성이 눈에 띄었다. 그 여성은 한 손에는 탑승권을, 다른 손에는 여권을 들고 있었는데 영어를 몰라 자신이 타야 할 항공편 탑승 안내 방송이 나오는데도 알아듣지 못해 당황하고 있었다. 나는 그 여성에게 다가가 탑승권에 적힌 탑승구까지 몸짓으로 안내해주었다. 그 여성이 내게 중국어로 고맙다고 말하며 짐가방을 뒤적이더니 분홍색 막대 다섯 개를 찾아내어 선물로 주었다. 그날 저녁, 친구에게 막대 표면에 적힌 중국어를 번역해달라고 부탁했다. 알고 보니 거기에는 유럽 산사나무와는 수종이 다른 산사나무의 이름이 쓰여 있었다. 중국 산사나무는 혈관 관리를 위한 여행 상비약으로 쓰이고 있었다.

당시에 나는 혈액 희석과 산사나무의 연관성에 대해 연구하던 중이었다. 과연 그 일이 우연이었을까?

I

주목, 우르

숲 하나를 베어낸다. 숲을 전부 베어낸다. 그리하여 삼림지대 문화의 영적인 삶을 파괴한다. 문화 집단을 차례차례 조직적으로 없애버리는, 이른바 집단 학살이다.

아일랜드주목, 탁수스 박카타*Taxus baccata*는 켈트 문화에서 사별을 상징하던 고대의 나무로, 풍성했던 아일랜드의 땅에서 영국인들로 인해 절멸되었다. 타라의 상급왕이 **우라흐**iúrach, 즉 사시사철 푸른 주목이 넘쳐나는 곳이라고 묘사했던 풍성한 숲의 경관은 초토화되고 말았다. 굳세고, 결이 촘촘하고, 구부리기 좋고, 물에 잘 젖지 않던 그 나무는 전투용 무기 재료였고, **바너티** 즉 안주인에게는 유제품을 만드는 도구였다.

먼 옛날 켈트족은 장밋빛이 나는 주목 목재를 널리 활용했다. 이 목재는 나뭇결이 촘촘하고 미세한 기공이 들어차 있어 우유와 유지방이 스며들지 않았다. 습기가 많은 환경에서도 썩지 않고 잘 보존되었다. 켈트족은 주목으로 식기와 우유통, 버터를 만들 때 쓰는 교

유기攪乳器*를 만들었다. 이런 주목 용기를 **우로어리**iúróirí라 하고, 이것을 전문적으로 제작하는 목수를 **우로얼**iúróir이라 불렀다. 주목을 다루는 작업 전반을 일컫는 말은 **우로어라흐트**iúróireacht였다. 위스키나 장인의 특제 버터가 배어든 참나무 통처럼 오랜 세월에 걸쳐 크림의 풍미를 머금은 주목 목재는 여성들 사이에서 널리 교환, 판매되었다.

비옥한 토양에서 자란 탁수스 박카타 주목에서 나는 목재는 품질이 뛰어나다. 주목 내부에 형성되는 헛물관**이 유연한 데다 구부러진 상태에서도 높은 강도를 유지하기 때문에 고대 전투의 주무기였던 활을 만들기에 가장 적합한 재료로 알려졌다. 켈트족은 눈과 손의 협응력이 좋기로 유명했다. 로마에서도 군의 엘리트로 활약했다.

행운인지 우연인지 아직 형벌법 시대이던 1780년에 아일랜드의 주목이 돌아왔다. 어느 봄날 아침, 지금은 북아일랜드에 속하는 로흐에른 인근의 한 농부가 주변을 돌아보고 있었다. 그러던 중에 자신의 밭에서 낯선 식물을 발견했다. 자세히 살펴보니 조그만 주목 두 그루가 나란히 돋아 튼튼하게 자라는 중이었다. 그 땅은 오래전 베리스퍼드가를 포함한 영국인들이 식민지 농장으로 쓰려고 밀어버린 숲 자리였다. 고대 아일랜드의 주목 숲에서 살아남은 개체는

---

*   우유를 휘젓는 기계.

**   식물의 뿌리, 줄기, 잎 속에 퍼져 있는 관다발 속 물이 지나가는 통로인 물관부의 주된 요소를 가리킨다.

휴면 상태로 있던 씨앗에서 거의 기적적으로 발아한 이 두 그루가 전부였다.

탁수스 박카타 주목은 약용 나무로, 같은 속에 해당하는 나머지 일곱 종도 마찬가지다(단, 이 여덟 종이 모두 동일한 수종이라고 보는 식물학자들도 있다). 전 세계적으로 잘 알려진 이 수종은 거의 모든 문화권에서 사별을 상징하며, 목재는 관을 만드는 데 쓰이고 가지는 장례식 화환으로 엮인다. 독성이 있는 나무이지만 단 하나 예외인 부위가 있다. 딱딱한 씨앗을 감싸고 있는 가종피aril 형태의 새빨간 열매다. 독성이 없는 그 붉고 말캉한 과육을 새들이 즐겨 먹는다.

그 부위를 제외하면 아일랜드주목을 포함해 전 세계 모든 주목이 소와 사람에게 해롭다. 그러나 주목에서는 택솔taxol이라는 특수한 생화학물질류가 생성되는데, 현재 여러 가지 암 치료에 이 물질이 쓰이고 있다. 이 분야의 많은 약 성분이 그러하듯이 적당량을 쓰면 약이 되지만 많이 쓰면 치명적인 독이 된다.

주목의 치유력을 알았던 드루이드 의사들은 이 나무를 빌레 즉 신성한 나무로서 켈트인의 삶 속에 굳건히 자리 잡게 했다. 켈트족 가정에서는 화상을 입으면 주목으로 만든 함에 담아둔 버터를 발라다 나을 때까지 상처 부위에 공기가 닿지 않도록 했다. 감기에는 주목 통에 보관한 우유를 양파와 함께 끓여 마시고 몸에서 땀을 빼 바이러스를 몰아내고자 했다. 주목 항아리에 담아놓은 버터밀크는 봄철에 음료로 마시기도 하고 가벼운 뾰루지나 홍조, 흉터 등으로 고민하는 10대의 피부 관리에 쓰거나 안면 경직 증상을 풀기 위해 눈꺼풀 주변에 바르는 약으로 쓰기도 했다.

드루이드 의사들이 주목의 겉껍질과 뿌리껍질, 가종피, 목질, 잎 등을 활용해 조제하던 더 중요한 약들이 많이 유실되었다. 이런 비밀스러운 조제법을 이어나갈 소임은 명예율honor system *의 일부로서 권위 있는 가문들이 맡았다. 이 비법들은 형벌법하에서 500년 동안 비밀리에 전수되다 1900년대 말에 이르러 다시 빛을 보게 되었다. 그런데 현대식 약에 비해 쓸모없는 민간의학으로 취급받으며 버려졌다. 이런 약 중에는 암 치료제가 많았다. 통증 관리에 쓰는 약도 그에 못지않게 많았다.

하지만 옛 치료법 중 일부는 아직 남아 있다. 북미 이로쿼이Iroquois족은 현지에서 자라는 주목, 탁수스 브레비폴리아Taxus brevifolia를 상승제로 썼다. 상승제는 생화학적으로 약의 효력을 더욱 높여주는 작용을 한다. 전통적으로 주목은 통증을 다스리기 위한 한증 요법에 쓰였다. 주목 잎을 넣은 물이 끓으면 그 증기를 쐬어 땀을 뺐다. 추출된 택솔이 피부에 달라붙어 마르면서 만성적인 관절 통증이 완화되었다. 사지 마비를 풀고 월경 주기를 되돌리는 데에도 주목을 썼다.

이런 지혜를 바탕으로 드루이드들은 우르Iúr의 I 자를 오검문자에 포함했다. 이 글자는 세로줄 하나에 평행한 가로줄 다섯 개를 수

---

* 　　특정 집단의 구성원이 그 집단의 명예를 지키기 위해서 반드시 따라야 하는 규율을 뜻한다.

평으로 가로질러 쓴다. 나무 이름으로 이루어진 오검문자에서 **우르**는 주목을 의미했다.

이제 나의 수목원에 있는, 이 지역에서 사라졌다고 생각했던 수종 하나를 소개하며 주목에 관한 이야기를 마무리하고자 한다. 그것은 바로 캐나다주목, 탁수스 카나덴시스*Taxus canadensis*이다. 나는 수백만 년 전 고대 북미의 삼림이 남긴 이 유물이 삼나무 산울타리 아래, 커다란 나무 그늘 밑에서 안간힘 쓰며 자라고 있는 걸 발견했다. 그래, 그러면 된다. 살아 있기만 하면, 이 나무로부터 또 다른 암 치료제를 얻을 수 있으리라는 희망이 생긴다. 생물다양성은 그렇게 작동한다.

Ng

골풀, 브로브

켈트족은 식물로부터 조명을 얻었다. 반감기가 끝날 때까지 1000년 정도는 사용후핵연료봉에 방사능이 남을 원자로의 전력이 아니었다. 늪지대의 야생 생명체인 습지식물, 골풀로부터 얻은 빛이었다.

켈트족이라면 누구나, 어린이들까지도 커널 파거coinneal feaga 즉 골풀로 된 초candle를 만들 줄 알았다. 간단하고 완전히 지속 가능한 방식이었다. 공룡이 먹이를 찾아다니던 시대에는 거대하게 자라던 골풀도 그 먹이 중 하나였다. 덥고 습한 기후에서 살아남으려면 골풀 내부에 변화가 좀 필요했다. 유조직parenchyma이라 일컬어지는 스펀지 형태의 기관 조직이 잎의 생체 활동 중심지가 되었다. 유조직은 눈에 보이지 않지만 생물체에 꼭 필요한 산소로 가득 찬 공간을 형성한다.

켈트족 가정에서는 자녀들을 내보내 제일 좋은 골풀을 찾게 했다. 대체로 비옥한 초지와 습지 가장자리에서 자라는 풀이 제일 키가 컸다. 골풀은 바깥쪽으로 새잎을 내며 둥그런 형태로 자란다. 중심부의 제일 긴 잎에 갈색 수염이 달리는 경우가 많은데, 그것이 골풀의 생식 기관이다. 골풀 잎은 왁스로 덮여 있어 물에 젖지 않는다. 모양이 꼭 초록색 원뿔을 아주 길게 늘인 것 같다. 잎을 수확하려면 하얗게 바랜 아랫부분까지 포함되도록 밑동을 재빨리 확 잡아당기면 된다. 도중에 잎이 휘거나 상하지 않도록 주의해야 한다.

진짜 재밌는 일은 이제부터다. 평평한 판 위에 잎을 올려놓고, 초록색 부위를 예리한 칼로 표피 두께만큼의 깊이로 위에서 아래로 가른다. 그다음 흰 부위에서부터는 엄지손가락을 써서 새하얀 유조직을 벗겨낸다. 공기 층이 들어 있는 이 유조직이 초에서 촛농이 떨어지는 것을 최소화하는 완벽한 심지가 된다. 이렇게 벗겨낸 심지로 초를 만들기 시작한다. 초의 몸체가 될 기름을 따뜻하게 데워서 녹인 다음 그 안에 심지를 담근다(옛날에는 고체 상태로 보관하기 좋은 양기름을 썼다). 심지를 꺼냈다가 식으면 또 담근다. 이 과정을 반복한다. 잘 만든 초는 한 시간 정도 태울 수 있었는데, 특별한 촛대에 꽂아두고 한 번에 하나씩 켰다. 그렇게 밝혀둔 촛불은 꽤 쓸만한 실내조명이 되어, 저녁 무렵 집안일을 하는 동안 다정하고 보드라운 빛을 비추어주었다.

켈트족의 골풀, 융쿠스 에푸수스*Juncus effusus*는 전 세계에 존재하는 수백 종의 골풀과 중 하나다. 골풀은 겨울 동안 노천 감자 저장고 위에 올려둔 양배추 같은 채소들을 덮는 데도 쓰였다. 비가 내려 습할 때는 방수포 삼아 젖소와 가금의 잠자리에 깔아주었다. 골풀을 엮어 아름다운 바닥 깔개와 침구, 의자 덮개, 그 외 실내 장식품을 만들기도 했다. 일본에서는 지금도 골풀로 향긋한 다다미*를 만든다.

농촌에서는 골풀이 소에게 독이 된다는 사실을 오래전부터 알고 있었다. 소들은 뜯어 먹을 풀이 있으면 주변의 골풀에 눈길을 주지 않는다. 하지만 먹을 것이 없어지면 이전에 무심했던 사실을 잊고 골풀에 달려들어 게걸스레 뜯어 먹다가 눈이 멀고 혼수상태에 빠져 죽고 만다.

독성이 밝혀지지는 않았지만, 골풀은 고대 운동선수들이 달리기나 각종 구기 종목을 하기에 앞서 몸을 씻는 재료 중 하나였다. 선수들은 경기를 앞두고 압박감을 견디기 위해서 골풀 물로 세 번씩 몸을 씻었다. 이렇게 몸을 씻는 행위를 피부에 쓰는 구토제 같은 것으로 여겼다.

아일랜드에서 가장 위대한 장거리달리기 선수들에게 골풀이 큰 도움이 되었을 것이다. 공평한 자 피언Fionn과 그의 시인 전사 부대 **필리어흐터**filíochta는 충직한 아일랜드 사냥개 무리가 크게 짖으며 뒤를 따르는 가운데 단번에 아일랜드를 주파했다. 아일랜드의 전설에는 이렇게 인내하며 위업을 달성하는 이야기가 많다.

그리하여 나무들과 나란히 신성한 지위를 얻은 골풀은 오검문자에서 비음을 내는 Ng 자로 지정되었다. 지금은 녜털Ngetal로 알려

---

*　일본 전통 가옥에 쓰는 바닥재로, 짚을 탄탄히 눌러 만든 직사각형 판에 돗자리를 씌워 만든다.

진 글자다.* 오검 비석에는 이 글자가 세로줄 하나에 왼쪽에서 오른쪽으로 기울어지며 평행한 세 개의 줄이 교차하는 형태로 새겨져 있다. 그러나 골풀에 담긴 가장 위대한 보물은 수많은 켈트족 가정의 일상을 비춘 그 빛이었다.

* 　브로브Brobh가 아닌 녜털로 알려진 이유에 대해서는 92쪽의 각주를 참고.

L

마가목, 리스

ㅏ

마가목을 두려운 마음으로 바라본 이는 켈트족만이 아니었다. 지구 전역의 삼림지대 중에는 현대에도 이 나무를 둘러싼 민속신앙과 미신이 넘쳐나는 곳이 많다. 마가목은 생명의 숨결, 즉 영혼을 내보내기 위한 퇴마 의식에 사용되었다. 또한 마가목이 길 위를 떠돌다 다가올지 모를 악령을 막아준다고 믿어, 마가목으로 만든 부적이나 나뭇가지 끄트머리를 품고 다니는 이들도 있었다.

그러나 켈트족은 이런 전설적인 힘을 다르게 풀어내었다. 그들은 마가목을 마술을 부리는 나무로 보았다. 5월에 꽃을 피워내고 가을에 새빨간 열매를 맺는, 눈처럼 하얀 마가목꽃의 아름다움에 요정들이 깊이 빠져들었다고 믿었다. 마가목 열매로 만든 빨간 음료에 취했다고 말이다. 취한 요정들은 인간이 잠의 마법에 빠져드는 어두운 밤사이에 꾀를 부리는데, 그중에는 그리 유쾌하지 않은 것들도 있었다. 그러면 켈트인은 적들에게 이렇게 말했다. "케얼 히네 어르트!Caor thine ort!" 즉, "마가목 열매의 불꽃이 너를 태울지니!"라고. 이는 너그러운 마음에서 나오는 말이 아니었다.

켈트 세계의 농촌에서는 마가목을 산울타리로 둘러 한 해의 작황을 가늠하는 데 활용했다. 마가목 꽃망울이 터지는 날을 세심히 살펴 그로부터 밭에서 거둘 곡물의 양을 예측했다. 마가목 열매의 질과 양은 곡물 낱알의 크기를 알려주는 지표로 여겼다. 마가목 열매가 장밋빛으로 잘 익으면 세상만사가 순조로웠다.

드루이드 의사들은 시를 읊거나 성서를 낭독함으로써 거두고자 했던 **사우너스**sámhnas, 즉 진정 효과를 향상시키는 데에 마가목의 마술적 효능을 활용했다. **사우너스**란 마치 자장가를 듣는 아기처럼 경계심이 풀어진 상태를 의미했다. 이것은 동물에게도 통한다. 옛날에는 젖소가 우유를 더 많이 생산할 수 있도록 휴식을 취하게 할 때 불러주는 노래가 많았다. 드루이드 의사들은 이런 처치를 받으면 마음이 안정되어 평온한 상태로 더 빨리 넘어간다고 생각했다.

명상을 할 때와 마찬가지로 **사우너스** 상태에서는 시간이 다르게 흘러 1분이 10분이 되거나 그 반대가 되기도 한다. 이렇게 마음을 풀어두면 몸 전체가 휴식을 취하기 좋다. 현재 이 효과는 특히 부신피질*에서 실제로 나타나는 것으로 밝혀져 있다. 드루이드 의사들은 마음을 다스리는 것이 건강에 이롭다고 믿었다. 마가목은 **사우너스**를 위한 약이었다.

전 세계에 분포하는 85가지 마가목종이 그러하듯이 켈트족의

---

*   콩팥 위에 있는 내분비샘인 부신의 바깥층을 이루는 조직.

마가목, 소르부스 아우쿠파리아*Sorbus aucuparia*에도 각성 성분이 들어 있다. 마가목 각성 성분의 효력은 커피나 차에서 나는 것과 비슷하다. 다 익은 마가목 열매는 사람에게 독이 되므로 딱총나무 열매와 마찬가지로 반드시 익혀서 섭취해야 한다. 켈트족은 마가목 달인 물을 강장제 삼아 마셨다. 이 약물의 정확한 성분은 알 수 없다. 어느 종을 얼마나 자란 상태에서 사용했는지도 모른다. 이와 가장 비슷한 사례를 지금도 마가목 달인 물을 마시는 북미 북부 선주민들에게서 찾아볼 수 있지만, 거기서 사용하는 마가목, 소르부스 아메리카나*Sorbus americana*는 약효가 훨씬 더 강하다. 그들은 봄 중반에 수확한 마가목 속껍질을 창포, 즉 아코루스 칼라무스*Acorus calamus*와 함께 달인 강장제를 일상적으로 마신다.

전통적인 조제법에서 마가목을 중요한 약물로 사용하는 마지막 종족은 슬레이브*Slave*, 알곤킨크리, 치페와이언*Chipewyan*족이다. 이들이 사용하는 마가목은 아한대 토착 수종인 소르부스 아메리카나, 소르부스 데코라*S. decora*, 소르부스 스코풀리나*S. scopulina*이다. 해가 짧고 공기가 차가운 탓에 이 북부 지역 나무들은 키가 관목 수준으로 작게 자라고 약효는 더 강하다.

이 세 부족은 마가목을 '약봉*medicine stick*'이라 부른다. 마가목의 위쪽에 달린 날개 모양의 초록색 잎이 다 자라면 그 잎을 달여서 감기, 기침, 두통 치료에 쓴다. 뿌리 달인 물은 허리 통증에 처방한다. 토종 약초 및 식물들과 아주 복잡하게 조합해 당뇨병과 암을 치료하는 데 쓰기도 한다.

켈트 사회에서 마가목이 지닌 약으로서의 가치를 고려하면, 드루이드 의사들이 마가목을 신성한 나무로 삼았으리라는 데는 의심의 여지가 없다. 마가목은 리스Luis라 불렸고 오검문자에서 L 자를 차지했다. 세로줄 하나에 오른쪽으로 평행한 가로줄 두 개를 그어 썼다.

M

블랙베리, 뮌

초가을 저녁, 소를 몰러 가던 아일랜드 농부가 배수로에 자라난 가시 돋친 줄기 더미에 손을 쑥 집어넣어 블랙베리를 한 줌 딴다. 그러고는 다 익지 않은 열매만 골라 먹고 나머지는 던져버린다.

가을의 연례행사인 이 블랙베리 따기는 켈트 세계에서 수천 년 동안 지속되었다. 이때 선택받은 종은 지금도 아일랜드와 유럽에서 야생으로 자라는 나무딸기 또는 블랙베리, 루부스 라키니아투스*Rubus laciniatus*이다. 추운 북극에서 더운 인도 아대륙까지 전 세계에 1000여 종이 분포하는 장미과, 로사세에의 일원이다.

아치형 줄기를 뻗는 이 식물의 일생은 새나 인간, 포유류 등의 장내 세균을 통과해 나온 마른 씨앗 상태에서 시작된다. 질소 잔여물이 약간만 채워져도 씨앗이 깨어난다. 블랙베리는 해거리를 한다. 첫해에는 줄기에서 이듬해 맺을 열매를 위한 양분을 생성한다. 장미처럼 생긴 작고 흰 꽃이 양분을 흡수하며 초록색, 붉은색, 검은색으로 차차 변한다. 식물학자들은 블랙베리 열매를 핵과drupe라 칭

하는데, 이런 씨앗은 수밀성watertight 표피 아래 과즙을 머금고 있어 사람과 짐승 모두의 관심을 끈다.

블랙베리 입장에서 생존은 중요한 문제다. 다른 모든 생물종이 그러하듯이 생존은 번식을 위한 노력과 결부된다. 가시 돋친 덩굴을 두른 채 바람에 휘둘리다 사람의 피부를 찢어놓는 식물이 번식을 위해 취할 수 있는 선택지는 많지 않다. 블랙베리 열매가 피부 손상을 감수할 만큼 유혹적인 단맛을 띠는 것은 이런 사정에서 나온 나름의 번식 전략이다. 일단 따서 먹으면 건강에도 도움이 된다.

오늘날 생화학자들은 블랙베리에 함유된 엘라그산ellagic acid이라는 생화학물질을 밝혀냈다. 캐나다에서 진행 중인 연구에 따르면, 엘라그산은 식물 화학물질 조절제로서 면역 체계를 촉진하며 몇 가지 암을 막는 효과를 지닌 것으로 보인다. 블랙베리 주스가 항당뇨 작용도 한다는 의견이 오래전부터 제기되었지만, 아직 임상 실험으로 검증되지 않았다. 식물 세포 유도 작용을 하는 식물 화학물질 조절제는 때로 식품을 통해 인체로 들어가 장내에서 작용하기도 한다. 식물호르몬은 사람의 이동 경로에도 영향을 미친다. 단것을 좋아하는 농부가 소젖을 짜려고 소를 끌고 집으로 가던 중에 열매를 따러 다니게 만드는 식으로 말이다.

브레혼 후견 과정 중에 리쉰스의 농장에서 내가 맡은 역할 중 하나가 소를 데리러 가는 것이었다. 나는 동물들을 몰고 다니기로 유명했고, 뭘 하든 내 주위에 동물이 맴돌았다. 오후 네 시쯤 지팡이를 집어 들면 고양이들이 먼저 눈치를 챘고, 낌새를 알아차린 말들도 뚜벅뚜벅 내게 다가왔다. 언제나 내 곁에 붙어 다니는 개들은 당장이라도 달려 나갈 태세를 취했다. 알 낳는 닭들도 안전하다고 느껴지는 데까지는 뒤를 따랐다. 양과 당나귀에 이어 칠면조 몇 마리까지 합세하고 나면 다 같이 계곡으로 소를 데리러 갔다. 소 떼 중에서 내가 제일 좋아했던 암소 스트로베리가 언제나 맨 먼저 나를 맞아주었다. 그런 다음 모두 함께 농장으로 돌아갔는데, 나는 도중에 수시로 멈춰 서서 블랙베리를 따 먹었다. 그걸 어찌나 좋아했던지 손가락이며 혓바닥, 입술이 모두 새까맣게 물드는 바람에 얼마만큼 농땡이를 부리다 왔는지 훤히 드러나곤 했다.

내가 먹어낸 그 열매를 고대와 현대 선주민 문화권의 약사들은 '덤불음식bush food'이라 부른다. 그 약사들은 주민들이 덤불음식처럼 야생에서 난 식품을 섭취하지 않으면 건강이 나빠진다는 것을 알고 있다. 유전적으로 오염되지 않은 순수한 야생 식품은 모두 다 식물화학물질 조절 체계를 가지고 있는데, 현대 과학에서는 이러한 사실을 이제야 막 파악하기 시작했다. 야생에서 난 식품이 건강에 얼마나 중요한지 주목하지 못하는 바람에 비만, 내장 질환, 당뇨 같은 질병이 확산했다. 어째서인지 드루이드 의사들은 문제 해결의 가장 중요한 도구인 단순한 관찰만으로 야생 식품이 지닌 중요성을 알고 있었다.

당대에도 드루이드 의사들은 약효를 지닌 생물종이 드물다는 사실을 잘 알고 있었다. 그들은 큰회향의 일종이 멸종되고 있다는 소식을 그리스의 의사들로부터 전해 들었다. 실피움*Silphium*이라는 이 회향은 리비아*의 해안 근처, 독특한 띠 형태의 토양층에 자리한 건조한 산비탈에서 자생했다. 전 세계적으로 수요가 많았던 피임약으로, 순은보다 더 높은 가치를 지닌 식물이었다. 전하는 이야기에 따르면 기원후 37년에는 이 회향이 딱 한 포기밖에 남지 않았다고 한다.

고대 문화권 의사들은 예방의학의 기초를 일찌감치 닦아두었다. 예나 지금이나 아는 것이 힘이었다. 물물교환 체계 속에서 약품은 문화권 사이를 넘나들었다. 그 증거가 언어에 담겨 있다. 우리 가문의 성씨 베리스퍼드는 아일랜드어로 **둔 스메라흐**Dún Sméarach이다. 우리가 '블랙베리 요새'의 사람들이라는 말인데, 어째서 나의 정원에서는 블랙베리가 자라지 않는 건지!

블랙베리는 야생종으로, 숲 가장자리 양지바른 곳을 좋아한다. 자연 부식된 나무로부터 줄기의 열매 생장에 필요한 포타슘 및 탄산포타슘을 얻는다. 나무에 둥지를 튼 명금이 먹이를 찾아 트인 공간으로 나왔다가 블랙베리를 먹고 햇볕을 쬐러 숲의 가장자리로 돌아간다. 나뭇가지에서 새가 쉬는 동안 새의 내장 근육이 풀리면서 씨앗이 빠져나온다. 이 관계를 이해하고 있었던 드루이드는 블랙베리에 신성한 지위를 부여하여 생태계를 보호했다.

블랙베리는 **뮌**Muin이라 불리며, 오검문자에서 긴 세로줄 하나와 왼쪽에서 오른쪽으로 기울어지는 줄 하나를 교차해서 쓴다.

---

*   아프리카 북부의 지중해 연안에 위치한 공화국.

N

물푸레나무, 니온

고대 세계에서 물푸레나무는 신비로운 존재였다. 이 나무를 무無에서 처음 탄생한 태초의 존재로 여기는 문화권이 많았다.

와바나키Wabanaki족은 창조자이자 위대한 전사인 글루스캅Glooscap에 관한 이야기를 전한다. 글루스캅은 오랜 옛 방식에 따라 물푸레나무의 심재를 돌구멍으로 통과시켜 화살대를 만들었다. 그리고 이 화살들을 단단히 굳힌 다음 하나를 골라 거대한 미국물푸레나무, 프락시누스 아메리카나*Fraxinus Americana*를 향해 쏘았다. 화살이 나무의 심장에 구멍을 냈다. 생명의 물줄기에 난 이 구멍으로 최초의 인류가 쏟아져 나와 지구에 자리를 잡았다.

북유럽 전설에서도 물푸레나무는 위그드라실Yggdrasill이라 불리는 태초의 나무였다. 이 장대한 나무는 아직 태어나지 않은 사람들의 영혼을 창조하여 거대한 나뭇가지로 보호했다. 배아 상태인 그 영혼들을 돌보다가 때가 되면 세상에 내보냈다.

힌두교 신자들은 나무를 식물계에서 가장 높은 경지에 오른 거대

나무를 대신해 말하기

한 등불로 여긴다. 인도의 여러 지역에 신자들이 나무를 다채롭게 꾸미고 쌀을 제물로 바치는 풍습이 있다.

켈트족은 참나무의 임관crown canopy*보다 더 높이 자라는 토종 물푸레나무인 구주물푸레나무, 프락시누스 엑셀시오르의 신성성을 알아보았다. 진하고 굴곡진 나무줄기들이 하늘을 향해 뻗어나갔다. 말라서 바스락대는 시과samara seed**를 매단 구주물푸레나무가 먹이를 찾는 명금을 끌어당겼다. 나이팅게일이 나뭇가지에 앉아 노래를 불렀다. 그 목질은 보슬비 내리는 지역의 기후 아래서 자라는 어떤 나무와도 달랐다. 심재에서 잔가지에 이르기까지 섬유질 전체에 기름기가 담겨 있어, 아직 성성한 초록색 가지를 꺾어 태워도 불이 잘 붙었다. 켈트족의 화덕 안에서 물푸레나무는 토탄과 자연스럽게 결합해 온기를 내뿜었다.

켈트족은 물푸레나무 막대로 헐링이라는 독특한 경기를 했다. 나는 헐링을 즐기는 집안에서 자랐고, 가족 중에 아주 유명한 선수들도 있었다. 헐링 선수 시절에 로키 도너휴라 불렸던 삼촌 패트릭은 엄청난 인기를 누리며 로켓처럼 빠르게 달렸다. 삼촌이 헐링과 스포츠 일반에 관해 들려준 아주 흥미로운 이야기가 떠오른다. 삼촌이 말하길, 사회에 참여할 기회를 얻지 못한 채 거리를 서성이는 젊은이들은 갈등의 불씨를 안고 있어 민주주의에 가장 위험하다고

*   나무 윗부분의 수관이 모여 형성하는 둥그런 부분.
**   얇은 막 모양으로 벌어진 껍질을 날개 삼아 바람을 타고 흩어지는 형태의 열매.

했다. 고대 켈트족은 스포츠를 통해 사회에 대한 젊은이들의 반항심을 가라앉히는 동시에 그들에게 갈 길을 일러주고 패기를 시험하게 했다.

켈트족의 위대한 시인과 학자, 뛰어난 사상가 등이 물푸레나무에 마땅한 대접을 한 것은 놀랄 일이 아니다. 그들은 대지에 자리 잡은 그 나무의 고결한 위상과 치열하고 빠르게 펼쳐지는 헐링 경기를 통해 켈트 문화의 구석구석을 파고드는 존재감을 칭송했다. 헐링은 물질적 부와는 아무 관련 없이 명예를 추구하는 경기로, 승리 앞에서 보여주는 겸허함을 기준으로 선수를 선발했다.

신성한 물푸레나무는 오검문자에서 니온Nion이라 불리며 N 자를 부여받았다. 이 글자는 세로줄 하나에 오른쪽으로 평행한 가로줄 다섯 개를 그어 썼다.

물푸레나무는 아마 드루이드 의사들의 약재로 사용되었을 것이다. 그렇다면 그 정보는 오랜 세월을 거치며 유실되었다고 할 수 있다. 켈트와 북미의 물푸레나무에는 모두 에스신escin이라는 유사한 생화학물질이 들어 있다. 이 물질은 피부에 바르면 말초 동맥을 팽팽히 조이는 작용을 한다. 그래서 사냥에 나서는 선주민들은 물푸레나무로 채비를 했다. 출발 전에 다 자란 물푸레나무의 껍질 달인 물을 온몸에 발랐는데, 그러면 체취가 배어 나오지 않아 심지어 바람을 등지고 있어도 사냥감에게 들키지 않았다.

또한 신성한 땅으로 가기 위해 광야를 건너던 이스라엘 백성에게 주어진 음식으로 성서에 등장하는 만나manna도 물푸레나무에서 난 것일 가능성이 높다. 더운 그 지역에는 꽃을 피우는 물푸레나무, 프락시누스 오르누스*Fraxinus ornus*가 자란다. 작고 향기로운 이 나무에는 캐나다 단풍나무와 마찬가지로 당분이 넘쳐난다. 이 당분은 질감이 단단해서 이동 중인 사람들에게 그럭저럭 괜찮은 음식이다. 물푸레나무 껍질에 세로로 길게 칼집을 내면 즉시 당분이 흘러나오기 시작해 칼집 맨 아래쪽에 하얀 덩어리로 맺힌다. 이 '만나'에는 네 가지 복합당과 수많은 약 성분이 담겨 있다. 물푸레나무는 지금도 이탈리아 남부 칼라브리아에서 식품 생산 목적으로 재배되고 있어, 사촌 격인 올리브나무와 마찬가지로 작물로 취급받는다.

O

가시금작화, 아튼

†

요즘 같은 여행의 시대에 활짝 핀 가시금작화의 노란빛을 알아차리는 이는 방문객뿐인 것 같지만, 들판의 향연은 아일랜드의 거의 모든 지역에서 펼쳐진다. 키작은가시금작화, 울렉스 미노르*Ulex minor*가 향연의 주축을 맡아 6월부터 12월까지 꽃을 피우며, 절정은 9월에 찾아온다. 키큰가시금작화는 유럽가시금작화, 울렉스 에우로페우스*Ulex europaeus*로 흐늘거리는 관목이다. 두 종 다 콩과로 산성 계열의 노란색 꽃이 핀다. 이 노란색, 특히 이른 아침과 저녁 무렵에 형광처럼 보이는 노란색은 우리가 매일 먹는 음식을 생산하는 데에 중요한 역할을 하는 꽃가루 매개자들을 끌어당긴다.

가시금작화의 노란 꽃은 마치 전구처럼 단순해 보이지만 복잡한 배열을 이루고 있다. 금어초와 비슷한 형태다. 키큰가시금작화는 큰 꽃을 피우고, 키작은가시금작화의 꽃은 그보다 더 작아서 꿀벌에게 딱 알맞은 크기다. 큰 쪽이 작은 쪽보다 더 빨리 꽃을 피우기 때문에, 벌들은 아래쪽의 키작은 종이 아직 깨어나지 않아 꿀이 없을 때도 꽃가루를 잔뜩 묻혀 간다. 밀랍 방 안에서 자라는 암벌을 위한 복합 강장제인 이 꽃가루야말로 벌들이 벌집에 꼭 가져가야 하는 것이다.

먼 옛날 가시금작화는 켈트 농부의 친구이기도 했다. 키큰 종과 키작은 종 모두 흙을 전혀 가리지 않았다. 양분이라고는 없는 거친 알칼리성 모래에서도 비만 좀 내리면 무성하게 자랐다. 산울타리로 두르거나 공유지와 밭의 경계선을 표시하기에 딱 좋았다. 자연석으로 쌓은 돌담과 어우러진 가시금작화는 계절을 알리는 표지가 되었다. 꽃이 일찍 피면 농사도 일찍 시작할 수 있었다. 그렇게 일찍 꽃이 핀 후로도 계속해서 만개한다면 그 해 수확이 좋으리라 기대할 수 있었는데, 작물을 모두 수분시킬 수 있을 만큼 벌집이 그득그득 찰 것이기 때문이었다.

고대 켈트족은 당시의 가시금작화종들을 식물 세밀화로 그려 두었다. 이는 아마 질소고정식물을 활용해 돌아가며 휴경하는 농업 관행과 관련이 있었을 것이다. 아니면 가시금작화가 자라는 각 지역을 다르게 관리해야 했을 수도 있다. 아일랜드가 원산지인 키작은가시금작화는 **아튼 게일라흐**aiteann gaelach라 불렀고, 키큰 종이나 외래종은 **아튼 갈다**aiteann gallda라 했다. 두 종 모두 아일랜드에서 자라지만 드루이드가 매우 신성히 여긴 쪽은 키작은 종이었다.

드루이드 의사들은 가시금작화를 약재로 썼다. 그 조제법은 유실되었지만 지금도 치유력이 있다고 여겨지는 가시금작화의 꿀에는 엄청나게 다양한 생화학물질이 들어 있다. 키작은 종은 키큰 종과 화학적으로 다른 생애를 거친다. 지베렐린이라는 일련의 식물호르몬이 그 과정을 조절한다. 그중 하나가 인간의 호르몬 조절제와 거의 동일한 화학적 핵을 바탕으로 하는 지베렐린산이라는 중요한 성장 조절제이다. 작게 자라는 유전체를 지닌 식물에는 길게 늘어지는 자매종보다 더 효과적인 약물이 담겨 있다.

만약 키작은가시금작화가 희귀했다면 식물학계 수집가들만의 소유물이 되었을 것이다. 그렇게 흔하지는 않은 정도였다면 적어도 한 곳 이상의 제약 회사가 오래전부터 눈독을 들였을 것이다. 수천 년 동안 키작은가시금작화는 리조푸스 파세올리*Rhizopus phaseoli*라는 특화된 세균의 도움으로 척박한 토양에서 살아남는 법을 익혔다. 이 세균은 영리하게 뿌리털에 혹을 형성해 질소를 고정, 축적하여 식물에 공급한다. 이렇게 주고받는 과정에서 렉틴*lectin*의 기적이 일어난다. 렉틴은 항종양 효과를 향상하고, 장기 및 조직 이식 도중의 거부 반응을 줄이고 면역 관용을 유도할 수 있는 분자이다.

사실 2000년 전 드루이드 의사들은 숙련된 외과의였다. 로마제국이 이 사실을 알고 기록했다. 드루이드는 켈트 세계 곳곳에서 전문화된 병원을 운영했는데, 병원을 의미하는 'hospital'이라는 영어 단어 자체가 고대 아일랜드어에서 유래한 것이다. 전장에서 피부가 벌어지는 상처를 입은 경우 가시금작화 밭에서 얻은 꿀을 천연 항균제로 활용했다.

켈트족은 매일 가시금작화 또는 퍼즈*furze*라고도 하는 이 식물의 부스러기를 주워 모아 말려서 보관했다. 마른 퍼즈는 인화점이 낮아 금세 타오르기 때문에 토탄을 태울 때 불쏘시개로 쓰기 좋았다. 퍼즈 덤불은 고대 세계에서 움직이는 농지 경계선으로 쓰였다. 방목한 당나귀와 말의 먹이가 되기도 했다.

드루이드는 가시금작화를 새 켈트 글자로 아튼Aiteann이라 표기하고 오검문자에서 O 자를 부여했다. 이 글자는 긴 세로줄 위로 평행한 가로줄 두 개가 교차하도록 썼다.

그렇게 흔하던 가시금작화가 최근 들어 점차 희소해지고 있으니, 어쩌면 이 콩과 식물의 진정한 의학적 가치가 밝혀질지도 모르겠다.

Q
사과나무, 울

ㅕ

사과나무는 아일랜드 고대 삼림의 일부였다. 크고 못생긴 꽃사과로, 달걀보다 조금 더 컸던 그 열매는 초록색에 씁쓸한 맛이 났다. 조그만 사과나무들은 참나무 숲 가장자리나 벌채된 땅에서 자랐다. 가을이면 사람과 동물 모두 그 열매를 먹었다. 축축하고 비옥한 땅에 떨어진 씨앗에서 새 나무가 자라났다.

사과만큼 키우기 쉬운 식물은 없다. 색이 짙고 미끈거리는 씨앗은 사과 가운데 있는 씨방에서 쉽게 빠져나오도록 설계되어 있다. 씨앗의 한쪽 끝이 반대쪽보다 더 작고 뾰족한 덕분이다. 씨앗의 둥근 부분이 땅에 닿는데, 그 표면을 둘러싼 사이안화물cyanide*이 씨앗이 먹히지 않게 막아준다. 겨울이 오면 씨앗의 배아가 휴면에 들어간다. 봄 햇살이 씨앗의 짙은 껍질 즉 종피를 데우면 내부의 화학 시계가 깨어나 작동하기 시작한다. 조그만 사과 씨에서 새하얀 잔

---

*   사이안화수소의 염으로 독성이 있고 물에 잘 녹는 성질을 띤다.

뿌리가 나온다. 뒤이어 보호막인 종피를 덮어쓴 채로 돋아난 새싹이 해를 향해 고개를 내민다. 종피 아래에서 어린줄기가 자라는 사이에 도톰한 떡잎 두 장이 펼쳐지며 종피를 튕겨낸다. 겨우 16일 만에 사과나무 한 그루가 태어난다.

사과꽃이 꿀벌의 먹이를 제공하기 때문에 드루이드에게 사과나무는 중요한 존재였다. 드루이드는 약이 잘 돌게 하여 약효를 끌어올리는 보조제로 벌꿀을 사용하는 경우가 아주 많았다. 벌집째 채취하는 소밀comb honey을 그 자체로 건강식품으로 여겨, 꿀과 함께 벌집을 약간 곁들여 먹었다. 꿀을 단지나 상자에 담아 공기가 차단되도록 습지 안에 묻어서 보관하는 경우가 많았는데, 수천 년이 지난후 그런 꿀은 완전식품이 되어 떠올랐다.

봄이 오면 벌들은 제일 먼저 단백질이 풍부한 꽃가루를 만끽한후 꽃꿀과 송진을 찾는다. 일벌이 꽃가루를 모아주어야 여왕벌이먹이를 먹고 알을 낳아 벌집을 가득 채울 수 있다. 일벌로 자라날 애벌레들이 번데기로 변하기 시작하면 비행과 수집 활동에 필요한 지구력을 키워줄 고에너지 액상 꿀을 먹여야 한다. 이러한 봄철 먹이활동의 틈을 사과꽃이 완벽히 채워준다. 먹이를 적시에 정확히 공급해야지, 안 그러면 벌집 전체가 기아로 허덕이게 된다.

사과나무가 벌집에 화학적 신호를 보낸다. 정찰벌이 냄새의 원천을 조사하고 화학물질을 맛본다. 그런 다음 벌집에 돌아가 춤을추어 다른 일벌들에게 사과나무의 위치를 일러준다. 사과꽃이 가득핀다. 꽃봉오리마다 흰색과 분홍색 꽃잎이 다섯 장씩 피어나 꽃꿀의 존재를 알린다. 벌집에 황금빛 꿀이 공급되면 벌들은 생육 기간 내내 밭 작물을 교잡시킬 기력을 얻는다.

사과나무는 고대 원시림에서 벌어지던 연쇄 반응 체계의 일부일 뿐이었다. 사과꽃꿀을 먹고 자라난 어린 일벌은 더 먼 들녘까지 날아다닐 수 있을 정도로 강해졌다. 참나무로 날아간 벌들이 나무 끄트머리에 부드러운 보호막을 형성하며 매달려 있는 나뭇진을 발견했다. 수분을 하는 벌은 대부분 이 고분자 물질을 벌집 내벽 접착제로 쓰기 때문에, 턱으로 나뭇진을 뜯어 둥글게 말아 운반한다. 꿀벌에게는 대단히 힘든 일이다. 운반 도중에 잘못해서 짙은 색의 이 나뭇진을 벌집 입구의 착륙대에 떨어뜨리기도 한다. 벌 한 무리가 살아남으려면 다 같이 애를 써야만 한다.

켈트족의 드루이드는 삶의 여정을 꿀벌과 함께했다. 넓은 범위에서 이 일꾼들을 가족의 일원으로 여겼다. 탄생, 결혼, 죽음, 기념일 등을 벌들에게 고했다. 슬픈 마음을 언제나 비언어적 의사소통의 형태로 벌들과 나누었다. 원시림에 자라난 왜소한 사과나무는 평범한 켈트족의 농촌 생활에서 빼놓을 수 없는 신성한 나무, **빌레**로서 소중히 여겨졌다.

사과나무, 말루스 푸밀라*Malus pumila*에는 신성한 사과인 **울**Úll이 열렸다. 오검문자에서 Q 자에 해당하는 **울**은 세로줄 하나에서 일정한 간격으로 평행한 가로줄 다섯 개가 왼쪽으로 뻗어나가는 모양을 하고 있다.

북미에서 유럽, 아시아에 이르기까지 북반구에는 꽃사과를 포함해 25종의 야생 사과가 있다. 어느 종이든 이제는 흔치 않으며 일부는 위기에 처해 있다. 야생 사과는 장미과, 로사세에에 속하며 꽃가루 매개 곤충의 먹이 활동과 그에 따른 건강 상태에 대단히 큰 영향을 미친다. 전 세계에 보급되는 식량 중 상당량이 한때 브레혼법으로 보호하던 이런 곤충을 포함한 온갖 꽃가루 매개자의 노동을 통해 생산된다.

드루이드 의사들은 사과를 약용으로 많이 사용했다. 이러한 처방은 켈트족 옛 가문의 후손들이 대대로 물려받아 무료로 보급해왔지만 최근 들어 유실되었다. 일부 수종의 씨앗을 소유하는 것조차 금지되었던 영국 점령기, 형벌법의 감시망 아래에서도 비밀리에 지켜온 비법이었는데, 현대에 와서 결국 명맥이 끊어지고 만 것이다.

드루이드 의사들은 사과를 생선 섭취, 숲 산책, 건강을 위한 목욕, 연중 특정 시기에 누리는 바다와 해조류의 강장 효과와 마찬가지로 누구든 마땅히 자기 몫을 취해야 할 일반 건강식품으로도 여겼다. 이런 습관이 건강 균형을 되찾게 해준다고 보았다. 사과 표면에는 보이지 않는 약 성분이 있는데 이것이 왁스 같은 방수 막을 형성해, 가을이 되어 가위 역할을 하는 아브시스산 호르몬으로 인해 꼭지가 떨어지기 전까지 나무에 맺힌 사과가 자랄 수 있게 해 준다.

사과 껍질을 먹으면 그 안에 있는 물질이 위산에 녹아 장내 세균 서식지로 이동하고, 그곳에서 중요한 유화제* 역할을 한다. 음식을

*   서로 잘 섞이지 않는 물질들이 섞이도록 돕는 화합물.

분해하고 장에 세균이 양분을 공급하도록 촉진해, 장내에 모여 있는 온갖 세균이 제 역할을 하게 한다. 별것 아닌 과일 껍질 덕분에 촉진되는 장 건강이 이제는 개인의 건강에 핵심적인 것으로 드러나고 있다.

어린 시절부터 나는 사과에 푹 빠졌다. 한번은 메리, 마저리라는 두 친구와 함께 걔네 다락방에서 술래잡기하던 중이었다. 돌이 깔린 마당으로부터 12미터 높이에 있던 창턱으로 나갔는데, 그리 멀지 않은 아래쪽에 지붕이 보였다. 그 지붕에 숨으려고 조심스럽게 내려가 보니 커다란 양철통이 하나 놓여 있었다. 통 안에는 흙이 가득 들어 있었다. 가운데 돋아나 있는 작은 가지에는 잎이 하나도 없고 꽃봉오리만 맺혀 있었다. 차가운 슬레이트 지붕 그늘에 내내 혼자 앉아 있는 그 나무가 너무 외로워 보였다. 나중에 친구 어머니에게 그 양철통에서 자라는 나무가 무엇인지 물어보았다. 작은 사과나무라 했다. 아일랜드 시골 지역의 가족농장에서 키우는 나무로부터 씨를 받아왔다고 했다. 그 작은 나무는 외롭기는커녕, 자기의 과거를 떠올리게 해주는 존재를 번식시키고 싶어 했던 한 여성의 대단한 관심을 받는 존재였다.

나무를 대신해 말하기

R

딱총나무, 리스

　로마인들은 독특한 빨간 머리와 반짝이는 초록색 눈을 가진 켈트족 여성들을 그저 제대로 행동할 줄 모르는 사람들로 보았다. 켈트족 여성들은 충실한 아내, 연인, 딸처럼 아양을 떨 줄 몰랐다. 머리에 든 게 많아 망신스러운 존재였다. 심지어 남자들을 전장으로 이끌기까지 했다. 소문으로는 아기를 단번에 뚝딱 낳는다고 했다. 그뿐 아니라 대다수가 로마인 침략자들이 못 알아볼 수 없을 정도로 아주 아름다웠다.

　그 아름다움의 원천 중 하나가 강변과 개울가의 습하고 비옥한 토양에서 자라며 땅속에서 뿌리순sucker으로 서로 연결된 작은 나무였다. 늦봄이나 초여름 무렵 그 나무에는 핀으로 꽂아 균형을 잡은 납작한 팬케이크같이 생긴 흰 꽃이 원추형으로 피어났다. 그런 다음 순식간에 묵직한 검보랏빛 열매 뭉치로 변했다. 익은 열매의 무게에 나뭇가지가 거의 땅에 닿을 정도로 휘었다. 이처럼 묵직한 열매 무게 때문에 고대 켈트족은 이 나무에 무거운 나무라는 뜻을 지닌 **트롬**trom이라는 이름을 붙였다.

이 작은 나무는 딱총나무, 삼부쿠스 니그라*Sambucus nigra*이고 여기에 맺히는 까만 열매는 엘더베리elderberry이다. 전 세계에 걸쳐 20여 종이 분포하며 일부는 아열대 지역에서 자란다. 모두 독성이 있는데, 종에 따라 훨씬 더 치명적인 경우도 있다. 딱총나무는 수천 년 동안 화장품으로 쓰였다. 이집트 여성들은 딱총나무로 자기를 치장했다.

켈트족 여성이 지닌 아름다움의 비밀 중 하나는 엘더베리의 향 긋하고 섬세한 흰 꽃에 있었다. 딱총나무에는 기름과 점액 그리고 몇 가지 복합 수지가 함유되어 있는데, 이것을 세숫물에 섞어 쓰는 것이 태곳적부터 이어져온 켈트족 여성들의 미용술이었다. 피부 바로 아래에 퍼져 있는 모세혈관을 강화하고 보호해 혈액순환이 원활히 이루어지도록 한다. 이 세안법이 눈가의 잔주름을 줄여주어 다시 매끄럽고 젊은 피부를 얻게 해준다.

다음으로 반짝이는 눈에 담긴 비밀이 있다. 고대 켈트인은 일용할 양식을 얻으려면 열심히 일해야 했다. 해가 짧은 겨울철에는 어둠이 내려앉기 전에 할 일을 마칠 수 있도록 마지막 햇빛 한 줄기까지도 소중히 활용했다. 오트밀죽에 넣거나 즙이 되도록 짜낸 엘더베리에는 눈이 어둠에 적응하도록 돕는 삼부신sambucin＊이라는 복합

＊　삼부쿠스 니그라의 열매 안에 든 안토시아닌 성분을 가리키는 말로, 이 성분은 금어초 등에 들어 있는 안티리닌antirrhinin, 양벚나무 과피 등에 포함된 케라시아닌keracyanin과도 동일한 것으로 여겨진다.

당이 들어 있어, 이것을 섭취한 사람은 어둠에 더 강했다. 오늘날에도 엘더베리를 야맹증 치료에 쓴다.

딱총나무와 관련해 주의할 점은 생화나 말린 꽃, 조리된 까만 열매를 제외하면 나무의 모든 부위에 독성이 있다는 사실이다. 딱총나무의 생화, 말린 꽃, 열매, 뿌리, 잎뿐 아니라 껍질과 나뭇가지의 속심pith까지 모두 약으로 쓰였다. 옛날에는 감기 치료에 쓰던 페퍼민트 달인 물에 하얀 딱총나무꽃을 첨가했다. 딱총나무의 다양한 부위를 약초와 혼합해 쓰던 켈트족의 조제법은 유실되었다. 그러나 현대 생화학과 야생종으로 이를 재구성할 수 있다.

과거의 지혜로 촉발된 혁신은 우리의 미래에, 특히 항생제 내성균의 시대에 대단히 중요한 역할을 할 수 있다. 이로쿼이족은 한때 새로 태어난 아기의 눈, 귀, 코를 제외한 온몸을 딱총나무꽃으로 만든 세정액으로 닦아주었다. 그런 다음 자연 살균되어 신생아 피부에 완충 작용을 하는 갓 짜낸 모유로 헹구었다.

또, 딱총나무가 마법의 식물로 등장하는 이야기도 있다. 그 마법을 조사해보면 거의 항상 약효에 관한 정보가 담겨 있다. 옛사람들은 이 작은 나무의 주름 사이에 정령이 깃들어 있다고 믿었다. 나무에 깃들인 정령의 영혼이 불길에 타버릴까 봐 딱총나무는 절대 모닥불에 넣지 않았다.

켈트 세계의 새까만 엘더베리는 신성한 나무로 이루어진 오검 문자 사이에 여유롭게 자리 잡았다. R 자를 부여받고 리스Ruis라 불렸다. 오검 비석에서 R 자는 세로줄 하나에 왼쪽에서 오른쪽으로 기울어지며 평행한 줄 다섯 개가 교차하는 모양으로 새겨져 있다.

브레혼 문화의 피후견인으로서 나는 켈트족 여성의 특징을 꽤 많이 전수받았고, 점차 다듬어질 나 자신을 사랑하고 존중하라고 배웠다. 친절하고 용기 있는 행동을 이어나가는 사이에 나는 내가 바라는 그런 사람이 될 것이며, 내 마음은 평생 진실한 길을 향해 달려나갈 것이라 했다.

켈트 문화의 풍습에 정통한 어른들이 **부이허스**buíochas라는 특별한 단어의 의미를 내게 가르쳐주었다. 내가 할 수 있는 한 최선을 다해 옮겨보자면 온화한 감사라는 뜻이다. 가득 찬 유리컵처럼 각자가 대단히 높은 수준으로 품어야 하는 감정이다. **부이허스**는 자기 방어를 의미하기도 한다. 자기 삶의 안팎에 있는 모든 것과 의식을 침범하는 사소한 모든 것에 감사하는 마음을 품어야 한다. **부이허스**라는 감정은 삶을 하나로 붙들어주는 마음의 약과 같다. 신에게 감사한다는 의미를 지닌 **부이허스 레 디아**buíochas le Dia라는 속담은 인류에게 삶이 그 자체로 위대한 선물이고, 그러니 자신도 타인도 소중히 여겨야 한다는 교훈을 되새기게 했다.

S

버드나무, 사일

ᚄ

켈트족에게는 제일 중요한 침대가 하나 있었다. 부부의 침상은 아니었는데, 전해 내려오는 법에 따르면 침상은 이혼하거나 아내가 동의하는 경우에 새로 만들 수 있었기 때문이다. 이 침대는 그런 게 아니라, 헐벗은 채 겨울을 난 후 봄볕을 받아 살아나면 초여름에 사용되던 약초 더미, 즉 **사일런**saileán이라는 버드나무 덤불이었다.

모든 켈트족 가정에서 이 침대를 활용했다. 회초리라고도 부르던 버드나무 가지는 잘 구부러져서 널리 사용되는 목재였다. 크기에 따라 튼튼한 다용도 바구니나 광주리를 짜는 데 썼고, 겨울철에는 습지에서 캔 토탄을 당나귀 등에 매단 버드나무 광주리에 담아 옮겼다. 더 가느다란 가지는 바닥 및 실내 청소용 빗자루로 썼다.

또한 중요한 진통제와, 생지 리넨이나 양모를 장밋빛으로 물들이는 염료도 버드나무에서 났다. 유사시에는 버드나무로 동물의 잠자리와 소 방목지의 울타리를 만들었다. 성기게 엮으면 채소를 보호하는 데도 쓸 수 있었다.

가금류도 버드나무 덕을 보았다. 가느다란 초록색 버들가지를 엮어 산란계가 알을 낳는 넓적한 바구니를 만들었는데, 닭이 오르내리는 사다리로도 쓸 수 있도록 테두리를 아주 단단하게 마무리했다. 이렇게 만든 바구니를 닭장이나 마구간에 놓아두면 암탉이 그 안에서 알을 낳고 품기도 했다. 바구니는 암탉이 들어앉아 있는 동안 따뜻하고 밀폐된 공간에서 깃털이 숨을 쉴 수 있도록 성글게 짰다. 그러면 깃털의 진드기도 줄고, 닭들이 매우 취약한 상태에 놓이는 그 시간을 더욱 안전하게 보낼 수 있었다.

버들가지로 집에서 쓸 바구니를 짜는 데니 할아버지를 지켜보았던 기억이 난다. 입에 문 파이프가 할아버지의 손놀림과 흥얼거림에 맞추어 움직이는 것처럼 보였다. 흥얼대는 그 소리는 이따금 슬그머니 아일랜드의 옛 노래로 넘어가곤 했다. 할아버지가 "칼린 Cailín(얘야), 이리 와서 내가 어떻게 만드는지 자세히 보렴." 하고 부르면 나는 버지니아 담배 냄새를 풍기는 할아버지 곁으로 다가갔다. 할아버지의 손길에 따라 위쪽으로 뻗은 지지대 사이로 버들가지가 하나둘 짜여 올라가다 보면 마치 요술을 부린 양 바구니가 생겨났다. 그러면 할아버지는 더 큰 나뭇가지를 구부려 알맞게 끼워 넣으며 마음에 들 때까지 윗면 테두리를 정돈했다. 아무것도 없이, 그저 버들가지 한 무더기만을 가지고 그토록 아름다운 물건을 만들어낸다는 게 마법처럼 경이로웠다. 할아버지가 손으로 버들가지를 비틀 때 나무껍질에서 나던 시큼하고 톡 쏘는 냄새가 지금도 느껴진다. 완성하고 나면 할아버지는 새 물건의 탄생을 온 세상에 알리려는 듯이 바구니를 트로피처럼 높이 들어 흔들었다. 그러고는 조끼 주머니를 뒤져 담배를 찾았다. 할아버지는 고대 접골사의 계보를 이어온 마지막 후손이었다. 그때는 우리 중 누구도 그 전통이 그렇게 쉽게 사라질 수 있다는 사실을 알지 못했다.

버드나무는 고대 자연경관의 일부였다. 버드나무와 같은 야생 식물은 필요에 따라 거둬들였다. 그래도 반드시 지속 가능한 수준에서 멈추었다. 북미 선주민들이 그러하듯이, 고대에는 종족 모두의 정원에서 무언가를 수확할 때 항상 7대손까지 충분히 누릴 만큼 남겨두는 것이 원칙이었다.

여성이건 남성이건, 드루이드 의사들은 진통제로서 버드나무가 지니는 가치를 알았다. 고대 세계 전역에서 공유하던 지식이었다. 고대의 치료법은 복잡했고, 숲속의 흙에서 그리고 이제는 존재하지 않는 특정한 삼림 환경에서 채취한 여러 가지 다년생 약초를 함께 썼다. 이런 복잡한 치료법은 대부분 유실되었지만 버드나무종을 활용한 통증 완화법은 여전히 널리 쓰이고 있다.

서부 히말라야 고지대에 사는 사람들과 마찬가지로, 북반구 둘레에 펼쳐진 아한대림에 사는 사람들은 지금도 현지의 다양한 버드나무종을 잘 활용하고 있다. 이 선주민들은 마지막 남은 보물 같은 고유의 방식을 지키기 위해 관련 지식을 비밀에 부치는 경우가 많다. 믿을 수 있고 독성 없는 류머티즘, 관절염 완화제를 버드나무로부터 찾아내는 일은 오늘날에도 노인층에게 중요한 과제다.

전 세계 300여 종에 달하는 버드나무에는 모두 살리실산염

salicylate 계열의 약 성분이 함유되어 있다. 그 안에 대략 열 가지의 생화학적 성분이 존재한다. 산, 알코올, 에스터ester*로 이루어진 물질이다. 이런 성분은 모두 나무에서 쉽게 흘러나와 인간의 몸 안팎으로 흡수되는데, 북미 선주민 중 일부가 외로움과 그에 동반하는 가벼운 우울증 치료법으로 활용하는 독특한 산림욕법이 여기에 기초를 두고 있다. 환자는 버드나무 숲속에 들어가 가급적 흐르는 물 근처에 자리를 잡고 앉는다. 낮 동안 버드나무에서 흘러나온 화학물질들이 환자의 피부와 폐를 통해 흡수되어 온몸에 퍼진다.

켈트족은 버드나무, 크란 사일리crann sailí를 켈트 문명의 신성한 전당에 올렸다. 오검문자의 S 자를 부여하고 사일Sail이라 불렀으며, 세로줄 하나에 오른쪽으로 평행한 가로줄 네 개를 그어 썼다.

강변과 호숫가에서 자라던 버드나무 덤불을 가리켜 사일런이라 했다. 브레혼법에서는 이런 덤불을 켈트족 모두가 사용하는 공공재로 여겼다. 버드나무 덤불을 수확한 농부는 감사의 의미로 이웃집 문 앞에 버드나무로 짠 바구니나 커다란 광주리를 가져다 두었다. 이런 물물교환 의식은 익숙한 일이었는데, 예고 없이 바구니가 나타나면 주로 여름 버터나 베스터블빵이 가득 담긴 그 바구니를 적어도 하루 이상 식탁 위에 올려두고 감상했다.

---

*   산과 알코올이 작용해 탈수 반응을 일으키면 생기는 화합물.

T

호랑가시나무, 틴네

켈트 문명에서는 빨간색과 초록색을 유난히 강조했다. 초록색은 자그마한 밭에서 보이는 목가적인 색조가 아니라, 지극히 소중하고 신성한 숲이 내뿜는 당당하고 자랑스러운 늘푸른나무 색이었다. 빨간색은 전장에서나 생리 및 출산 중에 흘러나오는 신선한 피의 색이었다. 가장 최근에 태어난 아이에게서 보았던 자연의 탯줄에도 묻어 있던, 삶과 죽음을 가르는 액체 말이다.

나는 켈트족으로서 호랑가시나무를 만났다. 성탄절이면 리쉰스에 있던 농가의 동쪽 침실이 내 차지였다. 신선한 보릿짚 위에 하얀 리넨을 덮은 침상이 마치 구름 같았다. 삐걱대는 나의 천국이었다. 밤의 어둠이 내려와 창문을 별빛으로 가득 채우면 바깥의 호랑가시나무에 앉은 나이팅게일의 노랫소리가 들리기 시작했다. 그 노래의 물결은 아침이 오면 사라졌다. 눈부신 햇살 아래 호랑가시나무는 다시 침묵에 잠겼다.

나의 호랑가시나무는 고목이었다. 나는 그 나무를 자세히 관찰

했다. 봄이 되어 해가 점점 높이 오르면 호랑가시나무들이 깨어났다. 암나무는 향기로운 흰 꽃으로 뒤덮이고, 수나무는 반짝이는 꽃가루를 내뿜었다. 온화한 여름이 오면 늘푸른 잎 사이로 눈에 띄지 않는 열매 다발이 맺혔다. 해가 점차 수평선 뒤로 물러나면서 날이 짧아지면 호랑가시나무는 기독교에서 성탄절로 전용된 **놀러그** nollaig, 즉 동지 축제에 쓰이는 빨갛게 잘 익은 열매를 드러냈다.

켈트족이 신성하게 여기던 호랑가시나무는 전 세계에 분포하는 400여 종 중 하나였다. 유럽에서 중국에 이르기까지 놀라울 정도로 넓은 영역에 분포하는 서양호랑가시나무, 일렉스 아퀴폴리움*Ilex aquifolium*이다. 그 외 다른 수종은 북미와 남미의 수종이 그러하듯이 낙엽수여서 겨울이면 잎을 떨어뜨린다. 자생하는 호랑가시나무가 있는 옛 문화권에서는 모두 그 나무를 약재로 썼다. 이러한 전통적인 활용법 중 일부는 지금까지도 활발히 쓰이는데, 남미에서 가장 즐겨 마시는 음료이자 예수회의 차로도 알려진 마테차가 그런 경우이다.

드루이드 의사들은 한때 신성한holly, or holy 나무라 불리던 호랑가시나무의 치유력을 아주 잘 알고 있었다. 다 자란 나뭇잎을 뾰족한 끝머리가 온전히 붙은 채로 달여 강장제로 썼다. 이 용액에는 아주 가벼운 이뇨 효과도 있었다. 기관지염에 뒤따르는 고열을 다스리고 류머티즘을 치료하는 데도 썼다.

호랑가시나무의 비밀을 파헤치던 분석 연구 기관들이 최근 그 정보를 공개했다. 호랑가시나무의 강장 효과는 혈관계를 이루는 모

나무를 대신해 말하기

세혈관이 온전히 유지되도록 보호하는 능력에서 나오는 듯하다. 모세혈관이 잘 움직이고 확장되도록 도와 신체에 영양과 산소를 공급한다. 성숙한 호랑가시나무에서 얻을 수 있는 놀라운 약 성분이 한 가지 더 있다. 이것은 나무의 관 속 공기 층에 서식하는 균류로부터 생성된다. 내생 균류가 나무의 건강을 유지해주는 화합물을 배출하면 나무는 그로부터 약 성분을 생성하는데, 현재 이를 활용한 새로운 암 치료법 연구가 진행되고 있다.

드루이드는 신성한 호랑가시나무를 틴녜Tinne라 부르고, 오검문자에서 T 자를 부여했다. 세로줄 하나에서 일정한 간격으로 평행한 세 개의 가로줄을 왼쪽으로 그어 쓴다. 자작나무 껍질 조각에 새겨졌다가 오검 비석으로 옮겨진 이 글자는 비석과 함께 세월의 풍파를 이겨냈다.

수천 년 이어온 전통에 따라 켈트족은 호랑가시나무 가지로 성탄절을 기념한다. 12월 중순에 열매가 고루 퍼져 있는 암호랑가시나무 가지를 모아다가 화덕 위에 걸쳐 장식한다. 아이비를 함께 매달기도 한다. 절기가 끝나는 날로서 작은 성탄절(또는 아일랜드 성탄절)이라고 부르는 1월 6일에 보면 호랑가시나무 가지가 다 말라 있다. 절기 내내 건강에 좋은 미세 입자를 집 안에 내뿜은 결과다. 호랑가시나무 가지가 이런 작용을 하는 줄 알았던 이는 아무도 없었다. 그래도 호랑가시나무만은 그 비밀을 알았으리라.

U

황야, 우어르

ᚒ

황야는 이 지구 위를 덮고 있던 고대 삼림계의 토양이 남긴 마지막 기억이다. 조그만 종 모양의 꽃을 피우는 헤더, 즉 **프리허**라는 식물이 황야의 휘몰아치는 바람과 물이 잘 빠지는 흙을 마음껏 누리며 자란다. 과거를 알려주는 또 하나의 단서인 이 흙에는 거친 모래와 토탄이 섞여 있다. 모래는 빙하기에 바위가 긁히면서 생겨났고, 토탄을 이루는 부식토는 나무들이 남겨준 것이다.

켈트족은 하늘을 나는 새와 지상에서 사냥할 수 있는 새로 가득한 이 대지를 잘 이해했다. 지평선을 흐트러트릴 정도로 드넓게 펼쳐진 꽃의 바다에 나비와 곤충이 넘쳐났다. 옛적에 드루이드는 황야를 가리켜 **우어르**ú r라 했는데 이는 싱싱하고 푸르르며 새롭게 태어나는 모든 것을 뜻하는 말이다. 그에 더해 구속받지 않으며 자유롭고 너그럽다는 의미도 담겨 있었다. 황야, **우어르**는 동물이든 사람이든 모두가 누리는 장소이다.

황야의 겉면은 레몬주스의 산도에 맞먹는 토양을 좋아하는 헤더라는 아주 특이한 식물로 뒤덮여 있다. 헤더는 땅에 달라붙어 자라며, 숲속에서 자라는 나무처럼 잎이 짙은 녹색을 띤다. 낮이 점차 길어질 무렵부터 꽃을 피운다. 황야를 뒤덮은 채 뒤섞여 자라난 보라색과 분홍색 헤더꽃이 흐릿한 연보라색 무리를 이루어 경탄을 자아낸다. 헤더꽃은 모두 종 모양이다. 링헤더, 칼루나 불가리스*Calluna vulgaris*가 제일 먼저 피고 뒤이어 벨헤더, 에리카 키네레아*Erica cinerea*와 잎이 십자 모양으로 나는 헤더, 에리카 테트랄릭스*Erica tetralix*가 피어난다. 그 후로도 온갖 헤더가 속속 고개를 내밀며 황야를 수놓는다.

헤더종 사이에 이따금 교잡이 발생한다. 수분 도중에 특정 유전자가 변이를 일으켜 흰 꽃이 태어나는 경우가 있다. 이러한 백색증은 극히 드물게 나타난다. 헤더는 모두 다 행운을 의미하지만, 하얀 헤더를 선물 받은 사람은 인생의 경로를 전환할 가능성을 얻은 것으로 여겨진다.

나는 딱 한 번 하얀 헤더를 보았다. 온타리오의 스펜서빌이라는 작은 마을에 있는 골동품 가게를 구경하던 중, 긁히고 찢어져 해진 가죽 표지로 덮인 아주 낡은 책 한 권이 눈에 들어왔다. 펼쳐보니 옛 방식으로 쓰인 게일어 성경이었다. 첫 장을 넘기자 아이에서 손자로 대대로 그 책을 물려받았을 전 주인이 책 제목 주위에 붙여 놓은 하얀 헤더 꽃송이가 그 자리에 말라붙어 있었다. 스코틀랜드 고지대에서밖에 나올 수 없는 물건이었다.

스코틀랜드와 아일랜드 출신 이주민들은 그런 헤더 한 송이에 담긴 의미를 알고 있었다. 그들이 태어난 옛 땅에서는 헤더로 날씨를 예측했다. 따뜻하고 화창한 날이면 헤더에서 안개가 피어올랐다. 이 안개가 산과 언덕을 가려 언덕이 뒤로 멀리 물러나는 것처럼 보였다. 이 현상은 언제나 날씨가 좋아질 거라는 신호로 읽혔다. 반대로 언덕이 더 가깝고 선명하게 보이면 비가 내리는 궂은 날씨를 예상해볼 수 있었다. 수천 년 동안 켈트 세계 전역의 농부와 어부들이 헤더로 날씨를 읽었다. 현재는 헤더에서 피어오르는 안개가 알부틴Arbutin 및 메틸알부틴methyl Arbutin을 함유하고 있다는 사실이 밝혀졌다.

드루이드 의사들은 황야의 의학적 이점을 이해했다. 헤더가 만개할 무렵이면 폐 질환 치료의 마지막 단계로 바람을 쐬어야 하거나, 독감 및 기관지염을 앓은 후 호흡 기능을 잘 회복해야 하는 환자들에게 황야를 오래 걷도록 처방했다. 걷는 동안 발밑에서 헤더 잎의 표피층이 으깨어지며 치유력이 있는 미세 입자가 방출된다. 공기 중에 섞여 든 미세 입자가 호흡을 통해 몸속으로 유입된다. 이 미세 입자 혼합물이 폐를 감싸면서 치유에 도움을 준다. 몸에 이로운 공기욕의 일종이다.

현대 의학생화학 분야에서 황야에 숨은 비밀을 푸는 작업이 시작되었다. 북미와 유럽, 아시아에서 자라는 아르부투스 나무를 포함한 진달랫과, 즉 에리카세에Ericaceae에 피는 종 모양 꽃은 씨방 아래에 꽃꿀을 맺는다. 당분이 풍부한 이 꽃꿀에도 화학적으로 알부틴에 해당하는 화학물질이 함유되어 있다. 북미뿐 아니라 어느 지역에서든 전통 의학의 근간이 되는 화학물질로, 항생 작용을 한다.

이보다 불안정한 생화학물질인 메틸화한 알부틴도 생성된다. 다른 여러 활성 약물이 그러하듯이 알부틴도 다량으로 쓰면 독이 될 수 있지만, 자연 상태에서는 치유에 적합한 비율로 대기 중에 희석되어 존재한다.

이와 더불어, 드루이드 의사들은 황야에서 일하는 벌의 벌집에서 채집한 검붉은 헤더꽃꿀을 약으로 썼다. 들판에 나간 호박벌들은 제일 먼저 종 모양의 헤더꽃을 찾아간다. 바깥쪽 꽃잎에 달라붙어 씨방 아래쪽에 구멍을 뚫는다. 그런 다음 구멍을 통해 편하게 영양분을 빨아들인다. 그 꿀을 벌집으로 가져가서는 별도로 마련된 칸에 담아 점도가 매우 높은 꿀로 바꾸어놓는다. 마찬가지로 황야에서 모아온 송진도 온전히 담긴 그 꿀은 거의 고체에 가까운 상태가 된다. 드루이드 의사들은 이 황야산 꿀을 그대로 인후염과 감기에 처방했다.

먼 옛날 언젠가 드루이드는 자신들의 신성한 대지, 황야를 **우어르**라 일컬었다. 황야는 켈트 문화에서 대단히 소중한 **시얼셰**, 즉 자유의 들판이었다. 그들은 **우어르**에 오검문자의 U 자를 부여했다. 켈트족이 소중히 여기는 모든 것이 그 안에 담겨 있었다.

Z

가시자두나무, 스트라프

용 모양으로 장식된 지팡이를 짚고 걷는 남자는 언제나 혼담을 가지고 왔다. 남자는 무언가 진지한 생각에 잠긴 듯이 천천히 농촌 마을로 다가갔다. 사방을 둘러보며 농장 관리 수준과 작업 방식, 가축들의 종아리 털 상태, 브레혼법에서 정한 환대의 정도를 살폈다. 들녘을 훑어보며 땅이 좋은지 나쁜지 직접 파악했다. 땅은 켈트 세계의 모든 것이었다.

그 남자는 **바우도어르**babhdóir, 즉 중매인이었다. 어릴 적 리쉰스 농가에 처음 중매인이 찾아왔을 때 나는 정말 놀랐다. 금발에 커다란 곰처럼 생긴 남자가 손에 전통 지팡이를 들고 서 있었다. 어른들은 나를 거실로 내보냈다. 언쟁하는 소리가 들렸다. 거실에서 나와 부엌문으로 살금살금 다가가니, 마치 시를 낭송하듯 나의 족보를 읊는 소리가 들렸다. 넬리 할머니가 중매인에게 내가 아직 혼인할 때가 안 되었다고 분명히 말했다. 브레혼 후견 과정이 끝나지 않은 때였다. 할머니는 내가 교육도 받아야 하고, 가능한 한 오래 공부할 것이라고 말했다. 나는 그 금발의 **바우도어르**를 다시는 보지 못했다. 오래된 아일랜드 리넨이 깔린 탁자에서 지팡이를 든 남자에게 연한 홍차가 담긴 찻잔을 건네주던 그 화창한 오후에 대해 누구도 다시 이야기하지 않았다.

물론 아이들이 자라면 혼인을 떠올리게 마련이었다. 사랑하는 마음으로 자연스러운 흐름에 따라 혼인하는 경우도 있고, 그렇지 않은 경우도 있었다. 어떻든 간에 가족 간의 유대가 중요했기 때문에 혼인에는 항상 협의 과정이 뒤따랐다. 양가가 모두 동의해야 했다. 마을 사람들 사이에 예비 신랑 신부의 성격에 관한 상당한 논쟁이 일었는데, 그 내용을 양가 부모들이 귀담아들었다. 그런 다음 양가가 서로 만나는 자리를 만들고, 혼수를 의논했다.

혼수에 관한 협의는 혼인 전에 진행하고, 교섭은 항상 **바우도어르**를 통했다. 혼수 품목은 곧 각자의 가정에서 신랑과 신부가 지니는 가치였다. 토지, 소, 돈, 그 밖에 여러 가지 물건이 포함되는 이 혼수를 양측이 함께 모아서 장만했다. 혼인을 통한 결합에서 여자는 동등한 입장에서 남자의 도움을 요청할 수 있었다.

중매인, **바우도어르**는 항상 마을에서 평판 좋은 남자가 맡았다. 중매를 진행하는 과정에 필요한 경우 가족의 핵심 요구 사항을 누설하지 않고 침묵을 지키리라 믿을 수 있는 사람이었다. 부엌으로 안내받은 **바우도어르**는 방문한 목적을 가족들이 알아채도록 탁자 위에 용 지팡이를 올려두었다. 그 가족이 예의 바르고 조심스러운 태도로 지팡이를 외면한다면 다른 혼인 제안이 들어와 있다는 뜻으로, **바우도어르**는 연락이 올 때까지 차례를 기다려야 했다. 바우도어르를 맞이한 가족이 혼사에 관심이 있고 방문을 반기는 경우에는 관례에 따라 말없이 지팡이를 집어 들어 벽에 기대어 두었다. 켈트족에게 혼인이란 마을의 생명줄인 땅을 지키는 일과 긴밀히 연관된 계약이었다.

혼인 동맹에는 양가 모두에 **게얼**gaol 즉 친족의 의무가 뒤따르기에 진지하게 다루어졌다. 브레혼법의 환대 안에서 혼인은 개개인을 지지하는 가족 형태를 엮어나가며 공동체를 결속시키는 역할을 했다. 그리고 당연히, 필요하다면 언제든지 이혼할 수 있었다.

중매인은 **포어**pór 즉 혈통이라는 민감한 문제도 고려했다. 켈트족은 종자나 사과, 소, 개, 말 등 온갖 것의 계통에 집착하는 사람들이었다. 그러니 할 수 있는 한 최선을 다해 가족적 특성을 맞추고자 했다. 지능, 성실성, 일, 특히 대장간 일을 다루는 방식, 기억, 화법, 마음을 읽는 방식 등 가계의 성격이 서로 잘 맞도록 짝을 이루고자 했다. 특히 문학, 시, 음악, 예술과 같이 문명을 끌어나가는 분야를 유지하고 보호하는 데에 크게 주의를 기울였다.

용 지팡이는 아일랜드에서 흔히 슬로sloe라고 부르는 마법의 나무를 잘라 만들었다. 작고 가시가 돋는 이 나무는 가시자두나무, 프루누스 스피노사*Prunus spinosa*라고도 불린다. 이 가시자두나무로 만든 전통 지팡이는 아일랜드 곤봉이라고도 불리는데 이는 옛 아일랜드어의 **사일엘레**sailéille에서 유래한 명칭이다. 이 지팡이는 중매인뿐 아니라 소몰이꾼도 썼고, 왕의 궁정에서 음악의 박자를 맞추는 도구로도 쓰였다. 마른 나뭇가지의 뼈대가 달각거리는 소리와 까부르며 치는 **보드란**bodhrán이라는 북의 소리가 섞인 묵직한 음색은 지금도 정통 아일랜드 음악의 특징이다.

가시자두나무 열매인 슬로 자두는 흙에 칼슘이 있어야만 맺히는데, 작고 까만 이 열매가 밤의 추위와 새벽의 서리에 당도가 변하는 11월이 될 때까지 가지에 매달려 있어 산울타리를 지나는 사람들의 산책길 간식거리가 된다. 또한 열매 표면에 효모가 증식하기 때문에 발효시키면 술이 되었다. 이렇게 담근 술을 집마다 돌려가며 모두 함께 즐겼다. 슬로진sloe gin도 이 열매로 만든 술이다.

점점이 흩어져 자라는 작은 가시자두나무는 대체로 정돈되지 않은 채 헝클어져 자라는 모습 때문에 **스트라프**Straif라 불렸고, 신성한 마법의 나무로 지정되어 오검문자에서 Z 자를 부여받았다. 이 글자는 세로줄 하나에 왼쪽에서 오른쪽으로 기울어지며 평행한 네 개의 선이 교차하도록 쓴다.

드루이드는 가시자두나무를 사랑했다. 가시자두나무로 만든 용 지팡이는 드루이드가 마법을 부릴 때 쓰던 성스러운 마술 지팡이이기도 했다.

감사의 말

이 책을 쓸 수 있게 해준 내 인생의 수많은 사람에게 고마움을 전하고 싶다. 코크주 리쉰스 계곡에서 만났던 분들은 모두 세상을 떠났다. 하지만 그분들은 그곳에서 받았던 온정으로 따뜻해진 내 마음 한편에 여전히 남아 있다.

담당 편집자 에번 로서는 내가 어린 시절 받은 무수한 마음의 상처를 귀담아듣고 공감해주었다. 정말 고마운 일이다. 내 책을 출간한 캐나다 랜덤하우스 출판사의 앤 콜린스는 문장 속에 과학을 꿰어 넣어 언어의 장막을 짜는 작업을 해냈다. 나의 대리인 스튜어트 번스타인은 언제든 나와 의논하고, 대화하고, 보호할 준비가 되어 있는 사람이다(그때 그 경찰 기억나요?). 린과 낸시 워트먼은 웃음이 가득한 분위기 속에서 차를 내주고 타자를 쳐주었다. 틸먼 루이스는 훌륭한 교열 담당자이다. 캐나다 랜덤하우스판의 디자이너 리사 예거에게도 깊이 감사한다. 기후변화에 관한 이야기를 전 세계에 널리 전파하도록 도와준 팀버프레스사의 톰 피셔, 앨릭스 푸스, 아드리아나 서턴, 마이클 뎀프시에게도 감사한다.

나의 아이들, 에리카와 테리는 사랑과 믿음으로 나를 북돋워 주었다. 한결같이 나를 지지해준 남편 크리스천 H. 크로거에게 특별히 고마운 마음을 전하고 싶다.

참고 문헌

Barnhart, Robert K. *Chambers Dictionary of Etymology*. London: Chambers Harrap, 1988.

Beresford-Kroeger, Diana. *Arboretum America: A Philosophy of the Forest*. Ann Arbor: University of Michigan Press, 2003.

Beresford-Kroeger, Diana. *Arboretum Borealis: A Lifeline of the Planet*. Ann Arbor: University of Michigan Press, 2010.

Beresford-Kroeger, Diana. *A Garden for Life: The Natural Approach to Designing, Planning, and Maintaining a North Temperate Garden*. Ann Arbor: University of Michigan Press, 2004.

Beresford-Kroeger, Diana. *The Global Forest*. New York: Viking, 2010.

Beresford-Kroeger, Diana. *The Medicine of Trees: The 9th Haig-Brown Memorial Lecture*. Campbell River, British Columbia: Campbell River Community Arts Council, 2018.

Beresford-Kroeger, Diana. *The Sweetness of a Simple Life*. Toronto: Random House Canada, 2013.

Chadwick, Nora. *The Celts*. London: Folio Society, 2001.

Conover, Emily. "New Steps Forward: Quantum Internet Researchers Make Advances in Teleportation and Memory." *Science News*, 2016. 10. 15, p.13.

Conover, Emily. "Emmy Noether's Vision." *Science News*, 2018. 6. 23, pp.20-25.

Cross, Eric. *The Tailor and Ansty*. 2nd ed. Cork: Mercier Press, 1964.

Daley, Mary Dowling. *Irish Laws*. San Francisco: Chronicle Books, 1989.

De Bhaldraithe, Tomás. *English-Irish Dictionary*. Dublin: Cahill, 1976.

Ellis, Peter Berresford. *A Brief History of the Celts*. London: Constable and Robinson, 2003.

Fulbright, Dennis W., ed. *A Guide to Nut Tree Culture in North America*. Vol. 1. East Lansing: Northern Nut Growers Association, 2003.

Ginnell, Laurence. *The Brehon Laws: A Legal Handbook*. Milton-Keynes: Lightning Source UK, 2010.

Hamers, Laurel. "Quantum Data Locking Demonstrated: Long Encrypted Message Can Be Sent with Short Decoding Key." *Science News*, 2016. 9. 17, p.14.

Herity, Michael, and George Egan. *Ireland in Prehistory*. London: Routledge, 1996.

Hillier, Harold. *The Hillier Manual of Trees and Shrubs*. Newtown Abbot, UK: David and Charles Redwood, 1992.

"Hydrological Jurisprudence: Try Me a River." *The Economist*, 2017. 3. 25, p. 34.

Jacobson, Roni. "Mother Tongue: Genetic Evidence Fuels Debate over a Root Language's Origin." *Scientific American*, 2018. 3, pp.12-14.

Kotte, D., Li, Q, Shin, W. S. and Michalsen, A. (eds.). *International Handbook of Forest Therapy*. Newcastle upon Tyne, UK; Cambridge Scholars Publishing, 2019.

Lewis, Walter H. and P. F. Elvin-Lewis. *Medical Botany: Plants affecting Man's*

Health. 2nd ed. Toronto: John Wiley and Sons, 2003.

Liberty Hyde Bailey Hortorium. *Hortus Third: A Concise Dictionary of Plants Cultivated in the United States and Canada.* New York: Macmillan, 1976.

Ó Dónaill, Niall. *Foclóir Gaeilge-Béarla.* Dublin: Richview Browne and Nolan, 1977.

O'Neil, Maryadele J. *The Merck Index: An Encyclopedia of Chemicals, Drugs, and Biologicals.* 14th ed. Whitehouse Station, NJ: Merck, 2006.

Stuart, Malcolm. *The Encyclopedia of Herbs and Herbalism.* London: Orbix, 1979.

Tree Council of Ireland. *The Ogham Alphabet.* Enfo: Information on the environment.

찾아보기

나무를 대신해 말하기

나무를 대신해 말하기
모든 나무는 이야기를 품고 있다
어느 여성 식물학자가 전하는 나무의 마음

1판 1쇄 인쇄 2023년 7월 17일
1판 1쇄 발행 2023년 7월 26일

지은이 다이애나 베리스퍼드-크로거 | 옮긴이 장상미
책임편집 김현지 | 편집부 김지하 | 표지 디자인 김은혜

펴낸이 임병삼 | 펴낸곳 갈라파고스
등록 2002년 10월 29일 제2003-000147호
주소 03938 서울시 마포구 월드컵로 196 대명비첸시티오피스텔 801호
전화 02-3142-3797 | 전송 02-3142-2408
전자우편 books.galapagos@gmail.com

ISBN 979-11-87038-98-6 (03400)

갈라파고스 자연과 인간, 인간과 인간의 공존을 희망하며, 함께 읽으면 좋은 책들을 만듭니다.